アクセスをガンガン集めよう！

無料ブログ SEOバイブル

中嶋 茂夫●著　鈴木 将司●監修

本書内容に関するお問い合わせについて

このたびは翔泳社の書籍をお買い上げいただき、誠にありがとうございます。弊社では、読者の皆様からのお問い合わせに適切に対応させていただくため、以下のガイドラインへのご協力をお願い致しております。下記項目をお読みいただき、手順に従ってお問い合わせください。

●ご質問される前に

弊社Webサイトの「正誤表」や「出版物Q&A」をご確認ください。これまでに判明した正誤や追加情報、過去のお問い合わせへの回答（FAQ）、的確なお問い合わせ方法などが掲載されています。

　　正誤表　　　　http://www.seshop.com/book/errata/
　　出版物Q&A　　http://www.seshop.com/book/qa/

●ご質問方法

弊社Webサイトの書籍専用質問フォーム（http://www.seshop.com/book/qa/）をご利用ください（お電話や電子メールによるお問い合わせについては、原則としてお受けしておりません）。

※質問専用シートのお取り寄せについて

Webサイトにアクセスする手段をお持ちでない方は、ご氏名、ご送付先（ご住所／郵便番号／電話番号またはFAX番号／電子メールアドレス）および「質問専用シート送付希望」と明記のうえ、電子メール（qaform@shoeisha.com）、FAX、郵便（80円切手をご同封願います）のいずれかにて"編集部読者サポート係"までお申し込みください。お申し込みの手段によって、折り返し質問シートをお送りいたします。シートに必要事項を漏れなく記入し、"編集部読者サポート係"までFAXまたは郵便にてご返送ください。

●回答について

回答は、ご質問いただいた手段によってご返事申し上げます。ご質問の内容によっては、回答に数日ないしはそれ以上の期間を要する場合があります。

●ご質問に際してのご注意

本書の対象を越えるもの、記述個所を特定されないもの、また読者固有の環境に起因するご質問等にはお答えできませんので、予めご了承ください。

●郵便物送付先およびFAX番号

　　送付先住所　　〒160-0006　東京都新宿区舟町5
　　FAX番号　　　03-5362-3818
　　宛先　　　　　（株）翔泳社 編集部読者サポート係

※本書に記載されたURL等は予告なく変更される場合があります。
※本書の出版にあたっては正確な記述につとめましたが、著者や出版社などのいずれも、本書の内容に対してなんらかの保証をするものではなく、内容やサンプルに基づくいかなる運用結果に関してもいっさいの責任を負いません。
※本書に掲載されている実行結果を記した画面イメージは、特定の設定に基づいた環境にて再現される一例です。
※本書に掲載されている内容は、執筆時のものであり、本書刊行後、大幅に変更されている可能性もあります。予めご了承ください。
※本書に記載されている会社名、製品名はそれぞれ各社の商標および登録商標です。

はじめに

　2003年にlivedoorなどの無料ブログサービスがはじまった頃、ブログはまだ「日記」という枠から抜け出しておらず、従来のサイトよりも簡単に更新できるサイト作成ツールという認識でしかありませんでした。

　ところが、ブログコンテンツがテレビ番組になったり、副収入を得るためのブログを使ったアフィリエイトという仕組みが一般的になったことで、無料ブログに対する認識と利用方法が一気に変化しました。今までのように単なる情報発信の道具としてブログ運営するのでなく、ブログを使って稼ごうとする人が爆発的に増えたのです。

　筆者が無料ブログをビジネスの道具として意識しはじめたのは、運営していたブログにGoogle AdSenseを貼付けただけで、初月に20万円の報酬を得たときです。その頃、多くの人がブログのアフィリエイトに挑戦し、月に100万円以上の報酬をコンスタントに得る人も出てきました。

　しかし、ブログアフィリエイトやビジネスブログの先駆者が試行錯誤でブログのSEOやカスタマイズのテクニックを蓄積したのに対し、今では、多くの人がブログ活用の知識をアフィリエイトノウハウから得ています。しかし、それによって無料ブログやWeb2.0的なサービスの正しい利用方法からかけ離れてしまい、「多くの人がコンテンツとして意味をなさない情報を量産したり、スパム行為をしてしまう結果になっているのではないか」という危機感がブログ界全体に生まれてきました。

　本書は、このようなスパム的なテクニックを使わずに、無料ブログ、ポッドキャスト／ビデオポッドキャスト、YouTube、ソーシャルブックマークなど、無料サービスを利用した集客テクニックと成約率アップテクニックを網羅した内容になっています。

　筆者の願いは、本書を読んでいただいたみなさんが、

継続的に本書のノウハウを実践し、
運営サイトの集客を伸ばし、成約率がアップする

ことです。

　最後に監修していただいた鈴木将司氏、本書を企画していただいた宮腰隆之氏に深く感謝申し上げます。

2008年3月吉日
株式会社中嶋商店　中嶋茂夫

著者の中嶋茂夫氏のサイトにて、本誌読者およびコンサルティング会員限定の特別メールマガジン「インターネット集客＆成約アップニュース」を無料で配信しています。メールマガジンを購読希望の方は、下記のサイトよりお申し込みください。

URL http://cjtube.biz/news/apply.html

Contents

無料サービスを利用したSEOマップ..........057

INTERVIEW
無料ブログ&SEOのカリスマ対談　無料ブログ、YouTube、ポッドキャストが今すごい！.....058

Part 1
「無料サービスは集客に使えない」の嘘、無料サービス徹底活用テクニック..........009

Chapter 01
無料でアクセスアップ（SEO）を行う極意..........011
- 01 「無料サービスを使いまくりたい」、そんなあなたに送る徹底活用術..........012
- 02 無料アクセスアップツール❶ 無料ブログの徹底活用..........014
- 03 無料アクセスアップツール❷ レンタルサーバに付属する無料ブログの徹底活用..........015
- 04 無料アクセスアップツール❸ YouTubeの徹底活用..........016
- 05 無料アクセスアップツール❹ iTunesの徹底活用..........017
- 06 まとめ 無料サービスを使ったアクセスアップ..........018

Chapter 02
アクセスアップはキーワード選定と競合調査から！..........021
- 01 訪問者を見極めることが成約率アップの第一歩！..........022
- 02 集客の基本は需要と供給の徹底調査にあり！..........025
- 03 「需要＝月間検索回数」を徹底調査！..........028
- 04 競合（ライバル）を徹底調査！..........031
- 05 成約率アップの秘訣は訪問者と提案する商品／サービスのマッチングにあり！...033
- 06 需要が多く、供給が少ない市場を探すには？..........035
- 07 販売商品名やサービス名からの集客を考える..........038
- 08 関連検索ワードのチェックを怠るな！..........041
- 09 商品名、固有名詞、地域名は積極的に活用！..........044
- 10 競合サイトの調査..........046
- 11 競合サイトの調査❶ ドメインあたりのページ数..........048
- 12 競合サイトの調査❷ Google　PageRank..........050
- 13 競合サイトの調査❸ 被リンクの数..........051
- 14 競合サイトの調査❹ 被リンクの質..........052

| 15 | 競合サイトの調査❺ Yahoo!カテゴリ登録の有無 | 053 |
| 16 | スプログ（スパムブログ）問題 | 055 |

Part 2
無料ブログSEO対策テクニック ... 073

Chapter 03
無料ブログはこんなに使える！ ... 075

01	本書における無料ブログの定義	076
02	無料ブログの良いところ❶ メインサイトへの集客と誘導に使える	078
03	無料ブログの良いところ❷ 複合キーワードを使った無料ブログで集客を狙ったコンテンツを量産できる	080
04	無料ブログの良いところ❸ クチコミやお客様の声は運営サイトに掲載して信用力アップにつなげる	083
05	無料ブログの良いところ❹ 無料でアフィリエイトサイトが運営できる	085
06	無料ブログの良いところ❺ 社長日記という使い方ができる	087
07	無料ブログの良いところ❻ 新製品、新サービス情報の案内ができる	089
08	無料ブログの良いところ❼ ネットショップの集客に利用できる	092
09	無料ブログの良いところ❽ ポッドキャスト、ビデオポッドキャストを利用できる	094

Chapter 04
無料ブログのアクセスアップの極意！ ... 095

01	無料ブログを使った2種類のアクセスアップの方法を理解する！	096
02	基本は検索エンジンからのアクセスアップ！	098
03	ブログ記事の更新時にトラフィックを誘導する	100
04	2種類のアクセスアップの手法別にブログテンプレートを使い分ける	101

Chapter 05
ウェブ検索からのアクセスアップ
無料ブログの内部SEO最適化テクニック ... 103

01	内部SEOの定義	104
02	検索ワードとページ内容のマッチング	106
03	無料ブログを従来型のサイトに近づける	108
04	無料ブログの構造を理解する	110
05	ブログタイトルの最適化	113
06	上位表示を狙うキーワードを先頭に持ってくる	116
07	カテゴリタイトルの最適化	118
08	関連検索ワードを極める！	122
09	個別記事タイトルの最適化	124

10	各ページのタイトルを最適化する	129
11	記事本文最適化❶ 語彙数を増やす	130
12	記事本文最適化❷ キーワード出現率と近接ワード	132
13	内部リンク対策	134
14	見出しタグの最適化	137
15	サイドメニューの最適化	139
16	発リンク数の最適化	140
17	コメントとトラックバックの最適化	141
18	サブページのインデックスの最適化	142
19	最新記事一覧の設置	144
20	カテゴリ一覧の設置	145

Chapter 06
ウェブ検索からのアクセスアップ
無料ブログの内部SEOカスタマイズテクニック …… 147

01	htmlの最適化	148
02	<title>タグの最適化	153
03	パンくずリストの設置 Seesaaブログの場合	158
04	パンくずリストの設置 livedoorブログの場合	162
05	パンくずリストの設置 FC2ブログの場合	164
06	パンくずリストの設置 JUGEMブログの場合	166
07	パンくずリストの設置 インフォトップブログの場合	168
08	記事一覧の設置 Seesaaブログの場合	170
09	記事一覧の設置 livedoorブログの場合	173
10	記事一覧の設置 FC2ブログの場合	177
11	記事一覧の設置 JUGEMブログの場合	179
12	記事一覧の設置 インフォトップブログの場合	181
13	運営者情報、問い合わせ先の明記	183

Chapter 07
テンプレートデザイン最適化 CSSのカスタマイズ …… 185

01	CSSとhtmlの関係と役割	186
02	CSSの構造を確認するためのツール	189
03	文字の大きさを変更する	192
04	文字の色／背景の色／リンクテキストの色を変更する	193
05	ボーダーを加える	195
06	背景画像を加える	196
07	余白を極める！	197

Chapter 08
ウェブ検索からのアクセスアップ
無料ブログの外部SEO対策テクニック ... 119

- 01 まずは検索エンジンに無料ブログをインデックスさせる！ ... 200
- 02 外部SEOのメインは被リンク獲得！ ... 205
- 03 SEOに効果のあるリンクとは？ ... 207
- 04 相互リンクで効果のある被リンクを集める方法 ... 209
- 05 ブログの量産で被リンクを増やす ... 212
- 06 ディレクトリ型中小検索エンジンの登録テクニック ... 215
- 07 ソーシャルブックマーク登録テクニック ... 219
- 08 時間軸を考えた被リンク増加テクニック ... 223
- 09 被リンク元のIPアドレスの分散 ... 225
- 10 リンク構造最適化 ... 228

Chapter 09
無料ブログのトラフィック誘導対策
無料ブログSEO対策からSMM（ソーシャルメディアマーケティング）へ ... 231

- 01 SEO、無料ブログSEOとSMM（ソーシャルメディアマーケティング） ... 232
- 02 トラフィック誘導による無料ブログSEO対策テクニック ... 236
- 03 ソーシャルな環境がブログ健全化をもたらす ... 238
- 04 ソーシャルサービスを使ってSMMを実施する ... 242

Part 3
YouTube＆ポッドキャスト／ビデオポッドキャスト対策テクニック ... 245

Chapter 10
YouTube最適化（YTO）テクニック ... 247

- 01 YouTubeで何ができる？ ... 248
- 02 YouTube動画の閲覧 ... 251
- 03 チャンネル登録を使いこなす ... 255
- 04 YouTube動画を自分のブログに貼り付ける ... 259
- 05 YouTube用の動画作成 ... 262
- 06 YouTubeに動画を投稿する ... 269
- 07 チャンネルであなたの番組を作成する ... 274
- 08 RSSでYouTube番組を宣伝する ... 275

Chapter 11
iTunes 最適化テクニック 227
- 01 なぜiTunesが凄いのか？ 278
- 02 RSS配信の仕組みが注目されているワケ 280
- 03 Seesaaブログから iTunes、iPodに動画、音声データを移動 283
- 04 iPodからメインサイトや店舗に誘導する 285
- 05 iTunes Storeからメインサイトに誘導する 286
- 06 Media Manager for WALKMANにも注目！ 287

Chapter 12
ポッドキャスト（音声ブログ）対策テクニック 289
- 01 音声録音の方法と無料ポッドキャストサービス 290
- 02 音声に効果音や音楽を加える 295
- 03 効果的に音声を活用するテクニック 301
- 04 ポッドキャストを効果的に宣伝する方法 302

Chapter 13
ビデオポッドキャスト（動画ブログ）対策テクニック 309
- 01 YouTubeとビデオポッドキャストの動画配信の違いとは？ 310
- 02 ビデオポッドキャストを無料ブログで利用する 314
- 03 動画を使った効果的なマーケティングと活用事例 316

Part 4
メールマガジンとSNSを使った集客テクニック 321

Chapter 14
メールマガジン集客テクニック 323
- 01 まぐまぐ、Yahoo!メルマガのSEO的利用方法 324
- 02 無料メールマガジン配信スタンドでメールマガジンを新規発行 ... 326

Chapter 15
mixiとlivedoorブログの無料サービスを使った集客テクニック ... 329
- 01 mixi活用テクニック 330
- 02 livedoorの無料サービスの連携手法を学ぶ！ 333

Appendix
無料ブログサービス徹底紹介 339
あとがき 341
監修のことば 342
Index 343

Part 1

「無料サービスは集客に使えない」の嘘、無料サービス徹底活用テクニック

「無料ブログは使えない／スパムだらけ」「YouTubeはアクセスアップには使えない」など、無料サービスに対する一部の誤った認識を持っているユーザーの方がいます。
しかし、そんなことはありません。
無料ブログのスパム対策は日々厳しくなってきていますし、また、充実したコンテンツを持つブログも日々増加してきています。YouTubeに代表される動画共有サービス経由で動画をアップロードする方も増えてきており、無料ブログの注目度は高くなってきています。
第1部では、こうした「あやまった認識」を消し去っていただき、無料ブログに代表される無料サービスを利用することでアクセスアップを実現できるということを解説します。

Part 1

Chapter 1

無料でアクセスアップ（SEO）を行う極意

本章では、無料でアクセスアップ（SEO）を行うための戦略を解説します。無料ブログ、YouTube、iTunes（ポッドキャスト／ビデオポッドキャスト）などを使います。

「無料サービスを使いまくりたい」、そんなあなたに送る徹底活用術

Part 1　Part 2　Part 3　Part 4

この本を手に取っているあなたは、おそらくインターネットの集客に興味を持っている方に違いありません。なぜなら、本書のタイトルがブログのSEOテクニックに関するものになっているからです。

もし、あなたが料理の本を欲しいのに本書を手に取ったなら、本書のタイトルのつけ方がよっぽどおかしいのか、たんなる気まぐれということになります。

ほかにも、本書を手に取った理由のひとつとして、「本のタイトルが何となく気になったから」ということもあるでしょう。

タイトルの重要性

このように、本を買ってもらうためには、本のタイトルが非常に重要な位置を占めていることがわかるでしょう。

また、ターゲットとしてどのような人に手に取って欲しいのかということも大切です。本を手にしたときに得られるメリットがわかるタイトルでないと、興味を持ってもらえません。

これはインターネットでの集客でも同様で、「サイトにどのような人が来るのか？」を想定することや、「何を販売するのか？」をしっかり考えておくことが大切になります。

本書で紹介する無料ブログSEO対策とは？

本書では、無料でアクセスアップをする方法として無料ブログSEO（Search Engine Optimization：検索エンジン最適化）対策、やブログポータルニュース記事などからのトラフィック誘導、そしてiPodの必須ツールであるiTunes（アイチューンズ）やYouTube（ユーチューブ）からのアクセスアップ手法を解説します。

筆者のクライアントや筆者自身の実績／実例を元に執筆していますので、机上の空論ではなく生の情報として活用していただけると思います。

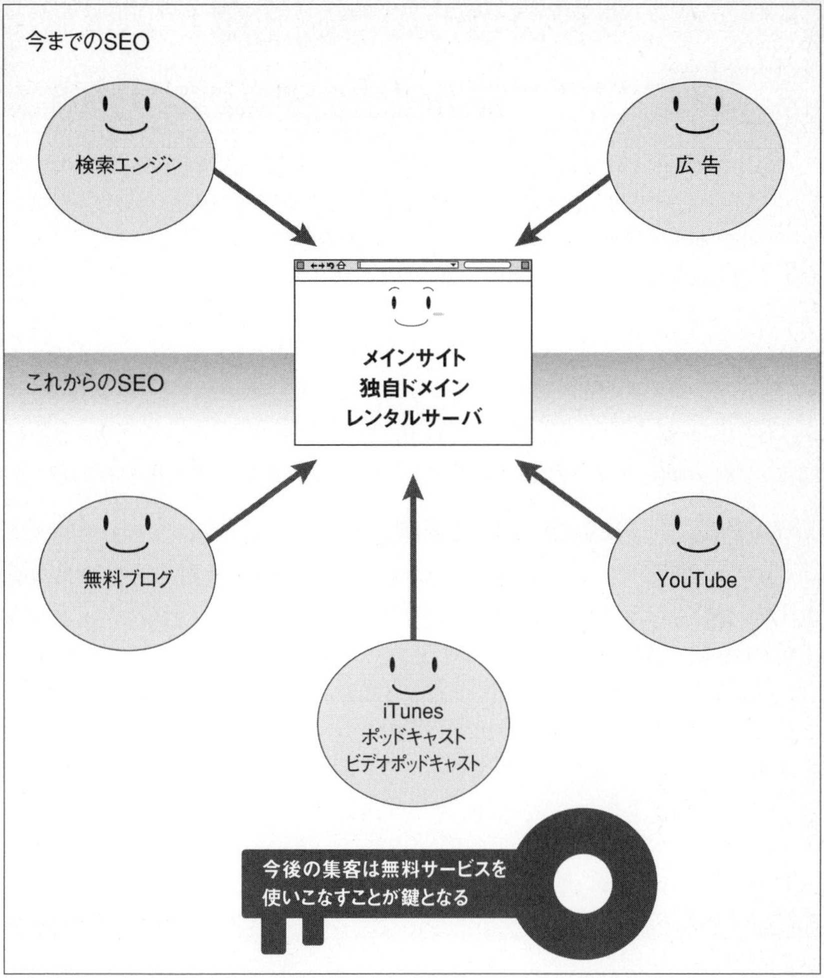

今までのSEO

検索エンジン → メインサイト 独自ドメイン レンタルサーバ ← 広告

これからのSEO

無料ブログ、iTunes ポッドキャスト ビデオポッドキャスト、YouTube → メインサイト 独自ドメイン レンタルサーバ

今後の集客は無料サービスを使いこなすことが鍵となる

▲メインサイトだけで勝負する時代は終わった

> **point 無料サービスは使い倒さないと損**
> レンタルサーバを借り、独自ドメインをとっただけではSEOやアクセスアップはできるものではありません。様々な無料サービスを効果的に使い、組み合わせることによってその威力を発揮するのです。

02 無料アクセスアップツール❶ 無料ブログの徹底活用

Part 1　Part 2　Part 3　Part 4

すでにネットショップやアフィリエイト、またはリアルビジネスへの集客をインターネットで行っている場合、**独自ドメイン**を取得し、**レンタルサーバ**などを使って**ホームページ**の運営（以下、ホームページは**サイト**と表記する）をされていることと思います。独自ドメインを取得した理由は様々だと思いますが、その多くが業者からお仕着せの適当な理由の場合が多かったりするものです。ですから、独自ドメインでサイト運営をされている企業や個人の方の中には「無料ブログって信頼性が無いでしょう？」「無料ブログってSEOに弱いでしょう？」などと根も葉もない否定的な理由をつける人が出てきてしまいます。このことは、サイトやSEOに関する正しい知識を身につけることなく、ウェブ制作業者やSEO業者に洗脳されてしまっていることを意味します。

無料ブログを使わない手はない！

せっかく無料でアクセスアップに利用できるサービスがあるのですからそれを利用しない手はないでしょう。特に無料ブログサービスは提供されているサービス数も数十の単位であり、各社が切磋琢磨して利用者数を増やす努力をしていますので、サービスの質もこの数年で格段に向上してきています。文字情報や画像を投稿する基本機能だけでなく、アフィリエイトの連携が簡単にできたり、携帯電話から音声を投稿したり、動画を投稿したりできる無料ブログサービスも登場しています。

そして、無料ブログサービスの多くが、**テンプレート**と呼ばれるデザインの骨格部分を自由にカスタマイズ（修正）できますので、ブログに見えない通常のサイトのような形で運営することも可能なのです。

	無料ブログサービス	従来型のサイト
サーバの価格	無料	有料または無料
サイトの更新	簡単	htmlの知識が必要
サイトのデザイン作成	htmlとCSSの知識が必要	htmlの知識が必要
SEO	専門知識が必要	専門知識が必要
双方向性	コメント、トラックバック機能を利用	掲示板などのCGIプログラムを利用
ドメイン	独自ドメインは有料	独自ドメインは有料

▲無料ブログと従来型のサイトの比較

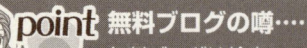

point　無料ブログの噂……
無料ブログは検索エンジンに弱いなど言われることもありますが、そんなことはありません。おそらく正しいSEOの知識を持っていない初心者の方が無料ブログを利用するケースが多くなったために、そのようなことが言われているのだと思います。

無料アクセスアップツール❷
03 レンタルサーバに付属する無料ブログの徹底活用

Part 1　Part 2　Part 3　Part 4

レンタルサーバの中にはブログサービスを無料で利用できるところがあります。

例　さくらのブログ／Seesaaブログ／.Mac

たとえば**さくらのレンタルサーバ**では**さくらのブログ**というブログサービスをサーバの容量内で使うことができますし、独自ドメインやサブドメイン、ブログのサブドメインのマッピンピングを自由に行うことができるので便利です。また、元となるシステムに人気のある**Seesaa**ブログのエンジンを使用していますので、Seesaaブログを使っている方なら戸惑うことなく利用できる点もメリットのひとつです。

また、Macユーザーの方でしたら.Mac（ドットマック）というレンタルサーバのサービスを利用すれば、Macに付属している写真／画像整理ソフトのiPhoto（アイフォト）、動画作成ソフトのiMovie（アイムービー）、サイト作成ソフトのiウェブと連携することができ、簡単に美しいサイトやブログ、ポッドキャスト、ビデオポッドキャストを運用／更新することができます。

レンタルサーバ型のブログのメリット

レンタルサーバ型のブログを使うメリットとして、容量の大きいサーバのプランに申し込んでいるとアップロードできるファイルの容量も増えるということが挙げられます。また、レンタルサーバの利用規約に準じていれば、商用利用やアフィリエイトの利用も自由にできることも大きなメリットのひとつです。

	レンタルサーバのブログサービス	無料ブログサービス
サーバの価格	有料	無料
サイトの更新	簡単	簡単
サイトのデザイン作成	htmlとCSSの知識が必要	htmlとCSSの知識が必要
SEO	専門知識が必要	専門知識が必要
アフィリエイトの利用	レンタルサーバの規約に準ずる	可能、不可能の両方がある
商用利用	レンタルサーバの規約に準ずる	可能、不可能の両方がある

▲レンタルサーバと無料ブログの比較

point　レンタルサーバのブログサービス

さくらのブログの場合、ひとつのアカウントで50個までのブログを運営することができます。最大の特徴はブログ専用のドメインにサブドメインを反映させるだけでなく、さくらのレンタルサーバで用意されたドメインも使うことができることです。これにより、後述するドメインのページ数による強さ、ドメイン年齢による強さを享受することができるのです。

無料アクセスアップツール❸
04 YouTubeの徹底活用

Part 1 | Part 2 | Part 3 | Part 4

　動画共有サービスでユーザー数が圧倒的に多いのは、YouTube とニコニコ動画でしょう。特に YouTube は、**携帯電話から動画のアップロードがきる点**、そして 2007 年 6 月に**サイトの日本語対応したこと**で多くのユーザーを獲得しています。

　日本人は携帯電話を巧みに活用する文化を持っていますので、YouTube の携帯投稿機能は、筆者のような情報発信する立場から見てもインパクトがあります。

例 YouTube最適化の例

　YouTube の動画の閲覧者は増加しており、YouTube のサイト内で検索される回数も増えていますので、YouTube の動画のタグ設定や説明文の書き方はアクセスアップに大きく影響します。YouTube 最適化を行うことによりメインサイトへの誘導が期待できます。

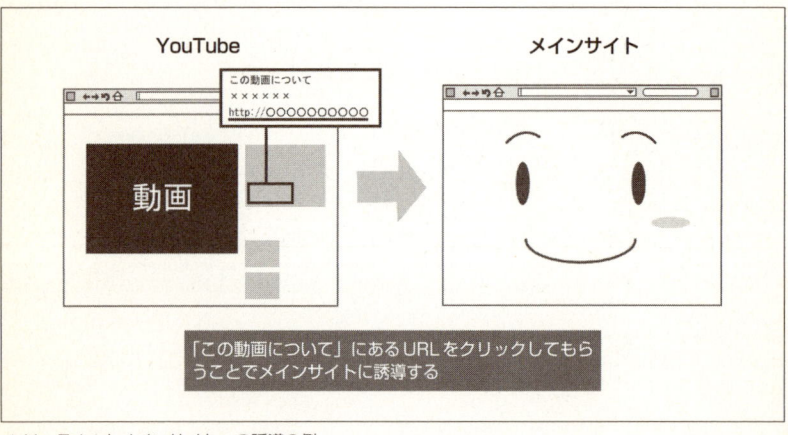

▲YouTubeとメインサイトへの誘導の例

point YouTubeからの誘導

YouTube 動画の説明にはメインサイトなどの URL を記載することができますので、YouTube 内で検索された動画からメインサイトに誘導することが可能です。

無料アクセスアップツール❹
iTunesの徹底活用

Part 1　Part 2　Part 3　Part 4

　mp3プレーヤーとしての地位を不動のものにしているiPod。そのiPodを利用するために不可欠なのがiTunesです。iTunesはメニューの中にポッドキャスト番組案内メニューが搭載されています。アップル社のスタッフは、そこで登録されたポッドキャスト番組を紹介しています。ポッドキャストは無料で視聴できるものがほとんどですので、iPodにダウンロードして持ち出して視聴する形が今後増えることでしょう。最近では広告業界でも電通などがポッドキャスト用の広告配信サービスに参入するニュースがあり、ポッドキャスト周りは非常に注目されています。

例 ポッドキャスト最適化の例

　iTunesはポッドキャスト番組をiTunes Storeで自由に検索することができます。そして検索されたポッドキャスト番組からポッドキャストサイトへの誘導や画像／動画を使った誘導もできます。このような方法を使ってメインサイトにアクセスを誘導する応用例は多く見られます。

iTunes Storeからメインサイトへの誘導は、今や当たり前に行われているアクセス手法である

▲ポッドキャスト番組とメインサイトへの誘導の例

point　iTunesからの誘導

　ポッドキャスト、ビデオポッドキャストの特徴は画像スライドショーや動画を使ってURLを告知したり、アンカーテキストでリンクさせたりすることで、メインサイトに誘導することができます。

まとめ 06 無料サービスを使った アクセスアップ

Part 1 | Part 2 | Part 3 | Part 4

メインサイトの集客アップ、アクセスアップを図るためにメインサイトだけをてこ入れしてもあまり意味はありません。その**理由**は、次の2つです。

> **理由1** 検索エンジンが外部からのリンクの評価を高めているから
> **理由2** より専門性の高いサイトを評価しているためにひとつのサイトで Yahoo! 検索や Google などの検索サービスに評価してもらえる情報を作成／網羅するには個人や数人のサイト運営者の力では限界があるから

現在の検索エンジンの特徴

現在、検索エンジンは、ドメインあたりの総ページ数が多い、個々のページにオリジナリティがある、個々のページにリンクが張られて閲覧数や閲覧時間も長いといったサイトを評価しています。

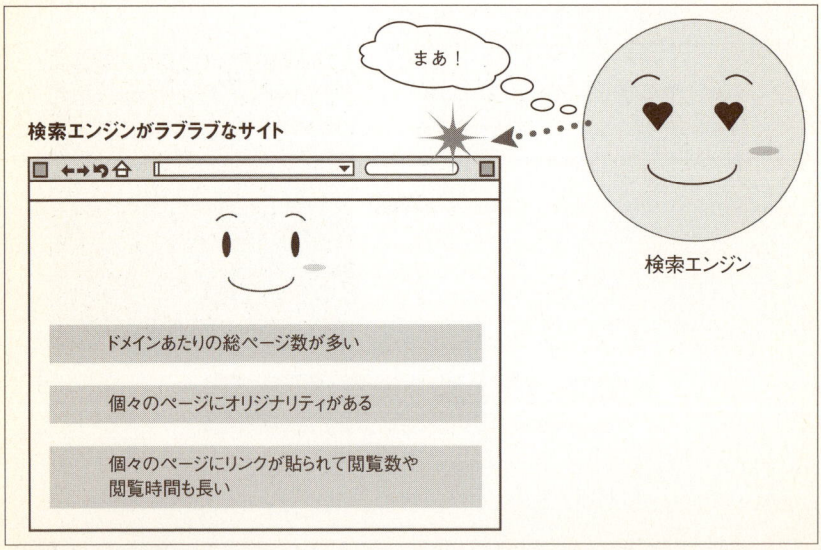

▲検索エンジンがラブラブなサイト

たとえば、利用者参加型の百科事典サイト Wikipedia（ウィキペディア）が代表的な例です。インターネット環境のある人ならほとんどの項目で自由に書き込みや修正が可能です。

そのため、記述されている内容の信頼性の面を見ると完全ではありませんが、ありとあらゆるキーワードに関するの解説が書き込まれているので有益なサイトの代表格となっています。

オリジナリティのある専門サイトを作ろう

このようなサイトに個人や数人規模のスタッフでのサイト運営で対抗するには、よりオリジナリティのある専門サイトをより細分化して運営することが必要不可欠となってきました。メインサイトだけではなく、専門店や支店を増やす感覚でサイトを増やす方法です。無料で提供されているサービスとしては、ブログ、メールマガジン、SNS、Wikipedia、YouTube、iTunes Storeのポッドキャスト／ビデオポッドキャストなど多種多様です。もしあなたのメインサイトがこれらの無料サービスと連動できるようになれば、一気に数倍から数十倍のアクセスアップも夢ではありません。

今までのSEO対策で陥りがちだった、ひとつのメインサイトだけの対策をするという考えから、サイトやブログ群を構成してSEOを施すことが今後のアクセスアップの主流となるのです。

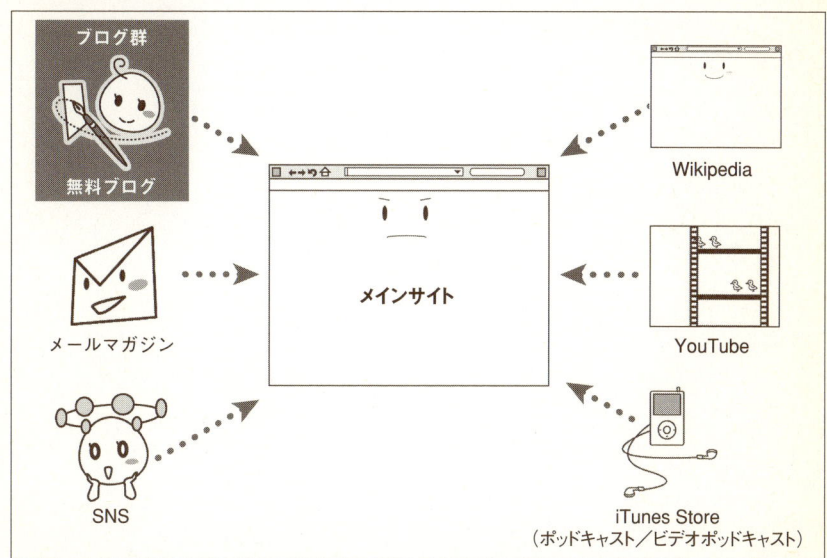

▲無料サービスやブログ群などからのアクセスをメインサイトに集める

point　アクセスアップ、SEOはひとつのサイトでなくサイト群で実践！
文字情報と画像を使った情報発信に音声や動画を追加して、メールマガジンやSNS、動画共有サイトなどあらゆるネットメディアとの連携をとりながら集客効果を高めることが今後の主流になります。

Part **1**

Chapter **2**

アクセスアップはキーワード選定と競合調査から！

本章では、アクセスアップ（SEO）の基本であるキーワードの選定と競合調査の具体的な方法について解説します。どの無料サービスを使う場合もキーワードと競合調査を意識することでアクセスアップにつなげることが可能になります。

訪問者を見極めることが成約率アップの第一歩！

Part 1　Part 2　Part 3　Part 4

あるページで商品やサービスを販売するためには、そのページに集客することが最初にする作業となります。しかし、「集客することが大事」と言ってもどんな人でも集客してもよいというわけではありません。

たとえば、男性用のサービスの案内に女性を集客してしまうことで、訪問した女性が不快感を示すかもしれません。ページタイトルと全く違うコンテンツであっても問題でしょう。

マーケティングの世界では、とにかく販売できる可能性のある見込み客をできるだけ多く集客し商品を販売し、必要のない人にまで商品を売ってしまった場合は、返品で対応すればよいという考え方があります。しかし、ついで買いを促す以外であれば、購入すべき顧客だけに対応した集客を考えるほうが、成約率のアップや販売数／売上のアップにつながります。なぜなら、適当な集客戦略では、広告費が余分にかかったり、対応コストが増大して利益が減ったり、最悪の場合、信用を失ってしまうこともあるからです。

例 インターネット接客作法

購入の見込みのある顧客に商品を紹介することを常に意識しましょう。たとえば飲食店に行ったとき、誰にでも「●●も一緒にいかがですか？」とマニュアルに沿って同じ商品を薦めるお店に、筆者は「行きたい」とは思いません。

質のよい接客とは、**お薦めする商品を顧客によって変える接客**です。ブティックなどはこの例に当てはまることが多く、筆者がよく行くブティックの担当者は、今まで筆者が購入した商品のリストを記録し、筆者の服の好みをわかった上で接客をしています。そのため、そのお店に行くと「ついつい服を買ってしまう」ということが実際多いのです。

このようにあなたの商品やサービスを使いたい人があなたのサイトに訪問する状況を作ることが売上と利益を上げる最良の方法であることを覚えておいてください。

トワイライトエクスプレスのアフィリエイトサイト

トワイライトエクスプレスという列車はJR西日本が、大阪から札幌間を21時間から23時間かけて走る豪華寝台列車の名称です。この列車は通常の寝台列車のような2段式寝台だけでなく、一人用個室寝台、二人用個室寝台、そして日本で一番豪華なスイートの寝台を備えており、ゆったりと北海道旅行を楽しみたい熟年者、

鉄道マニアに大変人気のある列車です。

🐾 検索キーワードから見えるユーザー像

しかし、トワイライトエクスプレスというキーワードで訪れたユーザーでも熟年者と鉄道マニアという全くちがう属性になってしまいます。こういった異なる属性のユーザーにそれぞれ違う商品やサービスを紹介する必要があります。ただし、その前に最終的に紹介する商品が何なのかを整理しておく必要があります。

たとえば、熟年者にはトワイライトエクスプレスを利用した北海道旅行を、鉄道マニアにはトワイライトエクスプレスの鉄道模型を紹介するアフィリエイトサイトを運営していると仮定します。

商品グループ1	トワイライトエクスプレスを利用した北海道旅行ツアー
商品グループ2	トワイライトエクスプレスの鉄道模型
商品グループ3	トワイライトエクスプレスの切符

そして、それぞれの紹介商品を利用する訪問者がどのような検索キーワードを使って検索エンジンからあなたのサイトに訪問してくるのかを考えます。

商品グループ1のキーワード						
トワイライトエクスプレス	ツアー	北海道	予約	料金	日程	お土産
旅行保険						
商品グループ2のキーワード						
トワイライトエクスプレス	鉄道模型	Nゲージ	写真	音声	DVD	
商品グループ3のキーワード						
トワイライトエクスプレス	予約	ヤフオク	ツイン	販売日		

上記のように3種類の 商品グループ を比較しても同じトワイライトエクスプレスという基本キーワードが元になっているにもかかわらず、トワイライトエクスプレス以下の関連するキーワードは全く違ったものになることに注目してください。

つまり、訪問者を絞り込むためには、基本キーワードに関連するキーワードの選択が非常に重要になってくるのです。

そして、これらの紹介商品に対しての購入者属性がわかっていれば、3種類の 商品グループ によって次のような購入者属性に分けることができ、それぞれの購入者が好むほかの商品の紹介も可能となるのです。

商品グループ1の購入者属性				
時間とお金がある	熟年層女性グループ	定年	還暦	
商品グループ2の購入者属性	鉄道マニア	恋愛	独身	写真
鉄道マニア	恋愛	独身	写真	
チケットショップ	旅行関連会社	プレゼント		

 たとえば、商品グループ1の購入者属性の人は、時間とお金を持っている層となります。実際にトワイライトエクスプレスに乗車した方はわかると思うのですが、この列車の利用者層のほとんどは熟年女性と熟年夫婦です。

 トワイライトエクスプレスのサイトでこれらの層のリストを取る仕組みを作っておくことで、後日この層に対してすぐに申し込んでもらえるような商品を紹介することもできるのです。

 ほかにも、クルーズの旅の資料請求のアフィリエイトがあるならば、メールマガジンで紹介してもよいでしょう。資料請求をするくらいの人であれば、成約できる可能性も高くなります。

> **point 訪問者の絞り込みを極める！**
> サイトやページの訪問者の属性の絞り込みができて、どのような人が訪問しているのかがわかれば、商品やサービスの提案方法もおのずと見えてきます。狙うキーワードと関連ワードを厳選し、サイトの特徴を出すことが大切です。

02 集客の基本は需要と供給の徹底調査にあり！

Part 1　Part 2　Part 3　Part 4

たとえばあなたがどこかに飲食店を開店したい場合、

- どのような飲食店にするか？（顧客の需要）
- どのような場所に店を構えるか？（競合店の供給）
- どのようなメニューにするか？（顧客の欲求）

を最初に考えると思います。これは、

需　要	＝	飲食店の内容／種類、地域の人口
供　給	＝	飲食店の立地条件／競合店の有無
成功率	＝	来店者が好むメニューや品揃えの提供

と言い換えることができます。

　インターネットの場合も同様です。Yahoo!検索やGoogleの検索サービスからの集客を増やす場合は、

- どのような検索語で訪問してもらえば商品が売れるのか？
- どのようなキーワードが何回も検索されているのか？

を調査し、知ることがサイト集客の基本となります（Yahoo!検索やGoogleで検索するときの言葉は、**検索キーワード**と呼んだり、単純に**キーワード**と呼ばれる）。

　サイトへの集客を伸ばすには、**検索キーワード**で**検索結果の上位表示を狙う**（つまりSEOをする）わけですが、誰もが簡単に思いつくような需要の多いキーワードはすでに供給自体が多くなっています。

　一方、供給の少ないキーワードは、元々需要が少なくてアクセスが見込めないものであるということがあります。

　このように、**検索キーワード**の**需要**と**供給**を事前に調査することは、今後のサイトのアクセス数を決めてしまうほど重要なことであることを理解してください。

インターネットでの一等地は、ビッグキーワードの争いが熾烈

インターネットでの一等地は、Yahoo!検索やGoogleでの検索結果の1位です。たとえば、キャッシング、ダイエットといったビッグキーワードで1位になるということは、インターネット上の一等地に店を構えることと全く同じです。そして、検索キーワードの需要、つまり検索回数が多いキーワードで1位を取るということは、銀座の一等地にお店をオープンしているのと同じ効果を生むのです。もしそのようなことができたら……、想像してみただけでもワクワクしてきませんか？

しかし、残念なことにこれらのビッグキーワードは供給過多でかつ競争が相当激しいキーワードと言われています。何万ページもあるサイトであったり、数万ページのサイトからリンクされていたり、サイト自体の価値が高い場合も多く、もしあなたが新規にサイトを作ってキャッシングやダイエットというキーワードで検索結果の上位表示を狙ったとしてもそれは不可能に近い話なのです。

ビッグキーワードでなくても成功する3つの テクニック

テクニック1　変化球的なキーワードを選ぶ

キャッシングというキーワードではなくお金を借りたいという欲望系のキーワードや平仮名にしたきゃっしんぐというキーワードのほうが月間検索数（需要）は少なくなります。しかし逆に競合は少なくなりますので、検索エンジンからアクセスを呼び込める可能性があります。

テクニック2　競合調査をしてキーワードを選ぶ

また、キャッシングに関連するキーワードをできるだけ多く調査することで、需要が多く供給の少ないキーワードを見つけることも可能になります。

たとえば主婦　キャッシングというキーワードなら、需要もそれなりにあり、競合も少なくなりますので、今から主婦　キャッシングというキーワードでサイトを作っても検索エンジンからのアクセスを呼び込める可能性が高くなるのです。

テクニック3　成約率を意識してキーワードを選ぶ

そして、最後に大事なのが成約率です。たとえば、主婦　キャッシングというキーワードでYahoo!検索の1位になったとしましょう。極端な例ですが、もしその1位になったサイトに女性向けのキャッシングの案内が全くなかったとしたら、キャッシングの申込み数は激減するはずです。つまり成約率が低いということになります。これはサイトの訪問者が主婦であるのに、主婦向けの商品を紹介しなかったことにより成約しなかったケースと言えます。

あなたの目的は何ですか？

本書を読んでいるあなたの目的はサイトを使って売上を伸ばすことのはずです。サイトを作成する前にまず、売上を伸ばすためのキーワードを調査し、アクセスを増やすことに集中しましょう。そして、成約率をアップするための仕組みを作るのです。ここで整理してみましょう。

需要 =	検索キーワードの検索回数
供給 =	検索キーワードの競合サイトの数（検索結果の数や上位表示されているサイトの評価）
成功率 =	訪問者の属性と販売する商品／サービスのマッチング

サイトで集客し、商品やサービスを販売するためには上記のことを基本にして行います。

基本1 キーワードの需要を調べる

検索回数を調査する方法としてはGoogle AdWordsのキーワードツールやフェレットというサイトを利用して月間検索数、つまり月あたりの検索回数を調べる方法があります。

基本2 キーワードの供給を調べる

それに対して供給を調べる方法としては、キーワードに対する検索結果数や上位表示されているサイトのページ数や被リンク数、どこからリンク供給が行われているかを調査します。競合サイトを調査するツールとしてSEOツールまるみえを利用すると便利です。需要と供給の調査、成約率アップの方法については次項以降で詳しく説明します。

サイト	URL	用途
キーワードツール	https://adwords.google.co.jp/select/KeywordToolExternal	キーワードの需要
フェレット	http://jp-ferret.com/	キーワードの需要
SEOツールまるみえ	http://seotoool.com/	キーワードの供給

▲キーワードの検索回数／供給を調べる際に必須のサイト

> **point**「検索キーワードの需要と供給の調査無くして成功はない！」と心得よ！
>
> 検索キーワードの需要と供給の調査をしないということは、全く何もわからない状態で適当に店を出してしまうことと同じです。キーワードを十分に調査、吟味することがインターネットでの成功の近道です。そして販売時に成約率がアップするように訪問者が望む商品やサービスを提供しましょう。

03 「需要=月間検索回数」を徹底調査!

Part 1　Part 2　Part 3　Part 4

　需要が全くないところで商売は成り立ちません。しかし、少しでも需要があり成約すると莫大な利益が得られる商売や、薄利でも需要が多い商品の販売であれば、ビジネスとして十分に成り立ちます。そして、後者のビジネスの場合、需要の多いキーワードで検索結果の上位に表示されることがサイトの集客の増加へとつながります。

　ただし、先に解説したように**需要の多いキーワードは競合も多い**ので**需要=月間検索数**と**供給=競合サイト**のバランスに加えて、少ないアクセスでも**成約率を高める**ことができるかを総合的に判断することが必要になります。次に**フェレット**[※1]という検索ワード数を調査するサービスを使って、「城崎(きのさき)」というキーワードを検索/分析してみましょう。

例 筆者の「城崎温泉」関連サイトの場合

　フェレットで「城崎」と検索すると、「城崎温泉」というキーワードの月間検索回数が45,000回、「城崎」というキーワードの月間検索回数が18,000回という結果が出てきます。筆者の管理しているサイトで「城崎」「城崎温泉」というキーワードともにYahoo!検索で3位以内に入るサイトがあるのですが、「城崎温泉」という検索キーワードで毎日60回から120回、「城崎」という検索キーワードで毎日30回から60回ぐらいのアクセスがあります。

　フェレットの月間検索回数の**おおよそ600分の1から300分の1の回数が1日あたりのアクセス回数**ということになります（この値はキーワードやページタイトルによっても違うのであくまで参考値としてほしい）。Yahoo!検索の検索結果が同一条件でもキーワードによっては、フェレットでの月間検索回数が35,000回で毎日のアクセスが350回、つまりフェレットの月間検索回数の100分の1が1日のアクセスとなるケースもあります。

フェレットの月間検索回数		筆者の「城崎温泉」関連サイト
検索キーワード	検索回数	
城崎　温泉	45,900	
城崎	18,200	
城崎　マリン　ワールド	8,900	Yahoo!検索で3位以内
城崎　温泉　旅館	3,100	城崎 / 城崎温泉
城崎　仁	2,500	
城崎　温泉　宿	1,700	
城崎　旅館	1,600	

600分の1から300分の1

毎日のアクセス数　城崎温泉:60回～20回　城崎:30回～60回

▲フェレットで「城崎(きのさき)」と検索した結果と筆者のサイトとのアクセス数及びその関連性

以上のことから、月間検索回数が数万回あるキーワードでYahoo!検索において上位表示した場合、そのキーワードで1日当たり数百のアクセスが期待できることを意味します。実際には、そのキーワードだけではなく、

- 2語（城崎＋旅館）
- 3語（城崎＋宿＋かに）
- 4語（城崎＋宿＋但馬牛＋かに）

といった複合キーワードによる検索もこの数年で増えてきています。

基本となるキーワードの月間検索数が数万回あるキーワードでYahoo!検索において3位以内に表示された場合、1日当たり数千アクセスが期待できるサイトになるのです。

1日当たり数千アクセスあるサイトを構築すれば、よほどサイトのコンテンツが悪くない限り、毎日何らかの形で成約や問い合わせがあるはずです。04では「城崎」というキーワードの供給を調査してみましょう。

COLUMN
フェレットで検索数を表示するには？

フェレットで、検索結果に検索数を表示するには、ユーザー登録が必要です。必ずユーザー登録をしてください。

注意！
フェレットの検索結果について

城崎は昔ながらの風情が残った温泉として有名です。フェレットの検索結果では「城崎　温泉」と表示されていますが、実際の検索では「城崎温泉」と検索されていることが多いはずですので注意が必要です。
フェレットの検索結果は単語の分割が機械的にされているために、必ずしも検索されているキーワードで正しく分割されていません。場合によってはキーワード自体が間違っている場合もあります（「トワイライトエクスプレス」を「トワイライトエキスプレス」と表示）。「キーワードアドバイス系のツールは万能でない」ということを理解した上で、使ってください。

※1　URL http://jp-ferret.com/

> **注意！**
> **一般に利用されてないキーワードもある！**
>
> キーワードによってはアフィリエイターやSEO業者が検索しているだけで、一般の利用者には全く利用されていないものも存在しますので、注意してください。最悪の場合、月間検索回数が1万回を超えていて需要がそれなりにあると期待して、そのキーワードを使ってサイト作成し、SEOも施して検索結果が1位であるにもかかわらず全くアクセスがなかったり、アクセスがあるにもかかわらず成約率が低かったりすることもあるのです。この場合、選択したキーワードがアフィリエイターを中心に多く使われている可能性が非常に高いです。

COLUMN

アクセス解析

一番正しい解析値は、あなたが作成したサイトのアクセス解析の結果です。どのような検索キーワードで訪問されているかを定期的に調査してください。そして、その調査した数値こそが真の月間検索回数であることを理解してください。

point

需要を調べるときの注意点
キーワード調査系のツールの結果を鵜呑みにしないことが大切です。必ず実際に訪問されている検索キーワードを調査しましょう。

04 競合（ライバル）を徹底調査！

競合サイトを調査する上での注意点ですが、検索順位は競合サイトよりもあなたのサイトの評価が上であれば、上位表示されることをまず理解してください。

ページ数は何ページぐらい作ったら上位表示されますか？

被リンクはどれぐらいあればよいですか？

PageRankはどれぐらい必要ですか？

という質問を筆者のセミナー受講者からよく受けるのですが、それは**競合サイト次第**です。あなたのサイトが競合サイトよりも、検索エンジンからの評価が少しでも高ければそれでよいのです。

たとえば、競合サイトのページ数が千ページを超えていて、ページへの被リンク数も数百の単位であり、Yahoo!カテゴリ登録されているサイトばかりですと、あなたもこれらの競合サイト以上の検索サービスから評価される価値のあるサイトを作らなければ、上位表示の可能性はかなり低いものとなってしまいます。

逆に、狙っているキーワードのYahoo!検索における検索結果数が0件の場合、ページ中にそのキーワードを入れるだけで、検索エンジンに認識されると1位を獲得できるのです。このように競合サイトの調査無しにSEOを効率的に施すことはできません。

例 「城崎温泉」の関連サイトの場合

競合サイトを調査する例として「城崎」の競合サイトを調べてみましょう。**Yahoo!検索**と**SEOツールまるみえ**[※1]を使って調べてみましょう。このツールはYahoo!検索の検索結果の順番で、GoogleのPageRank、ドメインおよびサブドメインあたりのページ数や発リンク数、Yahoo!検索での表示被リンク数、有効被リンク数、<title>タグの文言などを一覧で表示するツールです。

次ページの検索結果にあるサイトは、GoogleのPageRankが3以上のサイトばかりですので、すでに運用年数がそれなりにあることがわかります。ドメインあたりのページ数も最低が35ページで、オリジナルのドメインのページ数で見ると数百ページになるものが多いですので、最低でも100ページ以上のボリュームのあるサイトが必要となることがわかります。

また、ページの<title>タグに「城崎」というキーワードを含んだページばかりですので、基本的なSEOができているサイトと言えます。

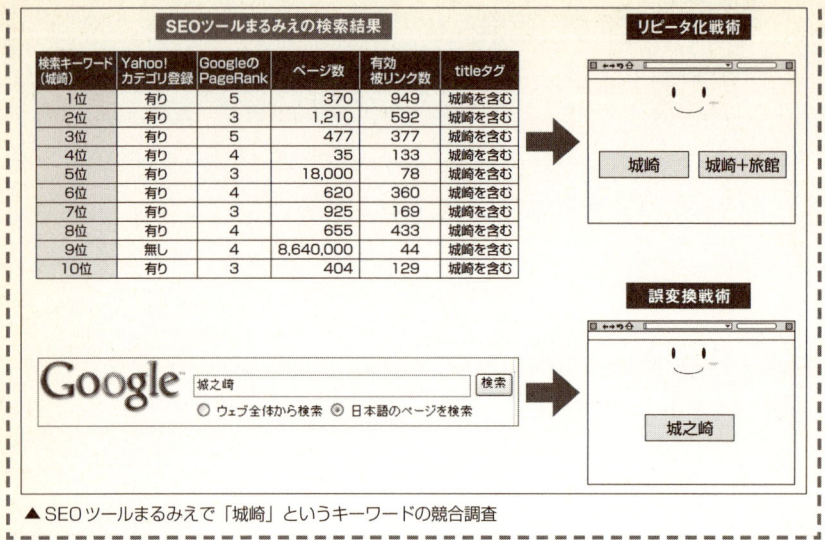

▲ SEOツールまるみえで「城崎」というキーワードの競合調査

競合対策1 ユーザーをリピーター化する方法

　このような場合に考えることは、訪問者にとって城崎に関する有益なコンテンツを作成し、訪問者をリピーター化する戦略をとることです。そして、長期的戦略で検索連動型広告などを利用しながら集客をし、「城崎」でSEOを施すことと、城崎に関連するキーワードをできるだけ探し出し、「城崎＋旅館」など2語以上の検索語である複合キーワードでの上位表示を複数パターンで狙うことをしてください。

競合対策2 誤変換キーワードを活用する方法

　少し邪道な形になりますが、城崎の誤変換キーワードの「城之崎」での上位表示もひとつの案です。本文中に「城崎」というキーワードがなくてもリンクをもらうときの文字（アンカーテキスト）が「城之崎」になっていれば、検索エンジンはそのリンク先のサイトが「城之崎」に関するページであると認識します。参考までに「城崎」の月間検索回数の18,000回に対し「城之崎」は6,000回と約3分の1の数なのですが、競合は検索結果数だけを比較しても「城崎」の393万件に対し、「城之崎」は27万件と10分の1以下の競合サイトしかありません。それだけでも「城之崎」の需要の多さに対して競合が少ないことがわかると思います。

競合サイトを調べるときの注意！
検索結果の順位は競合サイトよりも自分のサイトが検索エンジンからの評価を高く受ければよいということを意識してください。

※1 URL http://seotoool.com/

05 成約率アップの秘訣は訪問者と提案する商品／サービスのマッチングにあり！

Part 1 Part 2 Part 3 Part 4

需要と供給のチェックに加えて成約率という項目を設けたのは理由があります。

それは、筆者がコンサルティングしている顧客のサイトで、需要があり供給のあるキーワードを選定して、アクセスもそれなりにあるのに全く商品が売れないサイトを運営している事例があったからです。

アクセスしている人が興味を惹かない商品やサービスをいくら薦めても売れないということです。

商品をリアルショップで買う場合

ちょっと考えてみてください。あなたがある商品を買う気満々で店に行く場合、探している商品を見つけたらすぐに購入することでしょう。そして急いでいる場合は、必要なものを購入後すぐに店を後にするかもしれません。まさに成約率の高い状態です。

あなたがその店を選んだ理由は「価格が安い」「サービスがよい」「いつも買っている店だから」「その店で使えるポイントがたまっていたから」など様々だと思います。

しかし、購入する商品は、はじめから決まっているので、その商品を置いてあるかどうかが店の選択時に一番重要な基準になっているはずです。

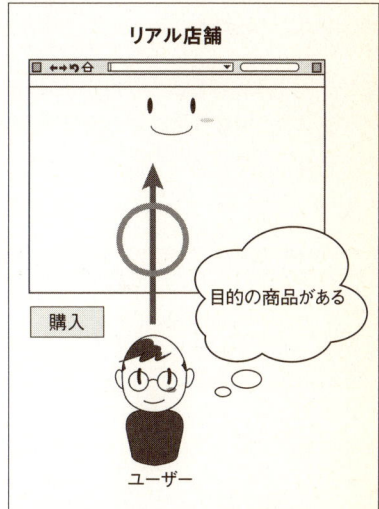

▲商品をリアルショップで買う場合

商品をインターネット経由で買う場合

これをインターネットで検索するときの場合に置き換えると、**商品名＋通販**というキーワードが思い浮かぶと思います。たとえば、**人気ゲーム機＋通販**というキーワードは実際に、需要が多いです。

しかし、ゲーム機の**商品名＋通販**というキーワードにもかかわらず、お目当ての商品は無く、別のゲームしか無いサイトが存在したりします。

このようなサイトの場合、いくらそのゲーム機の商品名で上位表示を達成し、アクセスを集めたとしても、成約率が全く上がらない状況になってしまいます。このようなケースは、普通ではあり得ない形なのですが、アクセスを集めることだけを目的にしてしまった場合に、起こりうるパターンです。

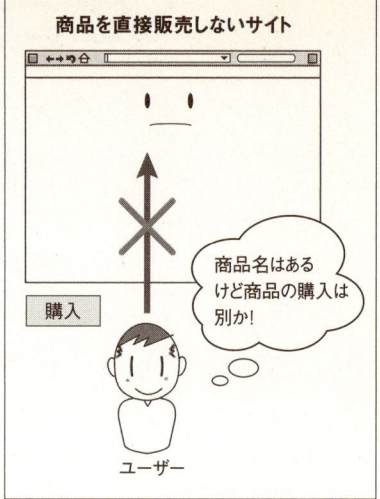
▲商品をインターネット経由で買う場合

検索キーワード	訪問者の目的	誘導先	サイトに必要な情報
城崎	城崎の観光情報、旅館情報、食事、博物館情報の収集	食事クーポン、割引券、宿泊予約	城崎全般の情報
城崎＋旅館	城崎の宿泊場所の情報収集	旅館別の案内と宿泊予約	城崎の旅館情報
城崎＋旅館名	城崎で気になる旅館の口コミなどの情報収集	宿泊予約	特定の城崎の旅館情報
城之崎＋旅館名	城崎で気になる旅館の口コミなどの情報収集	宿泊予約	特定の城崎の旅館情報

▲検索キーワードと訪問者の目的、提供する情報の関係

COLUMN
Google AdSense の場合
Google AdSenseで報酬を得る場合なども、訪問者の入力した検索キーワードと表示されるAdSenseがマッチするとクリック率が一気に上がります。

point
成約率アップを考えないサイトは売上を伸ばすことができない
アクセスだけを伸ばすことだけに注力するよりも、同時に成約率を上げる方法を考えることが大切です。

06 需要が多く、供給が少ない市場を探すには？

Part 1　Part 2　Part 3　Part 4

　売上アップにつながるアクセスを集めるためには、サイトで提供する商品やサービスに関連するキーワードから、需要が多く、供給の少ないキーワードを探すことが必要であるとここまで解説してきました。それでは、どうやってそのようなキーワードを見つければよいのでしょうか？

　もし需要が多く供給の少ないキーワードを簡単に見つけることができれば、競合他社がこぞって参入して、すぐに競合の多いキーワードに変貌してしまいます。理想的な方法は、**商品／サービスに関することであなたしか知らない事柄を探し出すこと**です。これは商品／サービスに関する情報を持っていなければなかなか実現しないことです。次にあなたが城崎の旅館を経営していると仮定したときのキーワードの選定方法について考えてみましょう。

例　城崎温泉の旅館を経営している場合のキーワード選定

　自社サイトから旅館の成約数をアップさせるために必要なことは、**城崎温泉の旅館に泊まっていただく理由を明確に提案すること**です。城崎の旅館に宿泊する旅行者の大半が「城崎温泉」を楽しみに来ていると思うのですが、城崎の旅館に宿泊するという理由をトコトン挙げることが、競合他社にない集客効果を生み出すことになります。

具体的に、**城崎**というキーワードに関連する言葉をできるだけ挙げてみましょう。
まず、**城崎**という言葉を含んだ関連キーワードです。城崎の旅館や宿泊に関する言葉を探した場合、次のようなキーワードが浮かんでくると思います。

城崎（城之崎）	城崎温泉（城之崎温泉）	旅館	宿	宿泊	食事
ツアー	日帰り	外湯	貸切風呂	露天風呂	混浴
観光	かに（カニ、蟹）	津居山かに	松葉ガニ	ずわいガニ	但馬牛
お土産（おみやげ）	クチコミ（くちこみ）	評判			

▲**城崎**という言葉を含んだ関連キーワード

これをもう少し範囲を拡大して、食堂、喫茶店、城崎の特徴など**サイトに訪問した人が自分の旅館に宿泊してもらえる可能性が高いキーワード**を挙げていきます。

情緒	風情	静か	カップル	熟年
浴衣	下駄	スマートボール	射的	かにアイス
かにマン	城崎マリンワールド	麦わら細工	地ビール	かにビール
地酒	コウノトリ	屋形船	スマートボール	射的
遊技場				

▲サイトに訪問した人が旅館に宿泊してもらえる可能性が高いキーワード

ここに挙げたキーワードは城崎温泉の特徴を表したものや博物館や水族館の名称です。つまり、**城崎**を訪問した人が訪れたり体験したりすると予想されるキーワードです。城崎温泉は「情緒豊かな昔ながらの風情の残った温泉地」です。浴衣を着て下駄をはき、カランコロンと外湯めぐりをするのが一般的です。温泉街には遊技場が数多く残っていて、昔なつかしいスマートボールや射的を楽しむことができます。遊技場が残っている温泉街も少なくなってきましたので、これも城崎の大きな特徴のひとつとしてアピールできます。

しかし、城崎温泉の宿泊客は**城崎温泉だけが目的ではない**こともあります。夏の海水浴、冬のスキー、近隣の出石(いずし)、豊岡市内の鞄工場、など近隣の観光地や商業地も目的のひとつでしょう。これらの観光地や商業地に訪問する人を城崎に宿泊してもらわない手はありません。そうすると次のようなキーワードが浮かんできます。

神鍋高原	アップかんなべ	名色スキー場	万場高原スキー場	奥神鍋スキー場
竹野浜	気比の浜	香住	出石(いずし)	出石そば

▲城崎温泉に関連する観光地や商業地を訪問するユーザーを想定したキーワード

城崎に関連するキーワードを探す場合、まず「城崎」という言葉を含んだキーワードを探すと思います。「城崎温泉」「城崎＋旅館」「城崎＋かに」などがそれにあたります。しかし、それだけではライバルを簡単に出し抜くことは難しいです。理由はこれらのキーワードは誰でも思いつくものであり、SEOを施していて当たり前のものだからです。以上のことから、抜き出したキーワードの検索結果数を調べ、どれぐらいの競合サイト数があるのかを調べます。

検索キーワード	キーワードの特徴	検索結果数(Google)
城崎	競合他社が多いので数ヶ月から1年以上の長期的なSEOが必要	150万件
城崎＋旅館	自サイトが本家サイトになるので自然にトップ表示される可能性が高い	54万件
城崎＋かに	城崎の冬の楽しみと言えば「かに」	17万件
城崎＋但馬牛	城崎の但馬牛は全国のブランド牛の元となっている牛	5万件
コウノトリ	赤ちゃんを運ぶ幸せの鳥「コウノトリ」は城崎近辺で見ることができる	66万件
スマートボール	温泉地でも珍しくなったパチンコの変種「スマートボール」	8万件
温泉＋射的	縁日で楽しめる射的のお店がある	25万件
城崎＋プラン	日帰り、1泊2日などに分けた城崎観光プランを数種類提示する	28万件
城崎＋貸切風呂	貸切風呂は家族やカップルに人気	39万件
城崎＋カップル	風情のある城崎温泉はカップルにもぴったり	8万件
城崎マリンワールド＋宿泊	観光地の宿泊場所として集客	1万件
アップかんなべ＋宿泊	スキー場の宿泊場所として集客	0.5万件
出石＋旅館	宿泊施設をほとんど持たない出石の観光客を集客	5万件

▲検索キーワード／キーワードの特徴／検索結果数

例からわかること その1　中期的なSEO対策

「城崎」「城崎＋旅館」という基本かつ必須のキーワードに関しては中長期的なSEOを施し、検索順位を上げるようにします。そのほかの旅館に関するキーワードも同様です。

「城崎＋旅館名」「城崎温泉＋旅館名」というキーワードでYahoo!検索、Googleで1位になることを目指し、次に「宿」「宿泊」「かに」「但馬牛」などの関連ワードでの上位表示を目指します。最終的には「城崎」「城崎温泉」などの基本となるキーワードでの上位表示が実現すれば月間検索数が数万回と多いこともあり、サイトへのアクセスがかなりアップします。

例からわかること その2　短期的なSEO対策

短期的には「アップかんなべ」(スキー場) など、近隣の宿泊施設がサイト集客をしていない観光地や地名を狙います。「アップかんなべ＋宿泊」での検索結果数がたったの5,000件と検索上位表示を狙うのも比較的容易です。筆者自身、「アップかんなべ」でスキーを楽しんだあと、城崎温泉に宿泊した経験があります。この集客方法はスキー客に対して城崎をアピールすることにもなり、新たな顧客を取り込むことも可能になると思います。

城崎の近隣の観光地である「出石」には、宿泊施設がほとんどないことから、城崎温で宿泊する観光客がほとんどです。そして、「出石に向かう観光客は城崎からの日帰りがほとんどである」という特徴を知っているとサイトの作成にも特色を出せると思います。たとえば、メインサイトの中に「出石観光の宿泊には」「出石にも便利な旅館」などのページタイトルのページを作ることもよいでしょう。

▲中期的SEOと短期的SEO

point　お宝キーワードは灯台下暗しの状態で埋まっている

インターネットで集客できていないサイトのほとんどが競合他社と同じことを行っているケースが多いです。集客と成約率アップの可能性のあるキーワードを洗い出せるだけ洗い出してみることで、お宝キーワードを発掘できることでしょう。

07 販売商品名やサービス名からの集客を考える

Part 1　Part 2　Part 3　Part 4

サイト作成の鉄則のひとつに1サイトに1専門店、1ページに1商品というものがあります。

これに対して、楽天市場やYahoo!ショッピングは、総合百貨店のようになっています。また、両サイトの各商品（カテゴリ）のページは、検索結果の順位も高い傾向にあります。それは、ひとつのドメインあたりのサイトのボリューム（ページ数）が膨大であり、かつページの内容のオリジナリティが高いため、Yahoo!検索やGoogleからの（ドメインとしての）評価が非常に高くなっています。つまり、個々のページや商品の分野別のページの評価がひとつの専門サイト並みに価値が高いのです。

参考までにGoogleで「site:www.rakuten.co.jp」と検索し、URL http://www.rakuten.co.jp の中で認識しているページ数を表示させると**検索結果数は約420万件**と出てきます。つまり、楽天市場には420万ページものコンテンツが存在しているということを意味します。

サイトの専門化作戦

しかし、1個人や1中小企業が作成できるサイトのボリュームというものは限りがありますので、このような総合ショッピングサイトに対抗するには限界があります。ですから、ひとつのドメインやサブドメインでひとつの専門分野や商品／サービスに集中して運営することにより、検索エンジンから専門分野名や商品／サービス名に対しての評価を高めることで**大手サイトに対抗する**わけです。

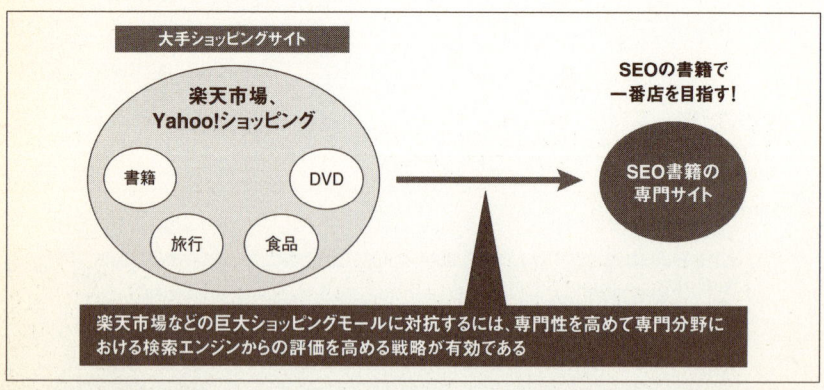

▲1サイト1専門店の概念

ひとつのサイトを専門化することにより、需要＝キーワードの月間検索回数は少なくなりますが、競合サイトが少なくなり検索上位表示の可能性が上がります。前ページの図では「SEO書籍の専門サイト」を例に挙げていますが、Yahoo!検索で「SEO　書籍」と検索しても、楽天市場などのショッピングモールサイトが表示されずに、SEOの書籍を比較紹介しているサイトが上位表示されることからも確認できると思います。

新規サイトをこれから立ち上げる場合

今から新規のサイトを立ち上げる場合は、いきなり総合店を作ろうとするのではなく、小さい専門店をいくつも立ち上げ、結果的に大きな店に発展するというイメージでサイトやブログ群の構築をするとよいでしょう。下の図のようなイメージです。

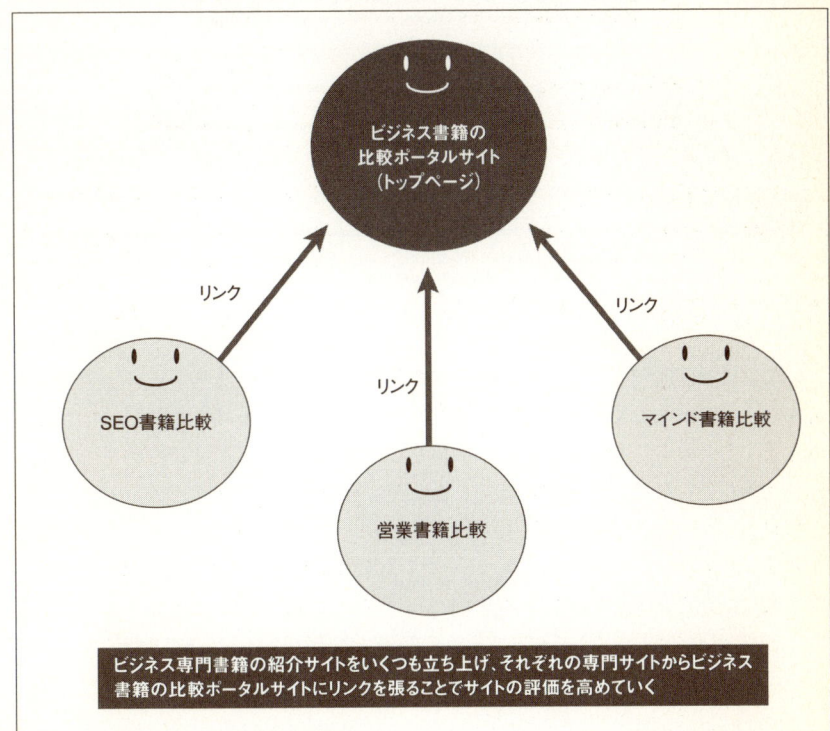

▲1サイト1専門店から大型店へ発展する

このようなサイト／ブログ群の構築方法をとることにより、短期的に小さい集客を可能にしながら、中長期的には大きな集客を可能にすることができるのです。

サイト／ブログ群を構築するイメージをつかむ

次の図の下から上に向かってサイト／ブログ群を構築するイメージをつかんでください。

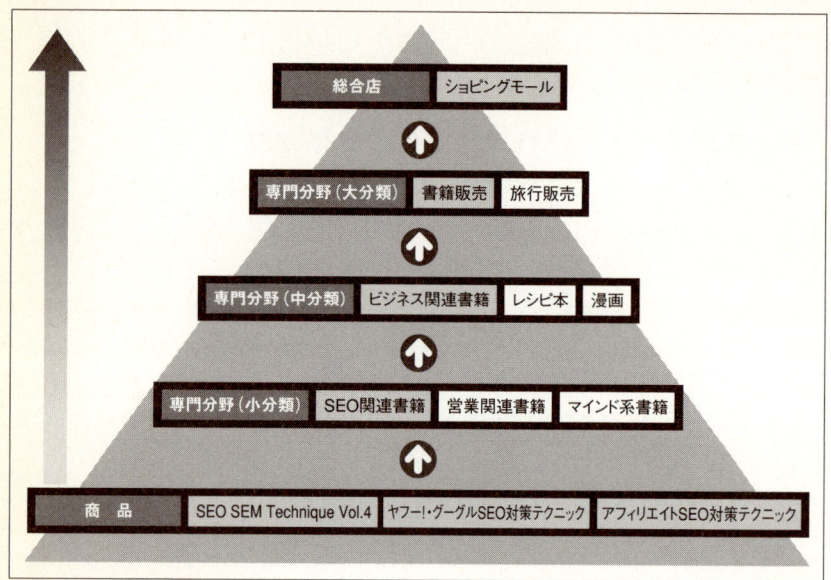

▲サイト／ブログ群を構築するイメージ

　特にブログを活用しようとしている方の大半が、いきなり大きいテーマのブログを作り、集客を難しくしています。また、ブログは簡単に記事を更新しページ数を増やすことができるのですが、その更新のしやすさが災いして**ブログのテーマ**をしっかり絞らないまま運営を開始してしまう例もかなり見かけます。

　ブログを使ったアフィリエイトの場合でも同様のことが言えます。ブログの使い方を認知し、成功しているアフィリエイターは、まず商品名をブログタイトルにしたブログを作成し、関連する分野のブログ同士をリンクさせたり、作成した商品ブログの紹介用のブログを作成したりしています。その結果、上の図にあるように、商品ブログの上層にあたるサイトやブログに対する検索エンジンからの評価を高めているのです。

> **point 一度に様々な情報を発信しようとすると失敗する！**
> 1ページに1商品または1サイトに1商品、1サイトに1専門店を基本にサイト／ブログ群を構築していくことで段階的に大きなサイト／ブログ群を構築する方法がお薦めです。情報の質が高ければ高いほど訪問者に好まれるページになります。

関連検索ワードのチェックを怠るな！

06の「城崎」の例で関連検索ワードを挙げる方法を解説しましたが、この方法はあくまでも「城崎」のことを知っていることが前提になっています。ですからアフィリエイトサイトを作ったり、あなたが知らない分野のサイト作成やSEOの仕事を受けたりした場合は、ヒアリングと同時にインターネットを使った**関連検索ワードの調査**を行う必要があります。

関連検索ワードの調査

関連検索ワードを調査する場合にアクセスアップの効果が高いのが、Yahoo!検索の検索結果画面の検索ボックスの下に表示される**関連のあるキーワード**です。このキーワードは**関連検索ワード**と呼ばれ、Yahoo!検索の利用者が入力した検索キーワードの組み合わせで、多いものを中心に表示しています。

下の図の例では「トワイライトエクスプレス」というキーワードで関連検索ワードを表示しています。

▲関連検索ワード

関連検索ワードを有効に活用しよう

これらの関連検索ワードは、Yahoo!検索の「トワイライトエクスプレス」に関するキーワードということになりますので、トワイライトエクスプレスのことを全く知らない人がトワイライトエクスプレスに関するサイトやブログを作成するときに役に立ちます。

関連検索ワードは「トワイライトエクスプレス」と一緒に検索されている2語

以上の複合検索ワードになります。これらの複合キーワードをサイト中に含めることでYahoo!検索からの訪問者を増やすことができます。

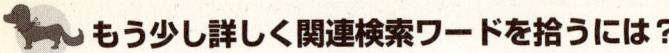 もう少し詳しく関連検索ワードを拾うには？

もう少し詳しく調べるためにYahoo!JAPAN関連検索ワードサーチを使ってみましょう。これは、Yahoo!JAPANが提供しているAPIの**関連検索ワードWeb**サービスを利用して提供されているサービスです。

- Yahoo!JAPAN関連検索ワードサーチ
  URL http://www.sem-analytics.com/lab/unitsearch.php

このサービスは関連検索ワードを100件まで表示できますので便利です。トワイライトエクスプレスで検索した場合、次のように20件表示されました。その結果を整理すると次のような分類に分けることができます。

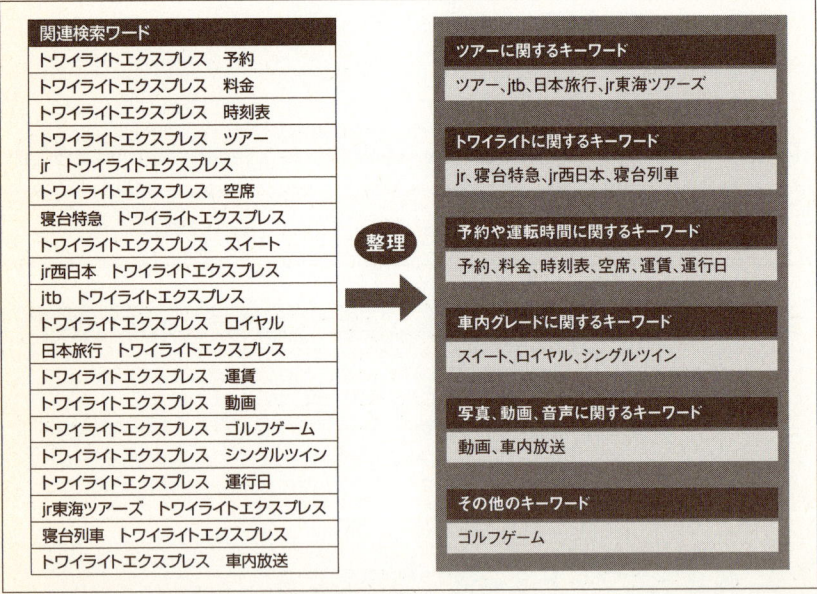

▲Yahoo!JAPAN関連検索ワードサーチの結果の整理

そのほかに分類した「ゴルフゲーム」は「トワイライトエクスプレス」というゲームの商品名でしたので除外しました。これをザッと眺めてみると、トワイライトエクスプレスに関して訪問者が求めている情報が何となくわかってくると思います。結果として、次ページの図のように読みとることができるでしょう。

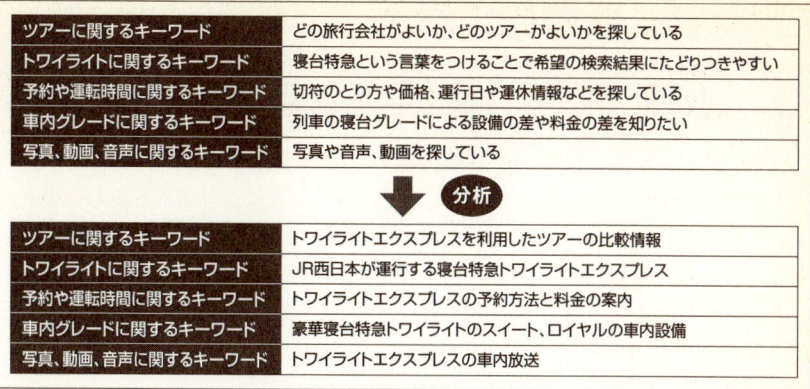

▲検索キーワードから読みとれるユーザーの求めるニーズ

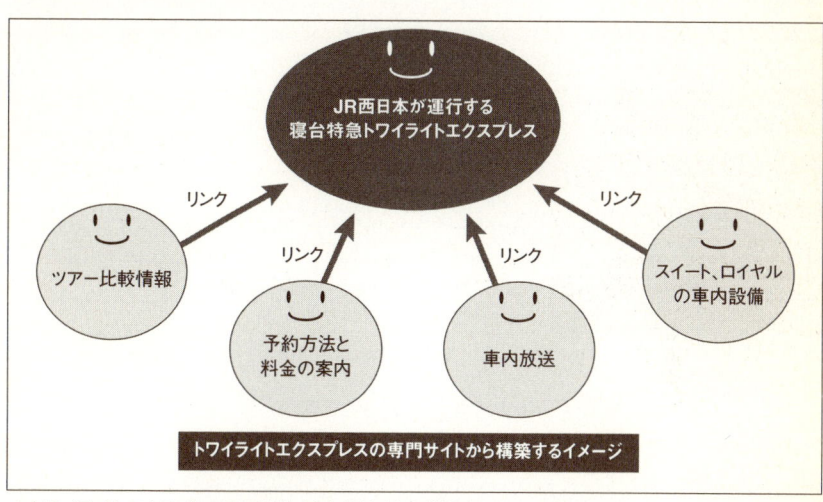

▲トワイライトエクスプレスの専門サイトからサイトを構築するイメージ図

　以上のようにYahoo!検索の**関連検索ワード**を使うことで、キーワードが持つ意味を推測し、どのような情報を検索ユーザーが欲しているのかがわかってしまうのです。Googleの検索結果にも**関連検索**という表示で関連検索ワードが表示されますので、GoogleとYahoo!検索の関連検索ワードを併用して使うことで、より検索者の利用頻度の高いキーワードを知ることができます。

関連検索ワードを極める！
関連検索ワードを知ることは検索者のニーズを知るということでもあります。ニーズを知らずして有益な情報提供を行うことはできません。

09 商品名、固有名詞、地域名は積極的に活用！

Part 1　Part 2　Part 3　Part 4

専門性のあるサイトやページを作成して、訪問者を徐々に増やしていく戦略が、今からサイト運営していく上で有効な方法であることはこれまで解説した通りです。この項ではさらにその専門性を深めて、検索エンジンからの訪問者を増やす工夫について解説します。

ここで解説することはSEOの基本のひとつです。検索ユーザーがどのような行動で目的のページに到達するのかを確認していただければと思います。

🐕 検索ユーザーはどのような行動で商品を購入するのか？

あなたが、デジタルオーディオプレーヤーを購入しようと決断した場合、どのような行動をしますか？　次のような状況を想定して、どのようなキーワードを入力するか考えてみてください。

商品名が決まっていない場合	デジタルオーディオ＋評判、MP3プレーヤー＋クチコミ、ポータブルプレーヤー＋評価
商品名が決まっている場合	iPod、ウォークマン、ギガビート、アルネオ、アイオーディオ
商品の型まで決まっている場合	iPod touch 16GB MA627J/A、iPod nano 4GB MA978J/A シルバー
販売店を検索	iPod＋販売＋大阪市、iPod＋通販＋送料無料
価格を比較	iPod＋通販＋価格、iPod＋価格＋比較

▲デジタルオーディオプレーヤーを購入しようとしているユーザーの検索語

ここでは、筆者が検索する場合の事例を紹介しましたが、ほかの方が検索してもそんなに大差はないと思います。商品名が決まっていない場合は「MP3プレーヤー＋クチコミ」のようなキーワードで、どのメーカーのどの商品が自分にとってよいのかを調べます。

商品が決まると次は、商品のモデルの詳細とどこで購入するかについて決めることになります。同時に価格や付随する保証などのサービスも検討に入ります。

大体、次ページの図のような形で商品を決定し購入先を決めていくのではないでしょうか。

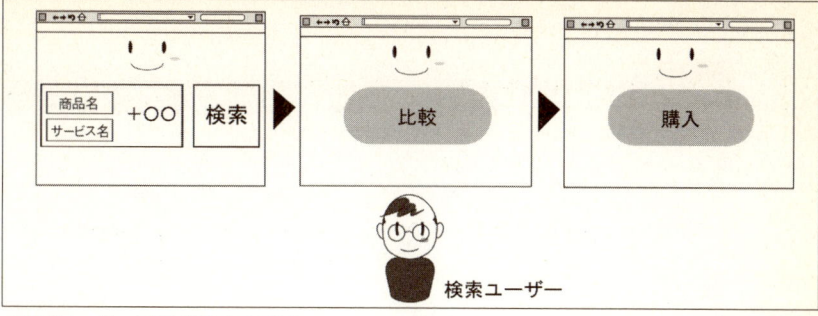

▲検索ユーザーの商品購入までの流れ

　商品を購入するまでに検索に使ったキーワードを整理するとおおよそ次のようになります。

一般名で調査	評価に関するキーワードを追加して検索
商品名で調査	メーカー、商品の型番を追加して検索
商品の型で調査	価格比較、販売場所、保証サービスを追加して検索

▲商品を購入するまでに検索に使ったキーワード

　商品名、型番、地域名などが検索ワードとして使われることは一般的ですので、情報提供する側のサイト運営側も検索ユーザーの要望に答えるようなサイトを作ることが望まれます。

ファッション関連商品の場合

　またファッション関連商品の場合、

- ●●の雑誌で掲載していたジーンズ
- 芸能人の●●ちゃんが着ていたTシャツ

などというように雑誌名や名前などの固有名詞も検索ワードとして使われる可能性が高いです。

　雑誌、テレビなどのインターネット以外のメディアにも注目することで、ネット集客に活かすことができます。

---

point プラス固有名詞の検索は宝の山！

「芸能人が使った○○」というキーワードで検索するユーザーは多いです。理由として型番や商品名がわからなくても、目的の商品にたどり着くことができるからです。このような商品名／サービス名プラス固有名詞の検索ワードに敏感になっておくことで、新規の見込み客の訪問を期待できます。

10 競合サイトの調査

Part 1　Part 2　Part 3　Part 4

あなたが、

ある検索ワードでの検索結果数が**100万件の検索キーワード**と**10万件の検索キーワード**と比較した場合、どちらのキーワードのほうが検索結果で上位表示させるのが難しいですか？

という質問をされた場合、どう回答しますか？
　ひょっとしたら、「100万件表示された検索キーワードのほうが、上位表示することが難しい」とあなたは答えるかもしれません。

検索結果数とはキーワードの強さでなく供給数である

　しかし、残念ながら検索結果数というのは、あくまでも検索キーワードに対する**供給数**を示しているのであって、**競合サイトの強さを示すものでありません**。
　たとえば、次のような2つの検索数のキーワードが、検索結果10位以内に表示されていたとします。あなたならどちらのSEOが簡単だと思いますか？

検索結果100万件のキーワード	Yahoo!カテゴリ登録サイト0個。GoogleのPageRankの平均1
検索結果10万件のキーワード	Yahoo!カテゴリ登録サイト10個。GoogleのPageRankの平均4

▲検索結果の例

　極端な例だと思われるかもしれませんが、このような事例はいくらでも出てきます。たまにSEOに関するセールスで検索結果数を出してSEOの難易度を評価する業者がいますが、それは大きな間違いです。
　SEOの難易度は検索結果の1ページ目、2ページ目に表示されている競合サイトよりもあなたのサイトが上表示されるかどうかで決まるのです。
　たとえば、次ページの図のような例だともっとわかりやすいと思います。

検索順位	ページ数	有効被リンク数	Yahoo!カテゴリ登録	Page Rank
検索結果10万件のキーワード				
1位	600	500	有り	5
2位	500	600	有り	4
3位	400	700	有り	5
4位	400	600	有り	4
5位	300	800	有り	4
6位	400	500	有り	4
7位	100	800	有り	4
8位	500	500	有り	4
9位	400	500	有り	4
10位	600	300	有り	4

検索順位	ページ数	有効被リンク数	Yahoo!カテゴリ登録	Page Rank
検索結果100万件のキーワード				
1位	13	5	無し	1
2位	52	7	無し	0
3位	13	0	無し	0
4位	42	6	無し	0
5位	3	7	無し	0
6位	23	8	無し	0
7位	42	3	無し	0
8位	13	8	無し	0
9位	43	0	無し	0
10位	23	9	無し	0

▲検索結果の件数とキーワード

あなたはどちらの検索キーワードのほうが、上位表示するのが簡単だと考えますか？

今わからなくても大丈夫です。本章を読み進めることで解答を導き出すことができるようになります。

> **point　供給数が多い＝競合が激しいということではない！**
>
> 検索結果数の多い検索キーワードのSEOが難しいとは限りません。あくまでも調査する必要のある箇所は検索結果の1ページ目、2ページ目の20位以内が最も重要なのです。この中であなたのサイトが検索エンジンでより評価を得られるかどうかがポイントとなります。

競合サイトの調査❶
11 ドメインあたりのページ数

Part 1　Part 2　Part 3　Part 4

　SEOの重要な評価のひとつが**コンテンツのボリュームの大きさ**です。つまりページ数の多さということになります。検索エンジンは**ページ数の多いサイト=情報発信を積極的にしているサイト**を評価します。1ページのサイトよりも100ページのサイト、100ページのサイトよりも1万ページのサイトを高く評価する傾向にあります。

　その典型的な例がWikipediaでしょう。Wikipediaは1ページごとに内容が異なるにも関わらず、検索エンジンに好かれています。

試してみる
Wikipediaは検索エンジンにどれくらいインデックスされているのか？

Wikipediaのサイトのページのうちどれだけのページ数がYahoo!検索、Googleの検索エンジンに認識されているかを調べてみましょう。

1 検索ボックスに「site:URL」を入力する

`site:(http://を除いた)調査したいURL`

でそれぞれの検索エンジンにインデックスされているページ数を見ることができます。たとえば、Wikipediaの総ページ数を調べたい場合は、Yahoo!検索やGoogleの検索ボックスに

`site:ja.wikipedia.org`

と入力することで調べることができます。

● Yahoo!検索

ウェブ | 登録サイト | 画像 | 動画 | ブログ | 辞書 | 知恵袋 | 地図 | 商品
site:ja.wikipedia.org　　　　　　　　　　検索

● Google

site:ja.wikipedia.org　　　　　　　　　　　検索オプション
　　Google 検索　　I'm Feeling Lucky　　表示設定
　○ ウェブ全体から検索　● 日本語のページを検索　言語ツール

Yahoo!検索のインデックス数=検索結果数	約8,650,000件
Googleのインデックス数=検索結果数	約973,000件

● Yahoo!検索

site:ja.wikipedia.org で検索した結果 1～10件目 / 約8,650,000件

● Google

ja.wikipedia.org にある日本語のページの検索結果 973,000ページ

2 検索結果を比較する

すると検索結果が表示されます。Yahoo!検索とGoogleで桁が1桁違いますが、それよりも検索エンジンに認識されているページ数の多さを確認してください。

ユーザーにより作られる巨大なサイト

　Wikipediaのような巨大なサイトを個人や一企業の担当者が作成することは不可能に近いです。Wikipediaは1人のユーザーや企業が運営しているのではなく、インターネットにつながる全てのユーザーが参加できる仕組みなので、これだけ膨大なコンテンツを抱えることができるのです。

　このような例は、無料ブログサービスを運営しているlivedoorブログ、動画共有サイトを運営しているYouTubeも同様です。これらのドメインあたりのページ数は、参加するユーザーの手でページが増殖しているのです。

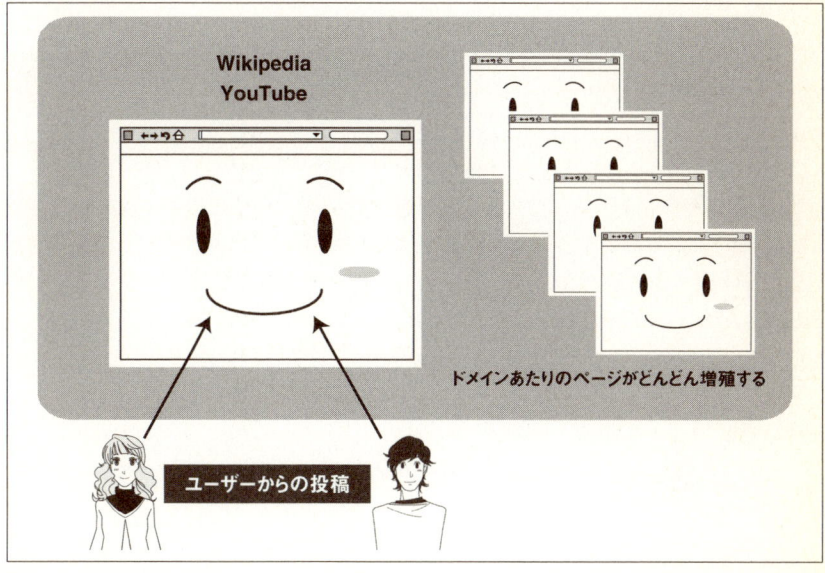

▲ユーザー参加型サイトの例

インデックスされている／キャッシュされている
　検索エンジンにサイトのページが**認識されていること**を**インデックスされている**、または**キャッシュされている**と言います。

ドメインあたりのページ数が多いサイトは検索エンジンから評価される！
　コンテンツの量が多いサイトは検索エンジンからの評価も高くなります。

競合サイトの調査❷
Google PageRank

Part 1　Part 2　Part 3　Part 4

　サイトの各ページを評価する方法としてGoogleが開発したGoogle PageRank（単純にPageRankと略す場合が多い）という11段階評価の指標があります。0から10までの数字で評価されますが、日本のサイトの場合、個人のページであれば0から5、企業のページであれば7ぐらいまでの評価となっています。

　PageRankを見たい場合は、GoogleのサイトからGoogleツールバーをダウンロードするか、PageRank Onといったサービスを利用します。

　ここで気を付けていただきたいことは、PageRankが高いページが検索結果の上位に表示されるというわけではないことです。あく

ツール	URL
Googleツールバー	http://toolbar.google.com/intl/ja/
PageRank On	http://www.pagerankon.com/

▲キーワードの検索回数／供給を調べる際に必須のサイト

までGoogleがランク付けしたページの評価ですので、PageRankが4以上ある場合は、「Googleから評価を受けているページである」と考えればよいと思います。PageRank以外が同条件ならば、PageRank0のページからリンクをもらうよりもPageRank5のページからリンクをもらったほうが、ページの評価は上がるのです。

COLUMN

PageRankの更新頻度
　PageRankは、数ヶ月に一度更新されます（近年そのサイクルは非常に短くなっている）。

注意！
リンク広告は避けよう！
　GoogleはPageRankの高いページからのリンクの効果をうたったいわゆるリンクを目にした方もいるでしょう。しかし、「PageRank6からのページのリンク広告・月額●●●円！」というリンク広告は避けたほうが無難です。というのもGoogleは**PageRank上昇を目的としたリンク売買を禁止**しているからです。このようなリンクを購入すると、最悪の場合、作成したサイトがGoogleのインデックスから削除されるということにもなりかねません。

point　GoogleのPageRankはGoogleからの成績表！
　PageRankが高いページを多くもつこと、そして新規に作成するブログやサイトへPageRankの高いサイトからリンクを張ることで新規作成のページにもPageRankが付与されるようになります。

13 競合サイトの調査❸ 被リンクの数

Part 1　Part 2　Part 3　Part 4

　被リンクというのは、検索結果の順位付けの評価で大きな割合を占めています。理由は、第三者からのリンクは「あなたのサイトへの推薦の一票」と同じことであるという考えからきています。ですので、被リンクの多いページほど検索エンジンからの評価が高くなると言えます。もちろん検索エンジンにインデックスされていないページからのリンクや、PageRank が 0 や 1 のページからのリンク、何らかの形で検索エンジンから嫌われてしまったページからのリンクは、ほとんど評価の対象とはなりませんので注意してください。あなたのページの被リンクを検索エンジンで調べる方法は、`link:調査したいURL` と検索ボックスに入力すればわかります。たとえば、SEO ツールまるみえの被リンク元のページを調べたいときは、

```
link:http://seotoool.com/
```

というテキストを Yahoo!検索や Google の検索ボックスに入力するだけです。
　なお、Google の検索結果は Google が認識している被リンクの一部のページしか表示しないようになっています。理由は被リンクを調査することで意図的な SEO を排除しようとしていると考えられます。

🐾 被リンクの確認は Yahoo!検索で！

　Yahoo!検索の場合、Yahoo!検索が被リンクとして認識している全てのページを表示しますので、競合サイトがどのページから、どのような形でリンクを受けているかを調査するのに大変役立ちます。
　慣れてくると Yahoo!検索が認識する自動登録型の検索エンジンや広告を募集しているサイトなどを見つけることができます。
　まず、上位表示を狙っているキーワードで上位表示される競合サイトをすみずみまで調査してみましょう。これらのサイトがなぜ上位表示されているか、その理由がわかれば SEO 対策の大きな手助けとなります。

point　被リンク調査を制する者は SEO を制す！
被リンクの調査を徹底的に行うことでライバルサイトの SEO が見えてきます。ライバルサイトの検索順位に勝つにはまず被リンクの調査からはじめてください。

競合サイトの調査❹
14 被リンクの質

Part 1　Part 2　Part 3　Part 4

13で被リンクの数が検索上位表示に影響を及ぼすと説明しましたが、どんなページからのリンクでももらえばよいと言うものでもありません。

たとえば、被リンク100個を受けているページと、被リンク10個しか受けていないページの場合、検索エンジンからの評価は、被リンク10個しか受けていないページのほうが高いこともあるのです。

 質の高い被リンクとは？

質の高い被リンクは、次の7つが挙げられます。

❶Yahoo!カテゴリ登録サイトからのリンク
❷PageRankの高いページからのリンク
❸リンク部分のアンカーテキスト（リンクの文字部分）が狙っているキーワードで記述されている
❹画像からのリンクの場合、altタグが狙ったキーワードで記述されている
❺Wikipediaなどの検索エンジンからの評価の高いドメインからのリンク（ただしWikipediaの場合、リンクタグにnofollow属性がついているのでGoogleでのリンクの評価は継承されない）
❻メールマガジンからのリンク
❼公共、教育機関のページからのリンク

▲質の高い被リンクの例

ざっと挙げてみましたが、PageRankはGoogleを起点とした評価、Yahoo!カテゴリはYahoo!検索を起点とした評価になります。

PageRankが自動的にページごとの評価をしていくのに対し、Yahoo!カテゴリはYahoo! JAPANのスタッフが目視で登録の審査をしていきます。

稼いでいるアフィリエイターが運営サイト（実際に稼いでいるサイトでなくてもよい）のPageRankを上げたり、Yahoo!カテゴリに登録したりする大きな理由は、検索エンジンに評価されるサイトを増やすことにあるのです。

point 質の高い被リンクをもらうには？

サイトを複数運営をしているとPageRankの高いページやYahoo!カテゴリ登録されたサイトなどが増えてきます。これらのページからリンクを張ることは結果的に質の高いリンクをもらうことになります。

競合サイトの調査❺
Yahoo!カテゴリ登録の有無

Yahoo!カテゴリ登録がYahoo!検索の検索結果に反映されていることはすでに一般的に知られています。また、Yahoo!JAPAN自体がサイトで、**アクセスアップ、SEO対策に効果を発揮**とうたっています。

すでにご存知の方も多いと思いますが、Yahoo!カテゴリ登録には**無料登録**と**商用目的のサイト用のビジネスエクスプレス**の2種類があります。

Yahoo!カテゴリ関連サイト	URL
Yahoo!カテゴリ	http://dir.yahoo.co.jp/
Yahoo!ビジネスエクスプレス	http://bizx.yahoo.co.jp/
Yahoo!カテゴリ無料版登録申請	http://dir.yahoo.co.jp/pg/submit/guide/index.html

▲Yahoo!カテゴリ関連サイト

 Yahoo!ビジネスエクスプレスの場合

有料版のYahoo!ビジネスエクスプレスの場合は、**サイトの内容、リンク切れ、ある程度のコンテンツの量**（10ページぐらいでも可）、**運営者情報、特定商取引法**などの記述があれば審査に通ります。万一、一度で申請が通らなかった場合でも不備な点をYahoo!ビジネスエクスプレスのスタッフからアドバイスされますので、指摘された点を修正して1ヶ月以内に再申請すれば、100%に近い確率で審査に通ります。

 無料版のYahoo!カテゴリ登録の場合

無料版のYahoo!カテゴリ登録の申請ですが、Yahoo!JAPANでも限られた人員でカテゴリ登録に関する業務を行っていますので、非常に早いペースで審査を行っています。

最低限、登録申請の前に調べておきたいことは、次の4つです。

ポイント❶	該当するカテゴリに類似サイトがすでに登録済みになっていないか？（すでに登録されている場合は、サイトの内容を変更して独自性を持たせる必要がある）
ポイント❷	運営者情報、問い合わせ先情報を掲載しているか？
ポイント❸	追加された新しいサイトの傾向を調査
ポイント❹	追加された新しいカテゴリの傾向を調査

▲登録申請の前に調べておきたいこと

ブログでもYahoo!カテゴリに登録される

ブログでも無料版のYahoo!カテゴリに登録されますので、コンテンツの量やサイトの綺麗さを優先させるよりも、**コンテンツの独自性、サイトメニューのわかりやすさ、情報の質**に照準を置いてサイトの作成をすることが大切です。

新設カテゴリ	http://dir.yahoo.co.jp/pg/newcategory/index.html
新着サイト	http://dir.yahoo.co.jp/pg/newsite/YYYYMMDD/index.html

※YYYYMMDDの部分には日付が入る。たとえば2008年2月20日の場合は、http://dir.yahoo.co.jp/pg/newsite/20080220/index.html となる

▲Yahoo!カテゴリの新設カテゴリと新着サイトのURL

 **point Yahoo!カテゴリ登録のポイント**
商用サイトはビジネスエクスプレスが必須となりますが、アフィリエイトサイトなどは無料のカテゴリ申請となります。独自性を持ったサイトが申請順に登録されますので、「コレ！」と思ったネタはすぐにでもブログでも従来型のhtmlでも構いませんのでサイトを作成し、申請してみましょう。

16 スプログ（スパムブログ）問題

Part 1　Part 2　Part 3　Part 4

スパムブログ、いわゆるスプログというものが、2007年から増えてきています。この問題についてここで解説しましょう。

スプログ1　ほかのサイトからの転載

1年ほど前にアフィリエイターの間で流行っていたのは、Wikipediaからの転載（引用ではない）でした。もちろん著作権の問題もあり、容認すべきことではありません。最近では減少傾向にあります。

スプログ2　自動記事作成投稿ツール

次に2007年から急激に増えたのが、複数のほかのブログのRSSフィードから文章を検索し、適当に混ぜ合わせ、ひとつの記事として投稿するツールです。記事を無断で使われた人にとっては、非常に不愉快で腹立たしい状況にあると思います。

無料ブログサービスでこの手のツールを使った記事投稿は、ID削除の対象となっているブログサービスが多いです。使用するリスクも大きいこと、そしてブログ全体の健全性を欠く行為であることを理解しておくことが重要です。

- 例　道後温泉という言葉で記事を作成した例
  ネカフェバンクとスポーク折れ道後温泉タイヤの空気漏れ今治ネカフェの時間待ち眠いから寝るぽ（^^ω）ノ建築の道後温泉本館。

- 参考　ワードサラダAPI
  例　http://wordsaladapi.com/

スプログ3　ping送信、トラックバック

ping送信はブログポータルやブログ検索サービスに更新情報を送ることですが、先の自動記事作成投稿ツールの出現により、ブログ検索がスプログで溢れ帰っている状態になっています。

2008年はこれらの対策も行われていくことになると思いますが、ブログサービス会社側も無駄なトラフィック資源を無味乾燥な機械的な投稿で埋められたくはないと思いますので、ブログサービスの提供会社には対策をお願いしたいところです。

トラックバックスパムもブログサービス側の対策でかなり減ったものの、Movable

Typeを利用したブログの運用者は無頓着になっている場合もあるので※1、トラックバックスパム、コメントスパムの対策は、IPアドレスのチェック、禁止キーワードの設定、ID登録制などで行うのが望ましいです。

スプログ4 RSSフィードをマッシュアップしただけのリンク集ブログ

自動記事作成投稿ツールに対して、RSSフィードから引っ張った情報をリンク付きで紹介するツールも存在します。

投稿者本人の記事としてのオリジナリティはないもののマッシュアップ的な記事投稿となるので、著作権に関する違法性については微妙です。ただし、RSSフィードのみの記事というものは引用した記事の組み合わせだけですし、ツールによる自動的な投稿になると無料ブログサービスによっては、ID削除の対象となるので、安易に利用しないほうが得策でしょう。

スプログ5 販売ASPが提供するAPI、YouTube、などのマッシュアップのみのサイトやブログの量産

先のRSSフィードのマッシュアップツールを進化させて、アフィリエイトで使えるAPIサービスを使ってマッシュアップし、アフィリエイトサイトを作成するツールが2007年の中ごろからアフィリエイターの間で人気を博しています。

通常は便利サイトとして使われることの多いマッシュアップサイトですが、ユーザーからしてみれば、簡単にマッシュアップできるツールを手にすると、一気に数千ページもあるようなサイトを作りたくなるようです。

しかし、一気にページを作成しても検索エンジンがクロールできるページ数には限界があるので、無料ブログの予約自動投稿の機能をつけるならば、1日に1記事ずつアップすることも選択肢のひとつです。

※1 Movable Typeの利用者がすべて無頓着になっているわけではありません。

無料サービスを利用したSEOマップ

こりゃ便利！

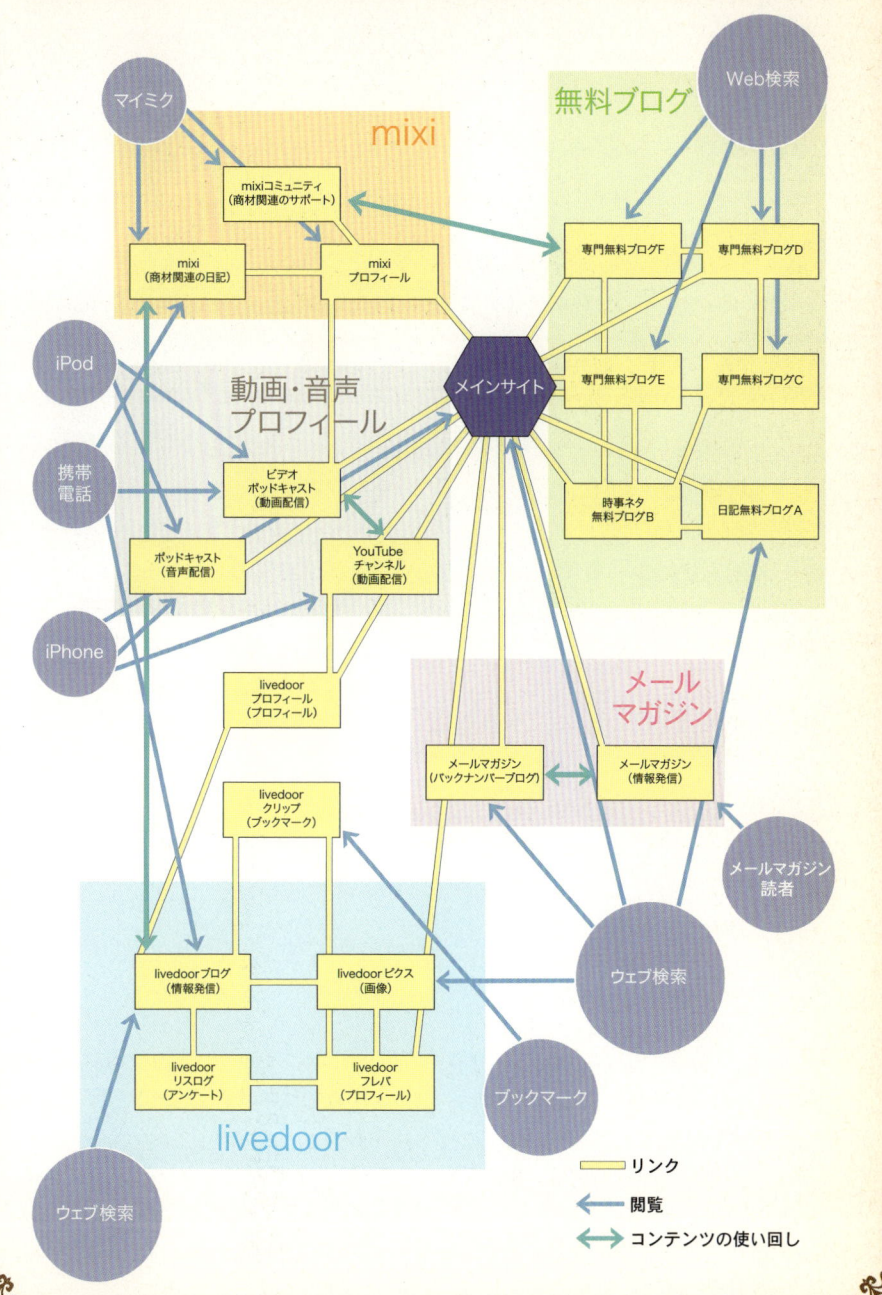

INTERVIEW

ついに実現!
無料ブログ&SEOのカリスマ対談

無料ブログ **YouTube** **ポッドキャスト** が

Q1 無料ブログを利用した SEO対策の優れている点 ❶ 内部リンク対策

中嶋：無料ブログの特徴として、記事を投稿すれば、自動的に内部リンクが張られて**内部リンク対策**ができる点が最大のメリットだと思います。私自身、2003年から無料ブログを利用しています。無料ブログをはじめる前までは、ホームページ制作ソフトを利用してサイトの更新をしていたのですが、その作業が面倒で、更新もままならない状態でした。しかし、無料ブログを利用しはじめてからは、**ブログのコンテンツのみに集中することができる**ようになりました。

あと、無料ブログのタグを、SEO対策向けにカスタマイズができる点も大きなメリットです（Movable Typeといった

BLOG & SEO

無料でできるアクセスアップ技を大公開!
今すごい!

ソフトウェアもあるが、無料ブログでも十分に内部リンクをカスタマイズできる)。ただし、カスタマイズにはhtmlとCSSの知識が必要になりますので、初心者の方には少し敷居が高い部分もあると思います。

鈴木：そうですね。初心者の方が、いきなりカスタマイズすることは難しいでしょう。

また、無料ブログの場合、「管理は簡単なのだけれど、設定が難しい」ということをよくセミナーの参加者から聞きます。そのあたりはどうなのでしょうか？

中嶋：無料ブログには、**リンク構造とデザイン部分のテンプレート**があらかじめ用意されています。それをSEO対策向けにカスタマイズする設定が難しいのだと思います。それらの点は本書で詳しく触れていますので、ぜひ見ていただきたいです（次ページの**図1**）。

初の設定は面倒な部分がありますね。そのあとのブログのタイトルやカテゴリを決める部分は、SEOを施す上でとても大切な部分なのでぜひ挑戦してほしいところです。

Q2 無料ブログを利用したSEO対策の優れている点❷ 外部リンク対策

鈴木：Yahoo!検索やGoogleでは、ブログのIPアドレスを次第に確認するようになってきています。こういった状況下で、ブログを運営する際、外部リンク対策で気をつけることは何でしょうか？　また、無料ブログのIPアドレスを優先的に見るようになってきているということはあるのでしょうか？

中嶋：検索エンジンは被リンク先のIPアドレスを見るようになってきていますね。たとえば、Seesaaブログの場合、割り当てられているのは8個のIPアドレスだけです。ですので、1箇所のブログサービスからではなく、多くの無料ブ

鈴木：ブログの登場によって、今までインターネットに無縁だった40代、50代の方々が、続々とブログを書きはじめています。しかし、そういった方は、**ブログの設定**の部分で挫折しやすいです。

中嶋：そうなのですね。たしかに、最

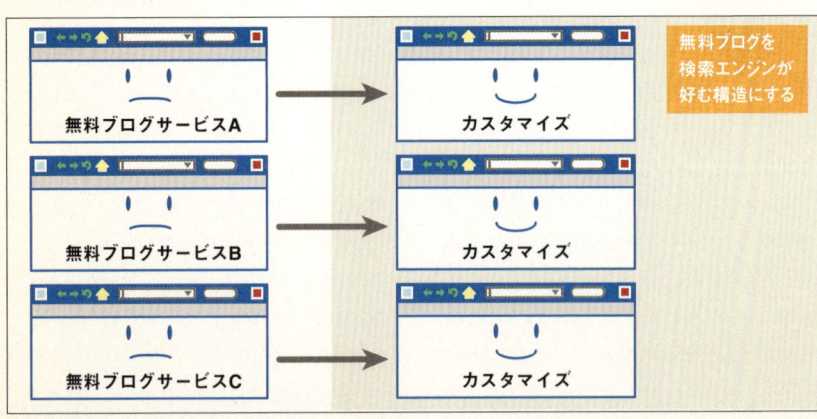

図1：無料ブログのカスタマイズ（内部リンク対策）

ログサービスを分散して利用することをお薦めします（図2）。また、無料ブログのIPアドレスをクローラーがよく見るようになっていることについてですが、以前その点を確認するためにテストをしたことがあります。結果として、たしかに無料ブログのIPアドレスをよく見ていることがそのときにわかりました。

Q3 無料ブログを利用したSEO対策の優れている点❸ ドメイン対策

鈴木：ブログを開設する場合、無料ブログが用意しているサブドメインで開設するほうがよいでしょうか？　それともオリジナルドメインで開設したほうがいいのでしょうか？

中嶋：<u>独自ドメインをお薦めします</u>。というのは、<u>リスク管理</u>という面があるからです。無料ブログサービスは、いつ突然にサービスを停止するのか誰にもわかりません。そのときに備えて、FTP経由でバックアップをとっておく必要があります。たとえば、livedoorブログの場合、無料版はバックアップがとれませんが、有料版（262円／月）であれば、バックアップがとれます。

鈴木：わたしのほうでお薦めしているブログは、アメーバブログ（以下アメブ

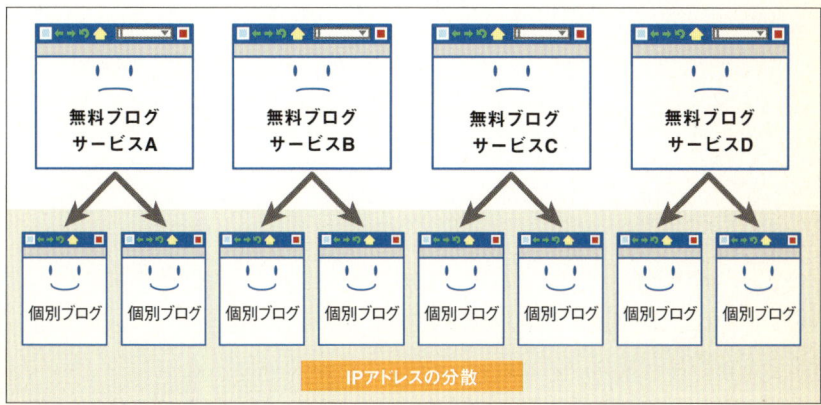

図2：無料ブログの外部リンク対策

ロ）です。アメブロには、訪問した人が残せる**ペタ**という機能があり、ユニークなんです。

中嶋：アメブロは、アフィリエイトが自由にできてないので、ちょっと難がありますが、芸能人の方は、よく利用しているようですね。アメブロに関してはほかにも、いろいろ特徴がありまして、マスコミ関係者の方が、よくアメブロを見ているようです。実際にマスコミの取材を受けたという方も多いですね。

鈴木：そうなのですね！私の知っている知人の方もマスコミの取材を受けたといっていましたが、その方もアメブロでした。

中嶋：そうなのですか！無料ブログにも、いろいろカラーがありますね。たとえば、インフォトップブログの場合、情報商材系のブログが多いですね。livedoorは、アフィリエイトやWeb2.0系のサービスが充実しているので、必然的にアフィリエイター系の方やネット関連サービスに興味の高い方が多く利用しているようです。FC2は、さまざまなサービスが無料で利用できるので幅広い年代／層の方が利用しています。またFC2ブログは、IPアドレスが100以上あるので、被リンクを獲得するブログとしては、群を抜いています。

鈴木：ということは、IPアドレスの面で言えば、無料ブログSEOに一番適しているのはFC2になりますか？

中嶋：そうですね。ただ、検索エンジンのクローラーは、URLも見ているので、FC2のみの被リンクだけだと評価されなくなる可能性があると思います。

鈴木：Seesaaブログはどうですか？

中嶋：Seesaaブログは**万能選手**といった感がありますね。無料ブログはもちろん、動画やポッドキャストへの対応などは、すばらしいです。また、Seesaaブログは、ブログエンジンをOEMでブロ

無料ブログにもいろいろな特徴がある

万能選手　　マスコミ系につよい　　バックアップがとれる

図3：無料ブログにもそれぞれ特徴がある

グサービス会社に提供しています。最近では、So-netがSeesaaのブログエンジンを採用しました。ちなみに、ココログもポッドキャストに対応しています。

鈴木：Seesaaブログの場合、記事を投稿すると文字がリンク表示になりますが、回避するにはどうすればよいでしょうか？

中嶋：記事設定でキーワードマッチを無効にすると、自動で文字リンクを出ないようにすることができます。また、メタタグを3個まで自動で設定することができます。また、タイトルをトップページ、カテゴリページ、個別記事ページごとに設定することもできます。

ままの設定でトラックバックは被リンクとして認識されます。

鈴木：最近よくスパム的なSEO対策として、「海外の無料ブログからのリンクを集める」という手法を耳にしますが、その点はどうでしょうか？

中嶋：たしかに聞くケースが多くなりました。海外の無料ブログからのリンクを大規模に集める方（業者）というのは、国内の無料ブログを使い果たしてしまった人が多いと思います。そのため、海外の無料ブログに目をつけて、海外から被リンクを集めるようになったのだと思います。

Q4 無料ブログを利用したSEO対策の優れている点❹ トラックバック対策

鈴木：私の主催するセミナーでよく「トラックバックは被リンク元になるのですか？」といった質問をよく受けます。その点は、本当のところどうなのでしょうか？

中嶋：Movable TypeやSeesaaブログでは、トラックバックにがついているので、カスタマイズしなければいけません。nofollowタグがついていないブログサービスであれば、その

Q5 無料ブログサービスとMovable Typeの最大の違いとは？

中嶋：Movable Typeとさくらのブログなどのような無料ブログの最大の違いは、ブログのポータルがあるかどうかです（次ページの図4）。無料ブログの場合、ブログを立ち上げるだけでブログポータルサイトからの被リンクを獲得できます。また、検索エンジンのクローラーも頻繁にブログポータルサイトを見ています。たとえば、livedoorブログは、

COLUMN

未承諾メール

2008年の通常国会で特定商取引法が改正され、ユーザーからの承諾がない広告メールを送信した場合、送信した時点で違法行為となります。この改正は2008年度内に施行される予定です。違反者には、最大で懲役1年、または罰金200万円が科せられる予定です。

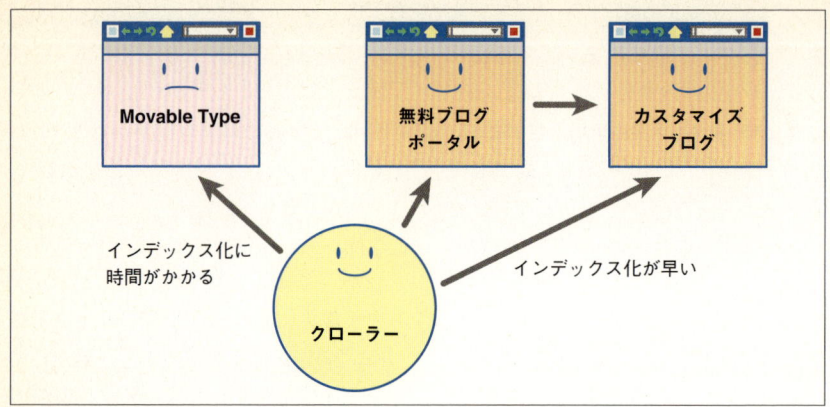

図4：無料ブログとブログポータルの関係

インデックス化が早いですね。

Q6 キーワード選びのコツ❶ ステップキーワード術

中嶋：無料ブログの場合、いきなりビッグキーワードを狙うのではなく、まずは**スモールキーワードから攻めていってほしい**と思います。そして、コンテンツが充実してきたら、ミドルキーワード、そしてビッグキーワードという順にステップを踏んで、**キーワードのスケールを拡張していってほしい**と思います（次ページの図5）。

鈴木：たとえばどんな形がよいでしょうか？

中嶋：具体的に言えば「寒天ダイエット」の場合は、「寒天レシピ」、「寒天ダイエット商品」などと、「寒天ダイエット」に関連するキーワードを散りばめる必要があります。

鈴木：あとはダイエットの系統ごとに分ける方法もありますね。ただ、あまり旬のキーワードをからめすぎると、結局**キーワードの寿命**も短くなりますよね？

中嶋：そうですね。ブログの記事では、流行の記事を扱うケースも多々あるかと思いますが、**キーワードの寿命を意識して、キーワードの選択を行うとよい**と思います。

Q7 キーワード選びのコツ❷ 近接キーワードのルール

中嶋：本書でも解説していますが、「トワイライトエクスプレス」に関するブログを制作する場合、たとえば、

タイトル
トワイライトエクスプレス

カテゴリ
トワイライトエクスプレスの時刻表

個別記事
トワイライトエクスプレスの金沢駅の様子

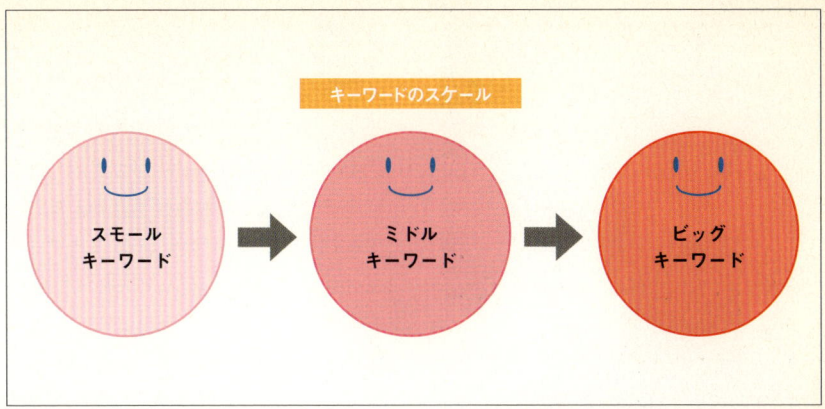

図5：キーワードのスケール

などのようにすると、すべてに「トワイライトエクスプレス」が入ってしまい、キーワードが近接した状態になってしまいます。
ですので、次のようにして、**サブキーワードを用意して、表現するとよい**でしょう。

タイトル
トワイライトエクスプレス

カテゴリ
サブキーワードAの時刻表

個別記事
サブキーワードBの金沢駅の様子

鈴木：メインキーワードは使いすぎないということですね？

中嶋：そうですね。検索エンジンのクローラーは、サイトタイトルのキーワードを見て、「キーワードに沿った内容を紹介している記事だ」と判断していると思います。ですので、個別記事ページなどで、メインキーワードを入れすぎると、クローラーは、「本当にこのサイトは、メインキーワードについて紹介しているのか？　スパムではないのか？」と疑念をいだくのだと思います。

COLUMN

ユーザーの入れるキーワードでありがちなもの

検索エンジン上からキーワードに対する内容を知りたいときに、

- キーワード ＋ とは　・キーワード ＋ って　・キーワード ＋ について

など、キーワードに対する「問いかけ」を入力するケースが意外と多いと思います。商品／サービスに対するユーザーのコメントなどを探すときに多いパターンです。レビューを知りたいユーザー狙いであれば、こういった組み合わせでキーワードを設計するのもいいでしょう。

Q8 インデックス化が早い無料ブログとは？

中嶋：livedoorブログは**インデックス化**が早いですね。Seesaaブログは、記事にタグ設定をしておくと、Seesaaのポータルに「タグ」コーナーがあるので、そこからクローラーに読み込まれやすいですね。

鈴木：Yahoo!ブログはどうですか？

中嶋：Yahoo!ブログ自体のインデックス化はそれほど早いとは感じませんが、検索結果の順位を見てみると、**相対的に高い傾向にあるよう**です。ただし、アフェリエイターの方からすれば、Yahoo!オークションやYahoo!ショッピングとい

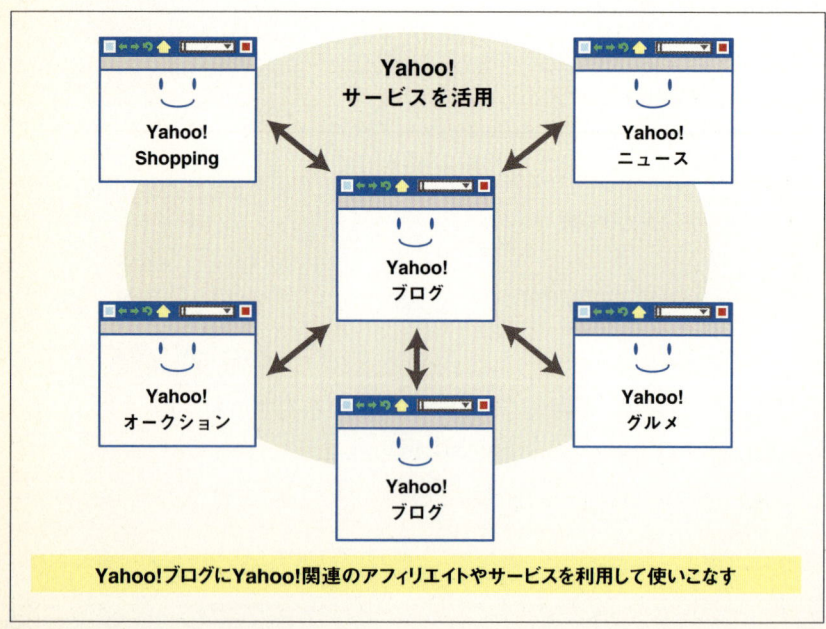

図6：Yahoo!ブログとYahoo!サービスの利用

ったサービスのアフィリエイトしかできない面がデメリットとしてあります。逆の考え方をすれば、すべてYahoo!関連サービスのアフィリエイトで事足りるのであれば、問題ないわけです（どういったアフィリエイトサイトを作っていくのか、というレベルに関することにもよるが……）（前ページの図6）。また、Yahoo!ブログの場合、Yahoo!ニュースに関連する記事のブログを作成すると、アクセス数が増えます（私の場合、ニュースに関連したブログを作成し、記事を1日に50件アップしたところ、一気に8,000アクセスがきたケースがある）。

鈴木：Yahoo!ニュースに関連したブログの場合、当然ブログにリンクを張るわけですが、Yahoo!ニュースの記事はどのくらいの期間で掲載されているのでしょうか？

中嶋：Yahoo!ニュースの掲載期間は、1ヶ月から2ヶ月くらいになります。ですので小まめに記事をアップして、アクセスアップを狙う手法と言えます。

Q9 ポッドキャスト／ビデオポッドキャストへの企業や個人の注目度は？

鈴木：まずポッドキャスト／ビデオポッドキャストの配信方法についてお教えください。

中嶋：ポッドキャスト／ビデオポッドキャストの配信には、**iTunes**を利用します（次ページの図7）。iTunesのメニューには、**Podcasts**という項目があり、

そこに無料で聞くことができるポッドキャストが多数アップされています。

鈴木：ポッドキャスト／ビデオポッドキャストは海外ではどのように使われていますか？

中嶋：海外では、非常に多くの企業がビデオポッドキャスト配信を行っています。配信するケースとしては、

- 新車の発表会
- ファッション関連の発表会

が多いです。動画の場合、**ユーザーにとってイメージをしやすいジャンル**に効果を発揮します。

鈴木：国内の企業では、どのように使われていますか？

中嶋：たとえば、英語教育の大手、アルクやECCは、**ポッドキャストでお試し**

図7：iTunes

英会話という形で配信しています。あとは、ラジオ局が、広告が入ったラジオポッドキャストを配信しているケースもあります。

鈴木：ポッドキャストを利用した企画で何かおもしろかったものはありますか？

中嶋：そうですね。Nikeと木村カエラさんがコラボレーションした企画で、木村カエラさんがNikeと一緒に新商品を開発するまでの話を7回に分けて配信していたものが印象的でした。最終的にコラボレーションで完成したシューズを抽選で何十名かにプレゼントするというものでした。この企画によって多くのユーザーに申し込みをしてもらい、その見込み客リストを獲得するのが本来の狙いだったようです。

ほかにもテレビショッピングのような形で、商品の使い方をスライドショー形式で配信しているケースもおもしろかったですね。

鈴木：ポッドキャスト／ビデオポッドキャスト配信を利用するユーザーは今後増えるのでしょうか？

中嶋：2007年、SONYのWALKMANがiTunesにアップロードできるポッドキャスト／ビデオポッドキャスト形式に対応したこと(**図8右**)、そして2007年末にiPodの新モデルが登場したこと、そして何よりビデオポッドキャストを閲覧できるiPod nanoが17,800円という廉価で発売されたこと(**図8左**)でユーザーも今後増えていくと予想されます。

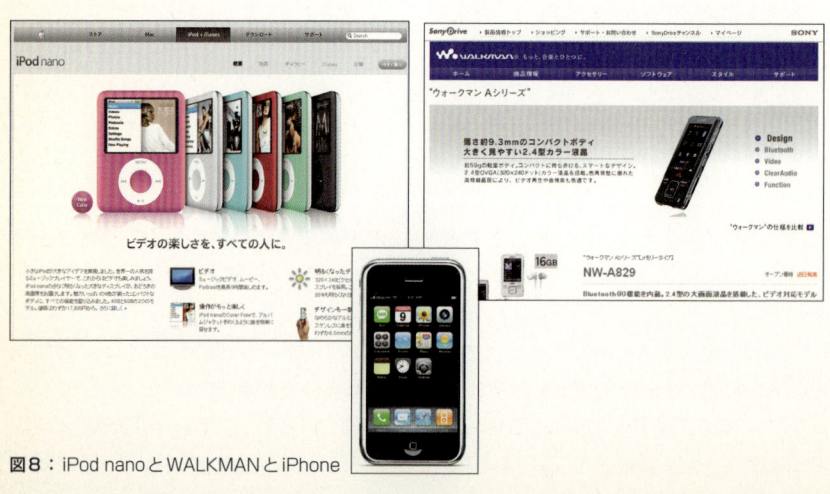

図8：iPod nanoとWALKMANとiPhone

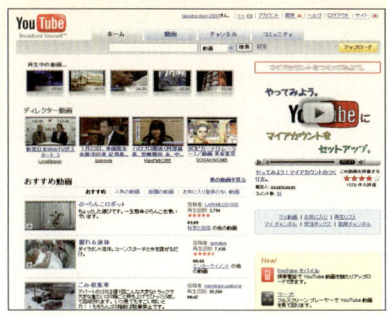

図9：YouTube

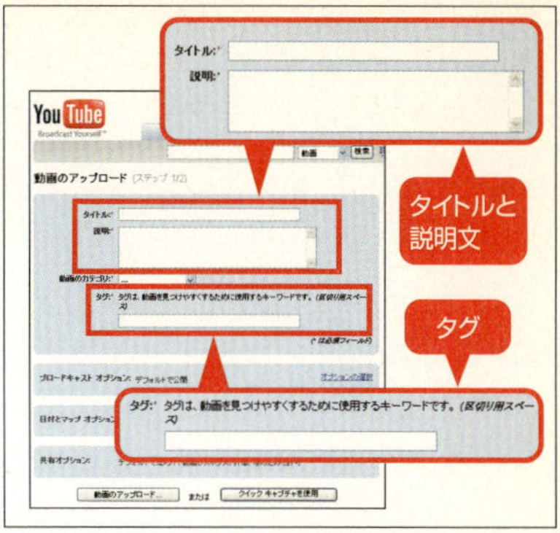

図10：YouTubeのタグと説明文の入力箇所

2008年中には携帯電話機能を搭載したiPhone（**前ページの図8中央**）も登場すると噂されています。今後注目のアクセスアップツールになることは間違いありません。

Q10 YouTubeへの企業や個人の注目度は？

鈴木：私の主催するセミナーの参加者から「YouTubeにコンサルタント風景を録画した動画をアップして、ブログに貼ったら、申し込みが一気に何百件もきました」という報告を受けたことがあります。YouTubeはアクセスアップや成約率アップに即効性があるサービスですよね？

中嶋：はい。非常に効果があります。現在、YouTube（図9）にアップできる時間は10分以内となりましたが、日本語に対応してから、非常に多くの国内ユーザーの方が利用してきています。そしてその動画の数も飛躍的に増えてきています。

鈴木：動画を見終わったあとに、関連する動画が表示されますが、ついつい見たくなりますよね？　また、YouTubeを利用するユーザーが増えた一番の理由は何でしょうか？

中嶋：関連動画はわたしもよく見るほうです（笑）。また、ユーザー数が増えた理由として、**専用の動画視聴ツールを使うことなしにブラウザ上で動画を見れるようになったことが一番大きい**と思います。

鈴木：アフィリエイターの方も動画を利用しているのでしょうか？

中嶋：YouTubeの動画は、タグさえ貼れば、ブログへ簡単にアップできるので、**アフィリエイトの成約ページまでに誘導するツールとして利用している方が増えてきています**。

Q11 検索エンジン対策は？

鈴木：検索エンジンにヒットさせるには、動画をアップロードするとき、どの点に気をつければよいでしょうか？

中嶋：一番重要なのがタグの部分です。そのほかに、タイトルと説明文の部分に目標キーワードを入れる必要があります（前ページの**図10**）。

Q12 RSSへの企業や個人の注目度は？

鈴木：RSSやRSSフィードに関する検索エンジンの動向をお教えください。

中嶋：RSSフィードが一時、検索結果の上位に表示されていたことがありましたが、2007年末頃からそういったRSSフィードのファイル情報は大手の検索エンジンの検索結果には表示されなくなりま

した（ただし、RSSフィードのコンテンツはきちんと検索結果に表示される）。
鈴木：RSS情報を利用するユーザーは多いのでしょうか？
中嶋：RSS対応ブラウザ／メーラーやRSSリーダーの普及によってユーザー数も増えていると思いますが、最近、ソーシャルブックマークのほうに押されていると思います。たとえば、よいサイトだけを集めてブックマーク化している**アルファソーシャルブックマーカー**といったユーザーのソーシャルブックマークを利用すれば、クオリティの高いサイトや情報ページが見つかりやすくなります。
鈴木：検索エンジンよりも信頼性が高い情報が見つかりやすいですか？
中嶋：そうですね。信頼性という意味においてですが、使い方によっては、見つかりやすいと思います。ですので、先ほど出てきた**アルファソーシャルブックマーカー**に注目されるような記事

をブログでアップしていけば、クチコミで評判が広まり、ブログへのアクセスを集めることができるようになると思います。

Q13 スパムブログ問題について

鈴木：2007年後半からスパムブログが多くなり、ブログ検索エンジンの利用者が減ってきていますが、ブログ自体に何か変化があったのでしょうか？

中嶋：2007年に自動記事作成投稿ツールといったものが登場しました。そのツールを使い、RSS情報を切り抜いてきて付け合せたようなブログが氾濫しています。その結果、ブログ検索にもそういったスパムブログばかりがヒットし、本来の機能を活かすことができなくなっています。

鈴木：ブログは非常にすばらしいツールなのですが、そういったスパムツールには弱い面がありますよね。

中嶋：そうですね。しかし、ブログのクオリティを下げないためにも、ブログサービス提供会社側がスパムブログへ断固とした対処をしてほしいと思います。そのことができるかどうかが、今後のブログ健全化のポイントになると思います。

Q14 今後の無料ブログSEOの方向性は？

鈴木：検索エンジンからの集客が現在は大きなウェイトを占めていますが、今後アクセス要因は、多様化していくと思いますか？

中嶋：アクセス要因は、多くの誘導要因が増えてきたことで、多様化していくと思います。

鈴木：米国などでは、プロフィールに関するSNSサイトが注目を浴びています。今後日本でも、そういった多くの新サービスがアクセス要因なることが考えられますね。

中嶋：そうですね。そのほかにも、モバイルからのアクセス要因も今後重要になると思います。

編集部：ありがとうございました。

無料ブログSEO対策テクニック

　無料ブログのカテゴリや構造を少し変えるだけで、驚くほど検索エンジンに強い構造に変えることができます。
　第2部では、そうしたSEOに特化したカスタマイズテクニック及びキーワード戦略を解説します。

カメラワークに必要なもの

Part **2**

Chapter **3**

無料ブログは
こんなに使える！

本章では、無料ブログの活用法についての事例を紹介します。メインサイトへの誘導や社長日記、ネットショップとしての活用まで応用範囲はとても広いです。

01 本書における無料ブログの定義

Part 1 **Part 2** Part 3 Part 4

　無料ブログサービスと一言で言ってもサービスの内容は、ブログサービスによって多種多様化しています。無料版のみ提供しているブログサービス、他社とのサービスに差をつけて無料版と有料版（月額数百円）の両方を提供しているブログサービスなど無料ブログサービスだけでも様々です。本書では、特に人気のある以下の無料ブログサービスに関しては、カスタマイズ方法についても言及していますので、よりブログの活用を深めることができると思います。

- FC2ブログ
- livedoorブログ
- Seesaaブログ
- JUGEMブログ

　またレンタルサーバ型のブログサービスのさくらのブログはSeesaaブログのブログエンジンを使っているので、カスタマイズの方法はSeesaaブログと同じになります。ポッドキャスト、ビデオポッドキャストの配信方法についてもさくらのブログとSeesaaブログは共通となります。

注意！
本書における無料ブログの定義

本書では、無料ブログサービスの定義をMovable TypeやWord Pressなどのサーバインストール型のブログシステムを使わずにブラウザ上で自由に使えるブログサービスとしています。また、月額数百円の有料ブログも無料ブログとして扱います。

 ## 無料ブログの便利なところ

　無料ブログはIDとアカウントを取得さえしてしまえば、

- すぐに運用をはじめることができる
- 更新も簡単にできる

ということが最大の特徴です。デザインも数百種類の中から選択することができるので、Movable Typeのようなデザインのカスタマイズも不要です。

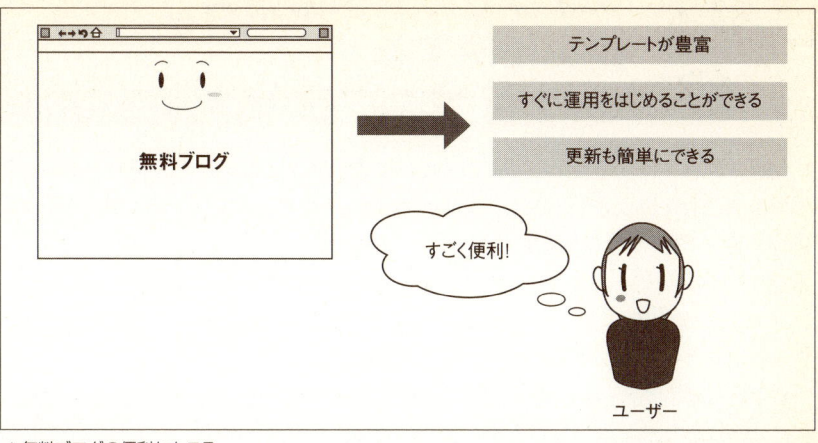

▲無料ブログの便利なところ

　もちろんCSSとhtmlの知識があれば自由自在にカスタマイズすることもできますので、無料ブログでありながらそうは見えない従来型のサイトのような運営も可能となります。

無料ブログに対する検索エンジンからの評価は落ちているのか？

2007年にYahoo!検索のウェブ検索にブログフィルターが設置されたため、

検索エンジンの無料ブログに対する評価が落ちているのでは？

という質問を多くいただくのですが、実際のところは**無料ブログの利用者のSEOに対する意識が従来型のサイトの運営者よりも少ないことに起因している場合が多い**ようです。
筆者も実際に新しく出てきたキーワードに対して従来型のサイトとブログにおける順位を定期的に調査していますが、**本書執筆時点（2008/2/15時点）において、新たなキーワードで新規サイトを構築した場合は、従来型のサイトよりも無料ブログのほうが検索エンジンからの評価が高い場合が多く、無料ブログを使ったから検索順位が下がるという事例は確認できておりません**。したがって無料ブログがSEOに弱いという事実はありません。

無料ブログは簡単！お手軽！
無料ブログを使う最大の利点は簡単な運営と更新です。オリジナルの情報を発信できるならこのお手軽さを利用してブログのページ数を増やすことでロングテール効果を狙った集客が可能となります。

無料ブログの良いところ❶
02 メインサイトへの集客と誘導に使える

Part 1　**Part 2**　Part 3　Part 4

　現状、無料ブログを最大限に活用しているのはアフィリエイトを利用している個人や企業でしょう。というのも、無料で複数取得できるメールアドレスを使えば、複数のIDを取得できる無料ブログサービスを利用して、数多くのサイト（ブログ）運営を行うことができるからです。つまり、メインのサイトには独自ドメインとレンタルサーバを使い、メインサイトに誘導するための補助的なサイトは無料ブログで量産するという形をとるのです。

　たとえば北海道旅行のアフィリエイトサイトを作成したとします。メインサイトには北海道旅行の地域情報、価格、日程、見所などを中心にコンテンツを作成していくことになると思いますが、一口に北海道旅行と言っても実は様々なニーズがあります。これらのニーズの全てをひとつのサイトにまとめてしまうと、総合デパート的なサイトになってしまい、結局は検索エンジンからの集客が上手くいかなくなってしまいます。

例 北海道旅行のブログ

北海道旅行でも集客の切り口として豪華鉄道旅行という切り口を増やし、東京発カシオペア、東京発北斗星、大阪発トワイライトエクスプレスなどの専門サイトを作成／運用することで、鉄道を使った北海道旅行を考えている見込み客に対してダイレクトにアピールすることができます。

| パターン1 | 北海道旅行というキーワードでメインサイトに誘導 |
| パターン2 | カシオペアというキーワードで専門サイトに誘導後、メインサイトで成約 |

　たとえば、ポッドキャスト配信の仕組みのある無料ブログを使えば、音声や動画をふんだんに使い、各列車の車内放送を配信することもできます。単なるブログからの発信にとどまらず、登録したポッドキャスト番組がiTunes Storeのポッドキャストコーナーで取り上げられることもあります。そうなれば、発信しているポッドキャストにスライドショー画像や動画を入れ、メインサイトのURLを掲載するなどの広告効果を狙うこともできますし、直接、音声でユーザーを誘導することもできるでしょう。

| パターン1 | iPodからメインサイトに誘導（音声や画像でURLを伝える） |
| パターン2 | iPodからリアル店舗に誘導
（iPod用にポッドキャスト配信をしてクーポン券の発行をする） |

▲ iPodからの誘導

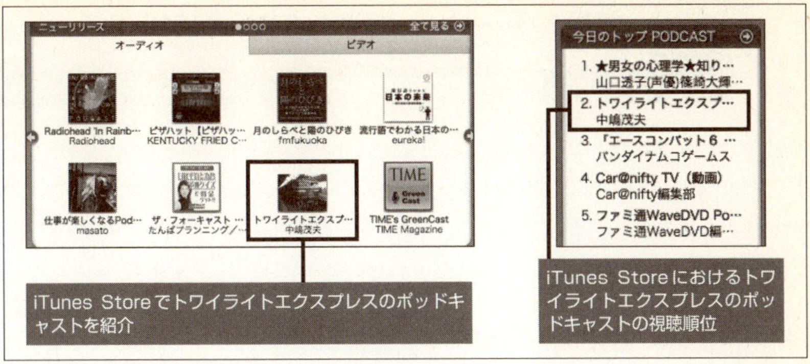

▲ iTunes Storeにおけるポッドキャストの活用事例

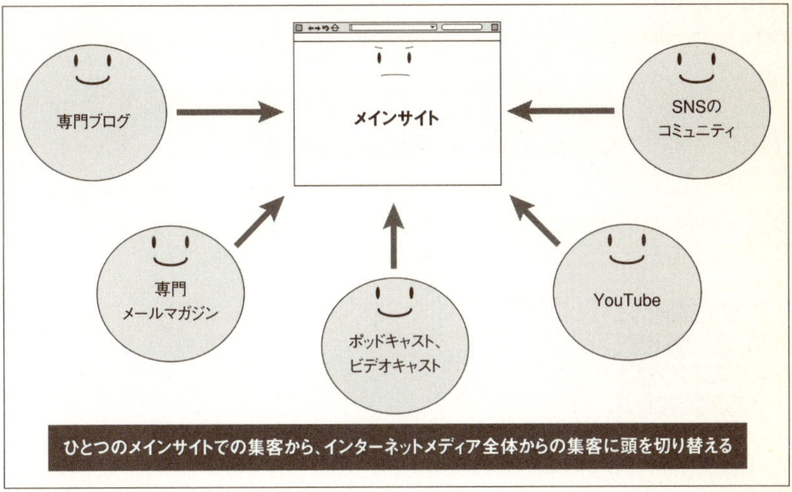

iTunes Storeでトワイライトエクスプレスのポッドキャストを紹介

iTunes Storeにおけるトワイライトエクスプレスのポッドキャストの視聴順位

▲ 多メディア展開の例

ひとつのメインサイトでの集客から、インターネットメディア全体からの集客に頭を切り替える

point

iTunesからの誘導

このようにiTunesは、iPodへのダウンロードが前提となっていますのでリアル店舗への集客の相性もバッチリです。

無料ブログの良いところ❷
03 複合キーワードを使った無料ブログで集客を狙ったコンテンツを量産できる

Part 1　**Part 2**　Part 3　Part 4

無料ブログはアカウントとIDを取得することで簡単に新しいブログを作ることができます。Seesaaブログやさくらのブログでは、ひとつのブログアカウントで50個から100個のブログを作成、管理できるので非常に使いやすいブログサービスだと言えます。

SEOを施す場合、メインサイトで狙うキーワードは メインキーワード 、 複合キーワード1 、 複合キーワード2 、 複合キーワード3 など、数が限られます。

しかし、**複合キーワードごとに無料ブログを作成する**ことにより、ブログを作成した数だけ複合キーワードを使った集客を狙うことが可能になります。

次に例をもとにその理由を解説します。

例 メインサイトで複合キーワードを利用する場合

たとえば、**城崎温泉**（きのさきおんせん）というキーワードでSEOを施し、検索結果の上位表示を狙いたい場合、メインサイトだけなら次のようなキーワードからの集客しか行えないでしょう。

メインキーワード1	城崎温泉
メインキーワード2	城崎
複合キーワード1	城崎＋かに
複合キーワード2	城崎＋旅館

なぜなら、次の2つ要因によるためです。

- ひとつのサイトで多くのキーワードでの上位表示が最近では難しくなってきていること
- メインサイトの内容と関連はあるけれども、コンテンツの内容としては、かけ離れたキーワードで上位表示させることは成約率の低下が起こり、得策ではないこと

無料ブログで複合キーワードを利用する場合

一方、複合キーワードでの検索結果の上位表示を狙ったサイトを無料ブログで量産することにより、次のような形で検索上位表示を狙うことが可能になります。

複合キーワード1	城崎近辺の観光地
複合キーワード2	城崎＋競合の旅館名
複合キーワード3	城崎＋城崎のお薦めのお店

以上のように、無料ブログを利用すれば、城崎に関するほかの固有名詞や地域名を使って集客することも可能になります。

無料ブログとメインサイトの連携

メインサイトを城崎以外のキーワードで検索上位表示をすることは難しいですし、たとえ上位に表示したとしても訪問者にとっては無益な情報になりがちです。しかし、運営を別のブログで行うことで城崎に関する地名や店の情報を発信し、最終的に運営しているメインサイトに誘導することも可能になります。

| 城崎温泉 | で具体例を挙げると、

複合キーワード1	城崎温泉＋スキー場、アップ神鍋スキー場＋宿泊、ハチ北スキー場＋宿泊
複合キーワード2	城崎温泉＋海水浴場、竹野浜＋宿泊、香住＋宿泊
複合キーワード3	城崎温泉＋水族館、城崎マリンワールド＋宿泊

などの**城崎温泉**に関する**複合キーワードブログ**を作成し、**スキー場**、**海水浴場**、**水族館**など、城崎温泉とは別の行き先が目的である人を城崎温泉の宿泊へ向けることができるようになります。

🐾 上記の 複合キーワード1 のアップ神鍋スキー場の無料ブログ

メインサイトは 城崎温泉 というキーワードを強くする必要があると思いますので、スキー場のコンテンツをメインに持つことはできません。ですので、 複合キーワード1 の アップ神鍋スキー場 に行く人の集客を狙う場合、次のようにスキー場をメインキーワードにし、関連ワードとの複合キーワードでブログを量産し、メインサイトへ誘導することができます。

アップ神鍋＋宿泊
アップ神鍋＋温泉
アップ神鍋＋かにすき

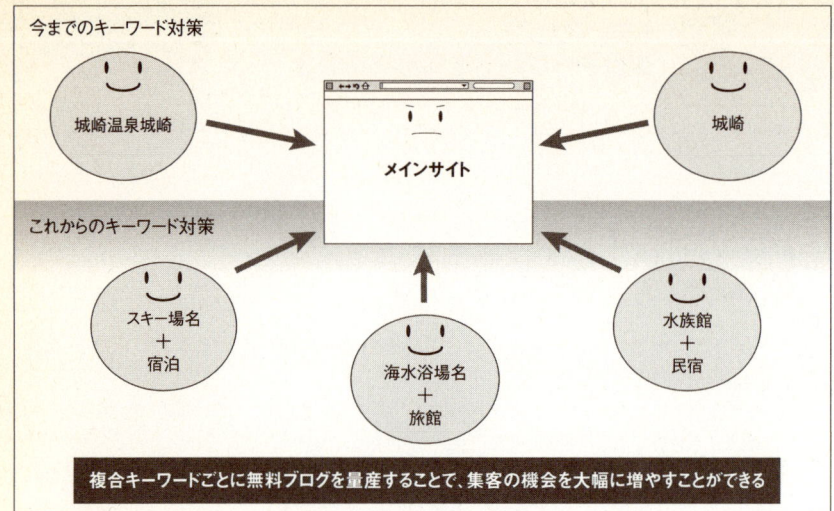

▲メインキーワード以外のキーワードからの集客を無料ブログで実践！

無料ブログで複合キーワードを使ったブログを量産！
メインサイトで上位表示不可能なキーワードを無料ブログで量産することにより、検索エンジンからの集客の機会を増やすことができます。

無料ブログの良いところ ❸
04 クチコミやお客様の声は運営サイトに掲載して信用力アップにつなげる

Part 1　Part 2　Part 3　Part 4

　リアルのビジネスの場合、売上を上げるための一番の方法はリピーター、つまり優良顧客（ロイヤルカスタマー）を増やすことにあります。

リピーターを増やす理由

　その理由は、まだ一度も顧客として購入してもらっていない見込み客を新たに顧客にするための宣伝コスト／集客コストよりも、すでに顧客になっている人の購買回数を増やすコストのほうが少なくて済むからです。

　ネットショップやインターネットでサービスの販売をするときもこれは同様で、新規顧客を集客するよりもリピーター顧客を増やすほうが費用対効果は高くなります。そこで、ネットショップオーナーはメールマガジンなどで顧客のフォローを行い、クロスセル（ついで買い）やアップセル（単価の高い商品の購入を薦める）をしながら顧客一人当たりの単価を増やすことに躍起になります。

　しかし、この方法はあくまでも、集客ができていることが前提となります。集客できずにアップセルもクロスセルもかけることはできません。

信頼性、実績、感想の重要性

　集客時に一番大切なことは、ネットショップで販売される商品や提供されるサービスに対する信頼性の高さ、利用者の実績、購入者の感想などがサイトに掲載されているかどうかになります。ショッピングモールを展開する楽天市場や宿／ホテル予約のじゃらんnetが利用者のクチコミ情報を大事にするのは、各ショップや各宿泊所が高いサービスを維持してもらうことを狙っているだけでなく、これらの提供サービス自体の信頼性を上げることができるからです。

　第三者の声というのは信頼性を高めるためには効果的です。ですので、メインサイトに利用者の声や感想をぜひ掲載してください。販売しているサービスや商品がユーザーにとって価値の高いものなら、きっと良い感想をもらえるはずです。

クチコミや感想を無料ブログに掲載する利点

　それでは、これらのクチコミや感想を無料ブログに掲載する利点は何でしょうか？

❶ 音声や動画のクチコミ情報で成約率アップ

　Seesaaブログやさくらのブログでは音声や動画をアップロードすることができます。音声ならボイスレコーダーやPC内蔵のマイクを使って、動画なら携帯電

話のムービー機能を利用して、メール経由でブログに記事をアップロードする方法です。

もし、あなたがメールマガジンを使ってクロスセルを狙っている場合、これらの音声や動画のクチコミ情報にリンクし、信頼性を増すことができれば、成約率は一気に上がります。メインサイトで動画の配信や音声の配信を定期的にすることは面倒ですが、無料ブログを使うことで簡単に行うことができます。

文字や画像だけのクチコミ情報に音声や動画のクチコミ情報をプラスすることで販売商品の成約率は劇的にアップする可能性を秘めているのです。

❷ビフォー（使用前）＆アフター（使用後）の画像で成約率アップ

掃除機の性能など、ビフォー（使用前）＆アフター（使用後）の画像を使って成約率が上げることを考えているのであれば、迷うことなく動画を使いましょう。テレビショッピングで人気のある商品というのは、ビフォー＆アフターの効果を動画でわかりやすく説明していて、視聴者が商品を使ったときのことをイメージできます。

掃除機だけでなく動くものであれば、瞬時にその効果を表現できます。動画で表示させることで成約率がアップすると予想できるものは、クチコミ情報と一緒に商品の説明を動画で行いましょう。

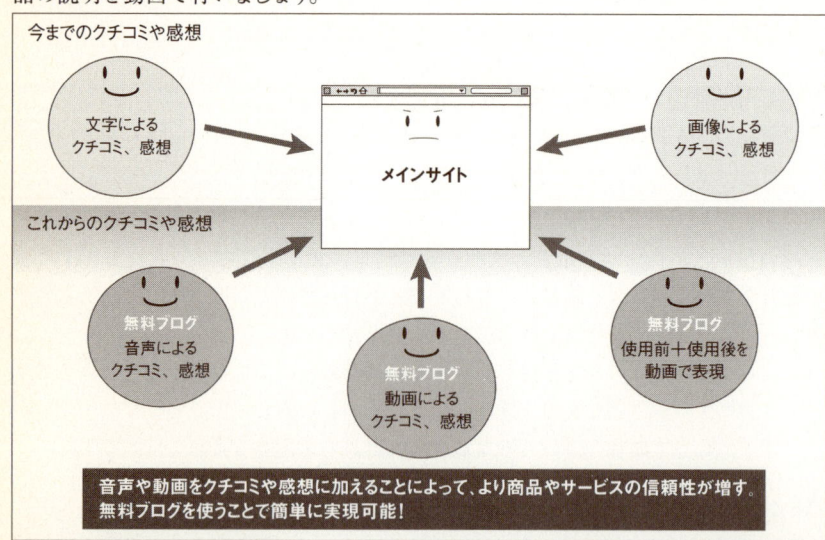

▲無料ブログを使ったクチコミ効果

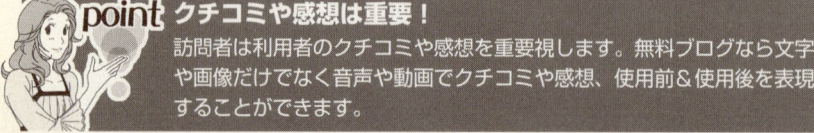

point クチコミや感想は重要！

訪問者は利用者のクチコミや感想を重要視します。無料ブログなら文字や画像だけでなく音声や動画でクチコミや感想、使用前＆使用後を表現することができます。

無料ブログの良いところ❹
05 無料でアフィリエイトサイトが運営できる

Part 1　Part 2　Part 3　Part 4

　アフィリエイトというのはネットショップなどで販売している商品やサービスをあなたの運営しているブログやサイトで紹介することによって成約した場合、販売サイトからあなたへ販売代行手数料が支払われる仕組みです。つまり、

> アフィリエイト＝販売代行業

と言い換えるとわかりやすいでしょう。
　アフィリエイトは元手の資金が無くてもすぐにはじめることができるため、資金を持たない主婦層や学生、サラリーマンが副業として運営したり、企業が本業として運営したりする本格的なものまで多種多様です。
　特に主婦層には資金を持たなくてもすぐに副業として販売代行業というビジネスを開始できるので、非常に高い人気をほこっています。
　今では、アフィリエイターを養成する塾形式の講座も数多く開催され、書籍も山のように発刊されているほど一般的になりました。稼いでいるアフィリエイターは月に100万円以上も稼ぎます。しかし、アフィリエイト報酬が月に数千円にしかならないアフィリエイターが大半なのが実態です。

無料ブログを使ったアフィリエイトが人気なワケ

　アフィリエイターの間では、無料ブログを使ったアフィリエイトが大人気です。その人気の秘密は、

> やる気になれば全てのブログを無料で数百から数千も運用することができるから

です。ブログをいくら量産しても作成時間のコストを除けば、完全に無料で運用できてしまいます。
　オリジナルコンテンツを発信し続けることができる人は、無料ブログのメリットを最大限に活用することができるのです。

注意！
アフィリエイトに対しての規則や制限がかかる場合

無料ブログの中には、無料版と有料版でアフィリエイトに対しての規則や制限がかかる場合がありますので注意が必要です。

たとえば、livedoor ブログの場合、無料版ではサブドメインの設定はできませんし、Google AdSense や MicroAd などのテキストマッチ広告の表示が必須になるために、livedoor ブログの無料版にあなたのアカウントIDで Google AdSense を貼ることはできません。

インフォトップブログの無料版ではサイドメニューに表示される情報商材のランキング広告の掲載が必須になりますが、有料版ではランキング広告を削除することができます。

このように無料版と有料版のサービスの差を事前にチェックしておくことがアフィリエイトで成功する秘訣でもあるのです。

	サブドメイン	独自ドメイン	テンプレート修正	商用サイト	ブログポータルの有無	ポッドキャスト	容量
livedoorブログ	有料版のみ○	有料版のみ○	○	○	○	×	2GB
Seesaaブログ	○	○	○	○	○	○	2GB
FC2ブログ	○	×	○	○	○	×	画像1GB、文字無制限
DTIブログ	○	×	○	○	○	×	2GB、文字無制限
インフォトップブログ	有料版のみ○	×	○	○	○	×	非公開
さくらのブログ	○	○	○	○	×	○	さくらのサーバのプランによる
.Mac	×	○	○	○	×	○	.Macのプランによる

▲無料ブログ比較表

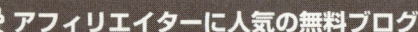

point アフィリエイターに人気の無料ブログ

アフィリエイトは初期投資が限りなく０円に近い状態から出発できるビジネスです。もちろんレンタルサーバ代を月額支払うよりも無料ブログを使ったほうが運営コストは劇的に安くなります。

06 無料ブログの良いところ❺ 社長日記という使い方ができる

ホリエモンが輝いていた頃のlivedoorブログ

　社長日記で有名になったのは元livedoor社長のホリエモンこと堀江貴文氏のブログでしょう。livedoorが運営していたネットショッピングモールのlivedoorデパートの商品を彼が紹介するだけでヒット商品が約束されていたようなものでした。それぐらいアクセス数とブログに書かれたことに対する影響力がこの社長日記にはあったと言えます。

それでも社長ブログは会社の顔

　一般的には、そこまで強烈な個性を持った社長日記というのは運営できないものですが、会社の顔としてリーダーシップをとっていく場合は、会社の方針、会社の新商品案内、営業方針などを社長日記で紹介するという運営方法が挙げられます。
　たとえば、

❶会社の顔として、会社の方針や商品の案内を社長自ら行う
❷会社が提供するサービスや商品のファンを増やすために社長日記を運営する
❸社長自身がすでにある分野で有名なのであれば、その知名度を活かしてブログから
　会社のサービスに誘導する

　社長自身が有名でない場合、間違っても「今日は●●というレストランで食事をしました……」というような日常を記した日記は書かないでください。
　通常は、会社のサービスや商品に関連のある話題を社長日記で綴ることがポイントとなります。できれば、「社長日記を定期的に読んでみたい」と思わせるようなビジネスに関する話題を数個ほどあらかじめ用意しておくとよいでしょう。

例 旅館の若旦那ブログ

もしあなたが旅館の若旦那なら、若旦那日記を書いて積極的に情報発信をしてもよいでしょう。そのときのブログの話題、つまりカテゴリは次のようなものにしておくことをお薦めします。

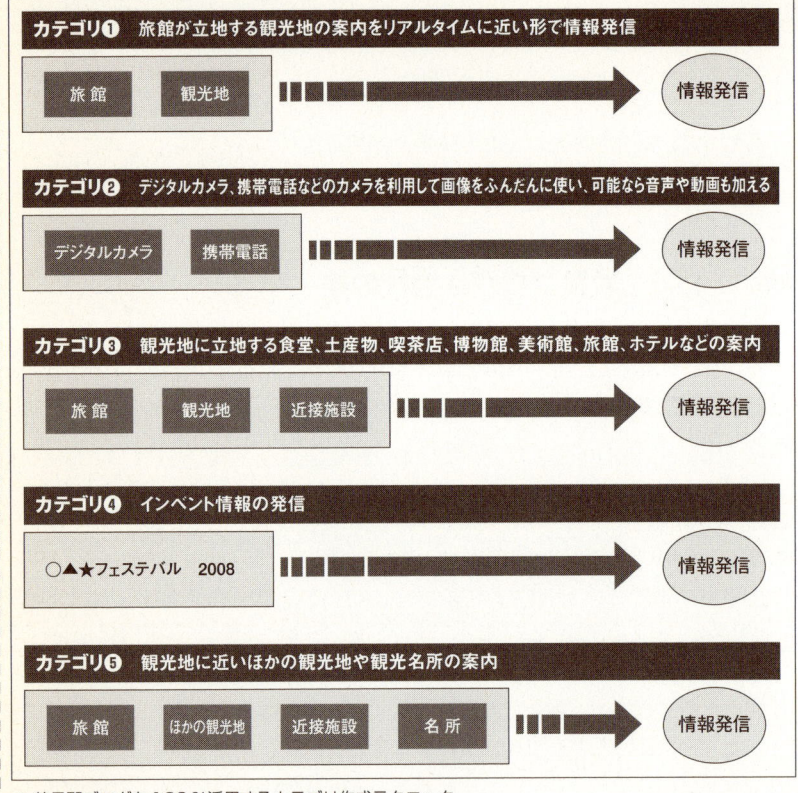

▲若旦那ブログを120％活用するカテゴリ作成テクニック

これらを実践するだけで、旅館の近くにある観光地に興味のある人が訪問する確率がかなり高くなります。そして、若旦那ブログと旅館のサイトメニューを連動しておくことで、直接、旅館の予約サイトに誘導することもできるのです。

> **point 社長日記では会社の情報を発信！**
> 有名な経営者でもない限り自分の身の回りのできごとをブログに書いたところで誰も興味を持ってくれません。まずは、会社、商品／サービスの紹介を社長日記ではじめていきましょう。

07 新製品、新サービス情報の案内ができる
無料ブログの良いところ❻

新製品や新サービスの案内はメインサイトでも行っていると思いますが、無料ブログを使って同様の案内をプラスすることでアクセスアップを図ることができます。

しかし、同じ内容のページを複数ページに投稿するのはSEO的にはスパム行為となってしまいますので、次のような回避策をとってください。

スパムサイトと認識されない、賢い無料ブログ活用術

メインサイトは簡単な新商品の案内にとどめておいて、無料ブログで新商品の特集サイトを新規に作り、商品の説明を動画で行ったり、商品のクチコミ情報を掲載したりして、新商品に特化した特集サイトを作成します。

そして商品の発表と同時に多数の無料ブログを公開することで、新商品のキーワードではSEO上有利になり、メインサイトと新商品のブログの両方で検索結果に表示されることが期待でき、アクセスアップを見込むことが可能になります。

商品名で検索したときの検索順位のイメージは次の通りです。

```
ウェブ検索結果

1. メインサイトの新商品ページ

2. メインサイトのトップページ

3. 新商品特集ブログのトップページ

4. 新商品特集ブログのクチコミページ

5. 販売サイトの新商品販売ページ

 ・ ・ ・ ・
```

▲期待する検索結果

つまり、単なる新商品の紹介だけでなく、ある検索ワードで訪問してきた訪問者にどのようなアプローチを行えば、成約に結びつくかを常に意識してブログやサイトの運営をすることが大切なのです。

ユーザーの検索行動 その1

訪問者が望む情報、欲しい解決方法などを提供できれば成約率は大幅にアップします。たとえば、洗濯機を10年以上使って壊れたときに、

| 複合キーワード | 洗濯機+修理 |

というキーワードで検索することは少ないと思います。なぜなら洗濯機の寿命自体が10年までと言われているため、「新しい洗濯機を買わなきゃ」というユーザーが大半だからです。

この場合、

複合キーワード1	洗濯機+買い替え
複合キーワード2	洗濯機+新商品
複合キーワード3	洗濯機+クチコミ
複合キーワード4	洗濯機+売れ筋

という検索語で検索し、今はどんな洗濯機が売れていて、どのような新機能が注目されているのかを調べるはずです。そして、メーカーと型番をいくつか絞ったところで、販売店の価格とサービスの比較を行うわけです。最終的には販売店で購入するわけですが、インターネットで購入する場合の最終的な判断は価格と保証などのサービスになるでしょう。

▲商品の買い換えを考えるユーザー

例 ユーザーの検索行動 その2

するとユーザーが次に行うことは、

| 複合キーワード | メーカー＋型番 |

での検索です。

ここで、気に入った販売店を見つけて購入となるわけなのですが、もし、洗濯機の選択の時点で**目の覚めるような魅力的な提案**、**評価の高いクチコミ**などのページを先に目にしてしまえば、そのまま購入となってしまうかもしれません。

なぜ**じゃらんnet**が宿泊予約のサービスで高く利用されているかを考えてみてください。**宿泊場所を探す**という行為のお手伝いをクチコミ情報やスタッフによる直接取材で提供しているからです。

以上のことから、ネットショップでの販売にしろ、リアル店舗での販売にしろ、インターネットでの集客を念頭に置いてサイトの運用をすることで、見込み客の商品購入に対する不安を取り除くことができます。

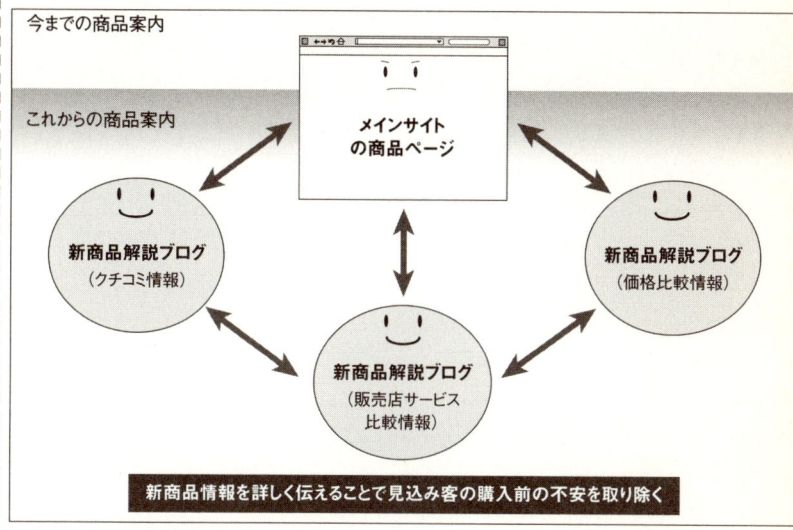

▲新商品ブログ作成の効果

point ひとつの商品に対してひとつのブログ！

メインサイトの商品案内ページは総合カタログ的なものでもOKですが、販売ページの鉄則として「ひとつのページにひとつの商品」というものがあります。それを進化させて「ひとつのブログにひとつの商品案内」とすることで、よりひとつの商品に対してのアピールが可能になります。また、複数のサイトを複数のドメインで運営することで、検索結果の上位に表示できるというSEO対策にもなります。

08 無料ブログの良いところ❼ ネットショップの集客に利用できる

Part 1　**Part 2**　Part 3　Part 4

　無料ブログを使ったネットショップの運営のメリットとして、次の2点が挙げることができます。

> **メリット1** 商品や商品画像の更新が簡単にできること
> **メリット2** 更新をし続けることによりドメインまたはサブドメインあたりのページ数が増えること

　大手ネットショピングモールでは更新できる商品の点数がプランにより制限されています。しかし、無料ブログを利用する場合は、2GBぐらいの容量を持っている**ブログサービスがほとんどですので、商品の点数の制限に縛られることがほとん**どありません。
　たとえば、ひとつの商品をアップするために画像ファイルとして100KB必要な場合でも、2GBあれば、**2万点の商品をアップすることができる**のです。もし、無料ブログの容量が不足してしまうようなら、外部のレンタルサーバに画像ファイルだけを置いておくこともできます。

🐕 継続は力なり

　実際に、ネットショップの運営年数が経っていくと、ページ数も数千ページに膨れ上がる場合があります。そうなるとネットショップに対する、GoogleやYahoo!検索からの評価も高くなります。
　結果的に「ブランド名のみ」で上位表示したり、「ブランド名＋通販」で上位表示したりすることが自然とできるようになるのです。**継続は力なり**という言葉が示すように、アップしたページが全て増えることはSEO上でも好ましいことです。
　逆に、従来型のテンプレートを使って新商品をアップするたびに旧商品を削除して、ページ数を一定のままサイトの運営することは、非常にもったいないことなのです。

⚠ 注意！ ネットショップブログのサイトデザイン

無料ブログでネットショップを運用する場合、サイトデザインを行う際に、CSSとhtmlの知識が必須になります。これができない場合は、外注するか既存のテンプレートを使うことになります。

Chapter 3 無料ブログはこんなに使える！

例 livedoorブログでネットショップを運営！

実際にネットショップをlivedoorブログで運営している例を挙げてみましょう。

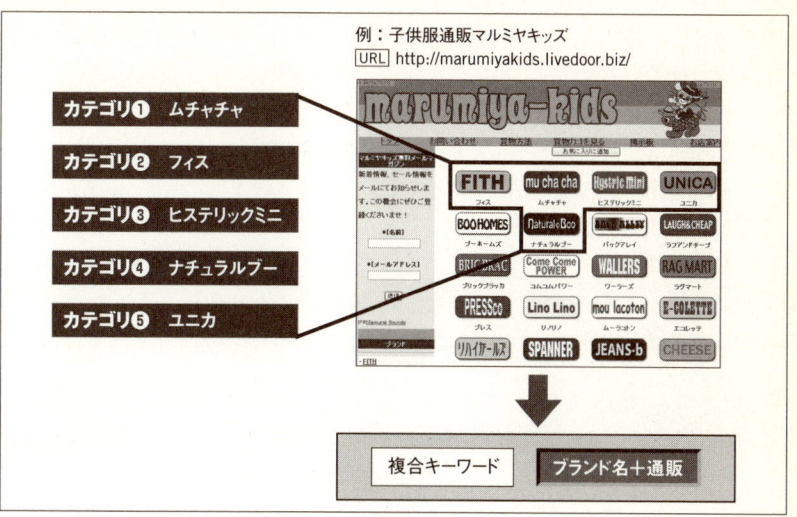

例：子供服通販マルミヤキッズ
URL http://marumiyakids.livedoor.biz/

▲カテゴリをブランド名にしているネットショップ

カテゴリを「ブランド名」に、ショップ名に「通販」というキーワードを含めることで、

複合キーワード　ブランド名＋通販

というSEOが自然とできる形になっています。

COLUMN

決済システム

上記の「子供服通販マルミヤキッズ」のサイトの場合、決済システムは別のサービスを使っていますが、Seesaaブログのようにブログサービスが決済システムまで用意しているところもあります。手数料や決済サービスの内容を比較して決めるとよいでしょう。

point　無料ブログでネットショップを運営する最大のメリットは？

更新が簡単なことと、ページ数が限りなく増えることです。商品の販売が終了したページであっても削除しないで、販売終了という内容にしておきページはそのままにしておきましょう。そうすると、ドメインあたりのページ数を増やすことになり、SEO上の効果を発揮します。

093

無料ブログの良いところ ⑧

09 ポッドキャスト、ビデオポッドキャストを利用できる

Part 1 **Part 2** Part 3 Part 4

　筆者自身、無料ブログでポッドキャストやビデオポッドキャストを気軽に利用しています。筆者の場合は、SEOに関する最新の無料レポート、有料レポート、セミナーの告知を無料ブログで行い、その際に音声（ポッドキャスト）をアップロードしています。こうすることで、見込み客やブログ訪問者に音声で話しかけたり、レポートやセミナーの内容を訴求したりすることができます。

　従来型のサイトやMovable Typeですと、新たに音声などを使ったサイトを立ち上げるのは手間隙がかかります。しかし、Seesaaブログといったの音声対応の無料ブログを使えば簡単です。パソコンで直接録音した音声やボイスレコーダーで録音した音声に音楽やスライドショーを被せて、すぐに情報発信することが可能です。

例 Yahoo!激変対策音声無料セミナー

　筆者が運営する「Yahoo!激変対策音声無料セミナー」のブログサイトは、有料レポートへの販売ページに誘導しています。発行しているメールマガジンで無料音声セミナーの告知を行い、このブログに2007年10月末頃は毎日のように誘導しました。メールマガジンでは直接商品を販売しているわけではないのですが、この無料音声を聴かれた方の中から実に数十パーセントの方が有料レポートの購入まで至りました。

　結果的に数日間で3,000円のレポートを400本ほど販売しました。メールマガジンでの案内では、ほとんど有料レポートの宣伝は行わずに、この実績をあげることができました。いかに音声や動画の効果が高いかがわかると思います。

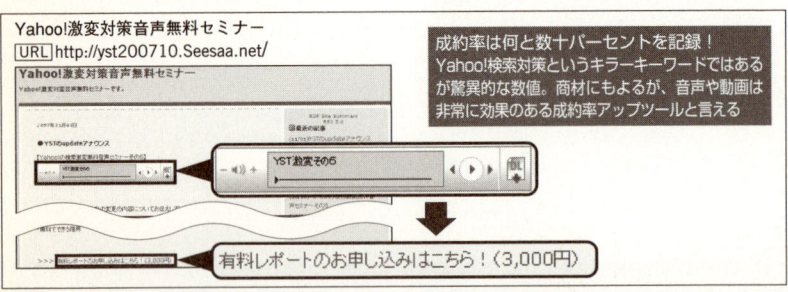

▲ Yahoo!激変対策音声無料セミナーの例

point 音声、動画の利用は今後当たり前に！
文字よりも画像、音声、動画のほうが、直接的に訴えることができます。無料ブログは簡単に音声、動画を携帯電話などからアップロードすることが可能です。

Part **2**

Chapter **4**

無料ブログの
アクセスアップの極意！

本章では、無料ブログを使ったSEOとアクセスアップ法を解説します。アクセスアップのためには検索エンジンを攻略するのが一般的な方法ですが、ブログ独自の集客手法を組み合わせることでその効果は何倍も大きくなります。

無料ブログを使ったアクセスアップの2種類の方法を理解する！

Part 1　**Part 2**　Part 3　Part 4

　従来型のサイトの場合のアクセスを集める方法としては、検索エンジンからのアクセスつまりSEOを施すことが中心となってきています。もちろん無料ブログの集客の場合もその基本は変わりません。インターネットで何かを調べる場合、多くの人が検索サービスを使っている以上、この流れが変わることはないでしょう。日本の場合は特にYahoo!検索とGoogleの2大検索エンジンで検索サービスのシェアの大部分を握っていますので、これら2つの検索エンジン最適化（Search Engine Optimization）を施すことが重要となります。

　Yahoo!検索、Googleとも評価する方法としては類似していて、個々の加点の仕組みが違うことによってYahoo!検索とGoogleの検索結果が異なるのです。2つの検索エンジンに対するSEOの共通項としては、下の図の左にある5つの要素が必須となります。これが、**無料ブログのアクセスアップ方法のひとつである検索サービスからのアクセス**です。

　それに対して、無料ブログ特有のアクセスアップ方法がもうひとつあります。それが下の図の右側にある4つの要素の例で挙げられる**ブログ記事の更新による他サイトもしくは他ブログからのトラフィックの誘導**になります。

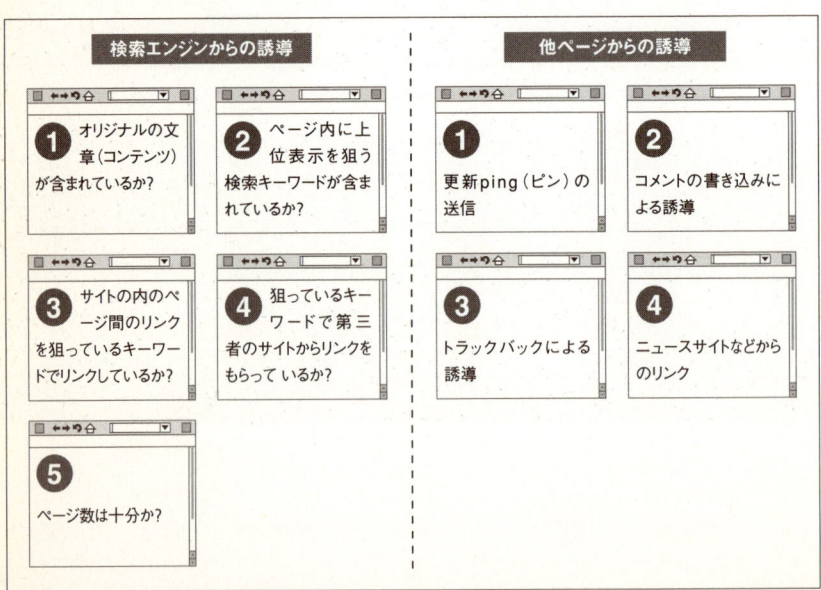

▲検索エンジンと他ページからの誘導

全体をまとめてみると次のようになります。

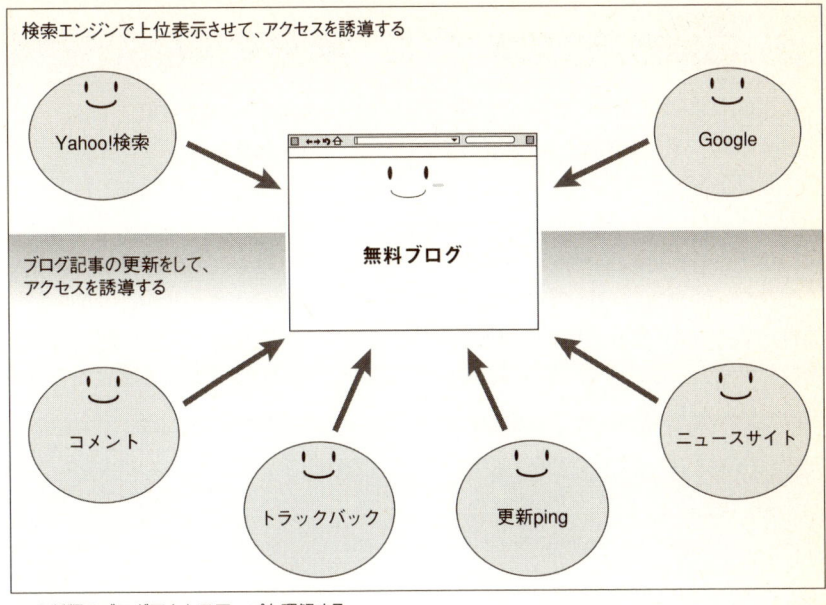

▲2種類のブログアクセスアップを理解する

トラフィックとは？

トラフィックは「アクセス数」の意味で使われる言葉です。インターネットの世界では多くのトラフィック要因が存在しています。

point 無料ブログの2つのアクセスアップ

無料ブログのアクセスアップの手法は大きく分けて2つあります。ひとつ目はYahoo!検索、Googleなどの検索サービスの上位表示によるアクセス。
2つ目は、ブログ記事を更新することでコメント、トラックバック、ニュースサイトなどからアクセスを誘導する方法です。この2種類のアクセスアップの方法は全く異なる性格の手法であることを覚えておいてください。

02 基本は検索エンジンから アクセスアップ！

Part 1 **Part 2** Part 3 Part 4

第5章、第8章で詳細については解説しますが、無料ブログを利用する場合でもアクセスアップの基本は、Yahoo!検索、Googleなどの検索エンジンで上位表示することによるアクセスアップです。

無料ブログを従来型のサイトにするには？

限りなく従来型のhtmlで作成したサイトのように運営することが、コツになります。ですので、無料ブログの初期設定で表示される、コメント、トラックバック、カレンダー、広告、タグ、最新コメント、最新トラックバックなどの項目は削除する必要があります。

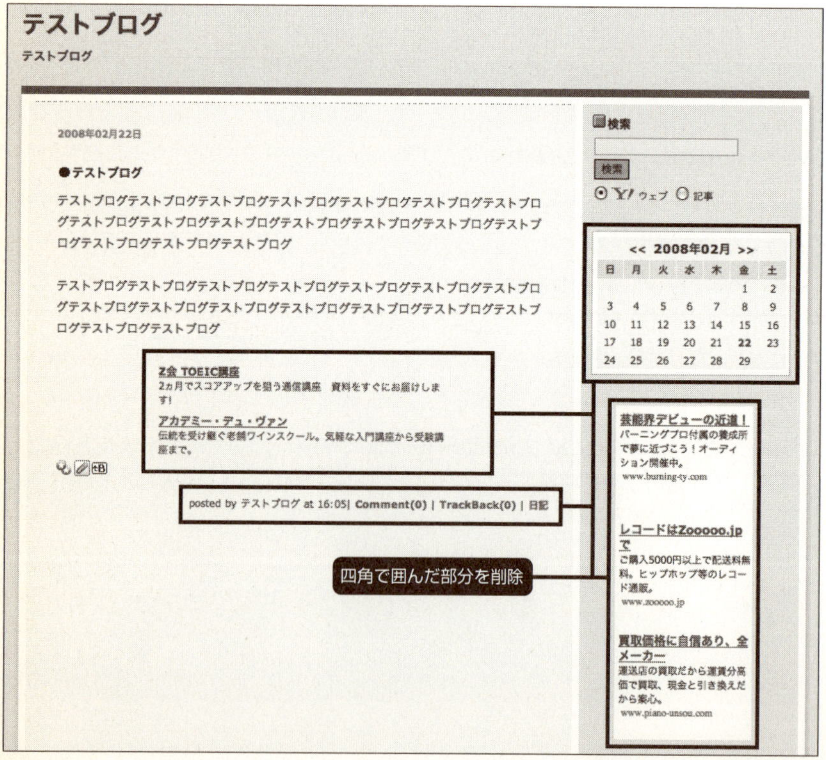

▲不要なコメント／トラックバック／カレンダー／広告／タグ／最新コメント／最新トラックバックを削除する

098　Part 2　無料ブログSEO対策テクニック

無料ブログ特有の言葉を削除する

特に無料ブログ特有のものである、日付、posted by、Comment（数字）、TrackBack（数字）などはあらかじめ削除しておきます。初期設定のままですと、繰り返し使われてしまう部分ですが、SEO対策上では不要なものです。

従来型のhtmlに近づけることで無料ブログのhtml上の癖を消しておくのです。狙っている検索ワードでの上位表示が実現すると1ヶ月間更新を放っておいたとしても、検索エンジンからのアクセスがコンスタントに期待できます。

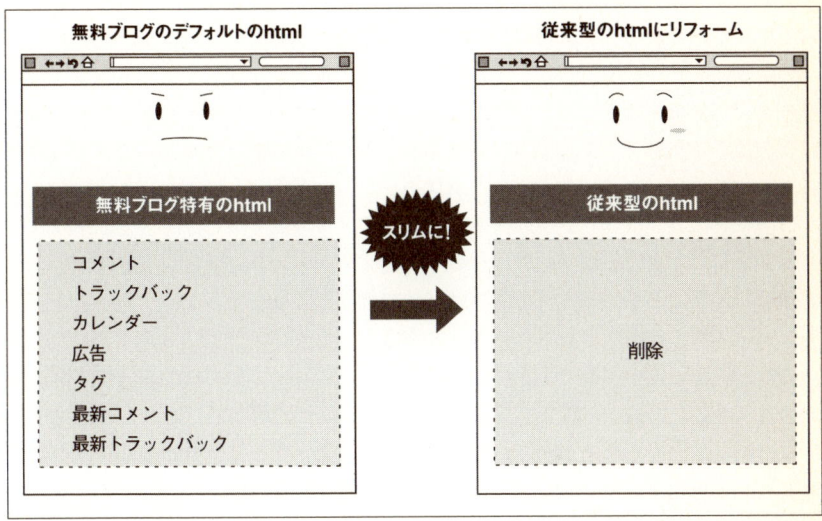

▲不要なパーツを削除してすっきりとしたhtmlにリフォーム

point　Yahoo!検索、Googleなどウェブ検索からのアクセスはSEOが基本！

無料ブログもSEO対策をしてYahoo!検索やGoogleからの集客を期待することができます。無料ブログが検索エンジンから排除されているという噂もありますが、そんなことはありません。きちんとテンプレートをカスタマイズし従来型のhtmlサイトのhtmlに近づけることで解決できるのです。

03 ブログ記事の更新時にトラフィックを誘導する

Part 1 | **Part 2** | Part 3 | Part 4

詳細は第9章で解説しますが、検索エンジンからの集客という**待ち**の手法に対し、こちらからトラフィックを増やすために能動的に他サイトからのアクセスを集めることができるのが無料ブログの大きな特徴です。この手法は主にブログ記事を更新したときにのみ通用するノウハウです。そのため、**ブログの更新を1ヶ月間しないで放っておくと、アクセスが全く集まらないことがある**という危険性もあります。

更新pingはブログ投稿時の更新情報を新着記事情報としてブログ検索やブログポータルに掲載させることを目的とします。もちろん、ブログを更新しないと新着情報がほかのサイトで新着記事として掲載されることはありませんので、ブログ検索やブログポータルサイトからのトラフィックの誘導も期待できません。

コメント、トラックバックの誘導も同様です。コメントをしたときや、トラックバックをしたときはそのブログからのトラフィックの誘導が期待できますが、時間の経過とともにトラフィックの誘導は期待できなくなります。

ニュースサイトからのトラフィック誘導はもっとシビアで、リアルタイム性の高いことがニュースの特徴ですから、たとえニュースサイトであなたの運営ブログが紹介されたとしても、一瞬の爆発的なトラフィックの誘導で終了してしまいます。

以上のように、トラフィックの誘導でアクセスアップを狙う方法は、ブログ記事を更新してから一定の時間しか効果がないということを理解しておいてください。

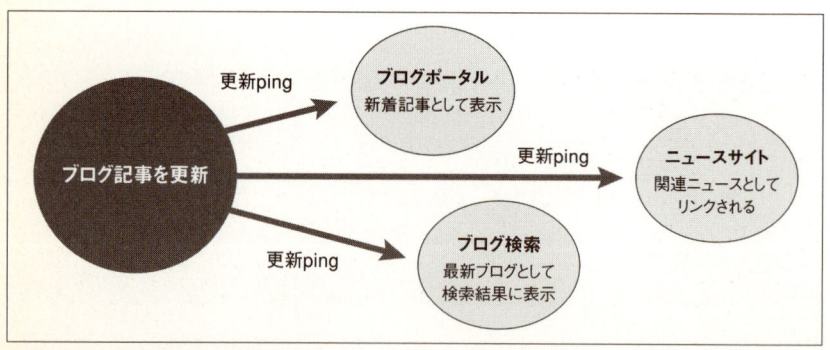

▲更新pingによる新着情報の表示のイメージ

point

トラフィックの誘導は一過性のものである！
更新pingやコメント、トラックバックによるトラフィックの誘導は、一過性のものであることを認識しておきましょう。

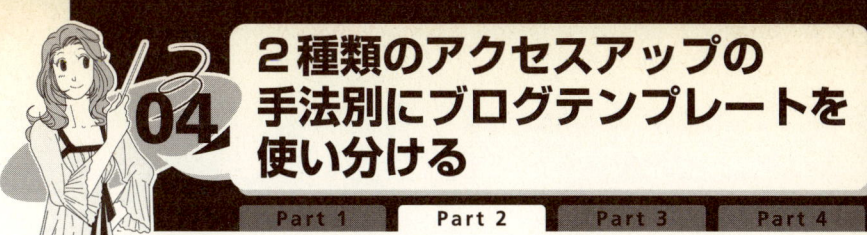

04 2種類のアクセスアップの手法別にブログテンプレートを使い分ける

ブログのデザインカスタマイズの詳細は第6章で解説しますが、ここでは01で解説した2種類の無料ブログのアクセスアップの方法によって、使うテンプレートも異なることを理解してください。

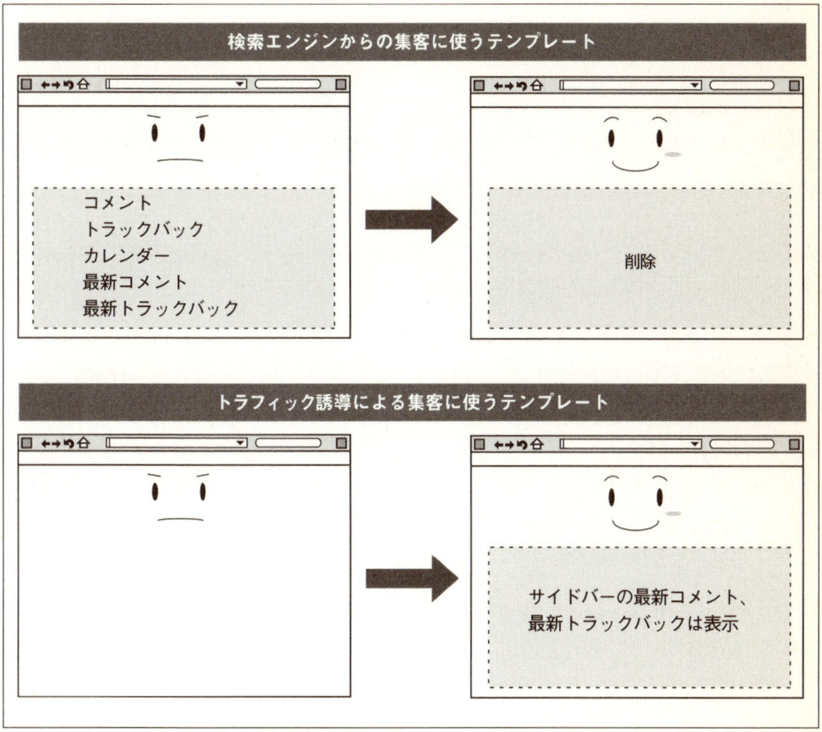

検索エンジンからの集客に使うテンプレート

コメント
トラックバック
カレンダー
最新コメント
最新トラックバック

→ 削除

トラフィック誘導による集客に使うテンプレート

→ サイドバーの最新コメント、最新トラックバックは表示

▲検索エンジンからの集客とトラフィック誘導による集客による各テンプレートの違い

このように、全く正反対のテンプレートの活用方法になることに注意しましょう。

検索エンジンでの集客

検索エンジンからの集客では、狙っているキーワードに関係ない無駄な文字は不要です。

🐾 トラフィック誘導による集客の場合

一方、トラフィック誘導による集客の場合、ブログのコメントやトラックバックを受け付けることによって双方向コミュニケーションをとり、結果的にリピーターを増やすことが期待できます。

ブログを使ったアフィリエイターは、

最近、Yahoo!検索やGoogleからブログが評価されなくなった

と考えています。しかし、筆者はそうは思いません。

なぜなら、適正なSEOを施していればブログであっても従来型のhtmlサイトであっても評価されているからです。

筆者自身も何度も検証していますが、従来型のhtmlサイトよりも無料ブログのほうが上位表示される例はいくらでもあります。

ブログが評価されないのではなく、「評価されないhtml構造がある」という考え方を持ってください。ブログ型のhtmlで評価が低いなら、従来型のhtmlサイトのような構造を無料ブログでも実現すればよいのです。

無料ブログのほとんどが高度なhtmlとCSSのカスタマイズが可能となっていますので、テンプレートを従来型のhtmlサイトのように見せることは可能なのです。

> **point 検索エンジンから集客するブログとトラフィック誘導型のブログのテンプレートを分ける！**
>
> 新しくブログを立ち上げたときは、テンプレートを検索エンジンから集客するブログとトラフィックの誘導による集客のブログのテンプレートをはっきりと分けておくことをお薦めします。両者を区別することによって集客の方法にメリハリがつきます。

Part 2
Chapter 5

ウェブ検索からのアクセスアップ
無料ブログの内部SEO最適化テクニック

本章では、Yahoo!検索、Googleなどの検索エンジンからのアクセスアップを狙うための無料ブログのタイトル、カテゴリ名の付けかた、文章の書き方などSEOの内部要因に関して解説します。この章は自分で行えるSEOテクニックですので、すぐにできる箇所から対策していきましょう。

01 内部SEOの定義

インターネットで何かを調べるとき、多くの人がYahoo!検索、Googleなどの検索サービスを利用します。そのような検索エンジンに対して、無料ブログは、

一過性のアクセスしか期待できない

検索エンジンからの評価が低くなっている

など、アフィリエイターの間で間違った認識も多くあるようです。ここでは、無料ブログの誤解されやすい箇所について解説します。

無料ブログのアクセスと成約率のアップのフロー

無料ブログのアクセスは従来型のhtmlサイトと同様に、次のようなフローを作ることにより安定したアクセスと成約率のアップを実現させることができます。

▲フローの構築

本書の無料ブログの内部SEOの定義

なお、本書の無料ブログの内部SEOの定義としては、次の4つのことを指します。サイト管理者がコントロールできないリンク提供など、外部からの要因は除きます。

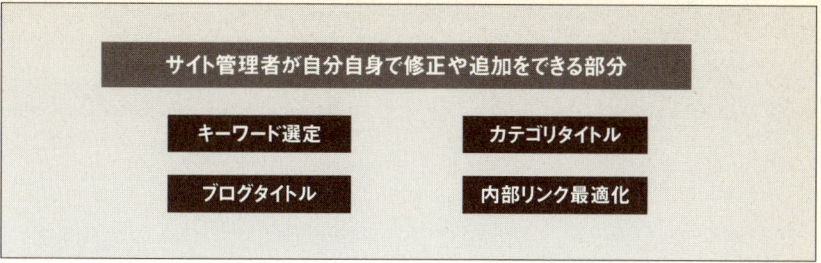

▲内部SEOの定義

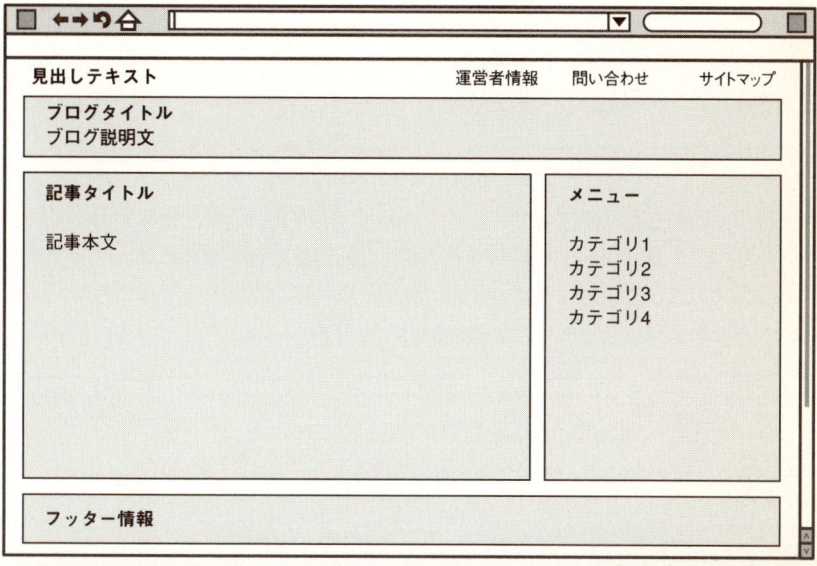

無料ブログも従来型のhtmlサイトと同様にデザインのカスタマイズができるので、内部リンク構造やリンク時のアンカーテキストの指示などをブログのテンプレートとして保存できる

▲無料ブログの基本レイアウトの例

 **point 内部SEOはやらないと損！**

内部SEOはサイト管理者が自分自身でできるSEO対策です。したがって「やって当たりまえ」「やらなければ損」という状況になります。運営しているブログやサイトのチェックを行い、内部SEOを実践しましょう。

02 検索ワードとページ内容のマッチング

Part 1　**Part 2**　Part 3　Part 4

内部SEOで最初に考えるべきことは、

> 訪問者の検索ワードとその検索ワードから訪問するページの内容が
> 訪問者の知りたい情報を満たしているかどうか？

です。

　読者の中には「サイトへのアクセスがあってもなかなか成約数が上がらない」という経験をされている方もいるのではないでしょうか？
　あなたのサイトに来るユーザーは、Yahoo!検索やGoogleの検索ボックスに入力し、検索したキーワードに対し、検索結果のページで表示されたリストの中からあなたのページを選択して訪問しています。もし、入力した検索ワードに対して、訪問したページのコンテンツにユーザーの意図した情報が全くなければ、せっかくのアクセスも無駄に終わってしまいます。実は、成約率の上がらない多くのサイトがこのような悪循環になっている可能性が高いのです。

成約率の上がらないサイト

ここで、「城崎温泉」という検索ワードに対して考察してみましょう。

検索ワード	考察
城崎温泉　クチコミ	城崎温泉の評判やクチコミ情報を掲載していると成約できる可能性がある
城崎温泉　旅館　クチコミ	城崎温泉の旅館の比較情報の詳細が掲載されており、予約ページまで誘導する仕組みが整っていれば成約できる可能性が高くなる
城崎温泉　旅館　予約	城崎温泉の一覧情報と予約の仕組みがあれば成約できる確率が高くなる

▲検索ワードとその考察

　上の例で言えば、 城崎温泉　旅館　予約 という検索ワードの検索結果で「予約の仕組みもない、旅館の比較説明もない城崎旅館の案内ページ」が上位表示されたとしても、成約に至ることはほとんど考えられないでしょう。なぜなら、訪問者は城崎温泉の旅館の予約をしたいのであり、それらの情報がほとんどなければアクセスしたページに対して失望してしまうからです。
　訪問者が期待したコンテンツがページに含まれているかどうかを定期的にアクセス解析の**検索ワード**と**訪問ページ**について調査し、ページの内容に検索ワードとの乖離があれば、訪問者が期待するコンテンツになるように近づけてください。

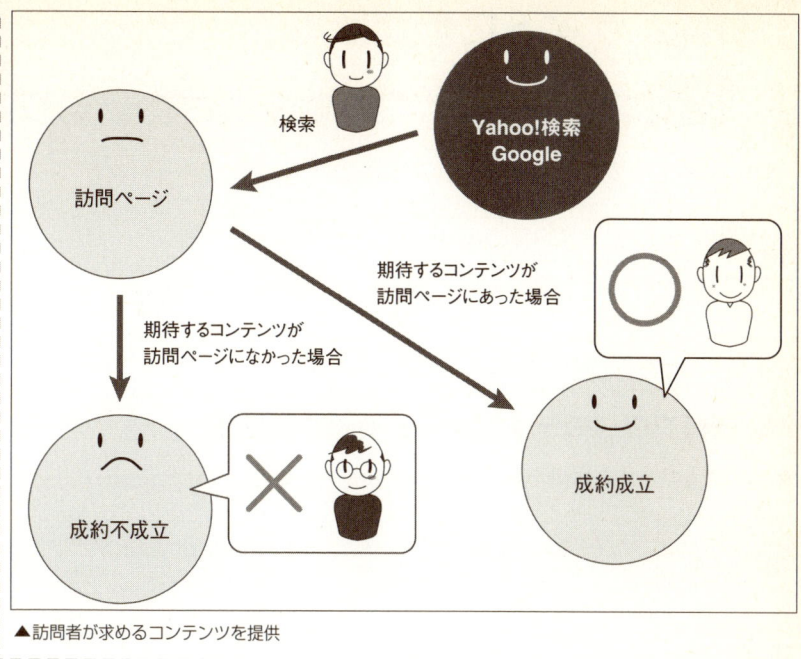

▲訪問者が求めるコンテンツを提供

注意！
Google AdSense

Google AdSenseなどで稼いでいるアフィリエイターの中には、SEO対策だけに躍起になっている人がいます。そういった人は、検索エンジンからの訪問者に対し、Google AdSenseをクリックしてもらうことだけを目的としています。しかし、このような考え方では将来的にはGoogle AdSenseからの報酬が入ってこなくなる危険性があります。

そもそもGoogle AdSenseの報酬は、多くの広告主の出稿から成り立っているシステムです。それを無視したような形で、Google AdSenseをクリックさせることだけに特化したサイトの運営は、今後避けたほうがよいでしょう。

point 訪問者が期待するコンテンツ作成を目指す！

訪問者の求めているものは検索ワードからわかります。それを分析した上で、訪問者の求めるコンテンツ作成を目指しましょう。

03 無料ブログを従来型のサイトに近づける

Part 1　**Part 2**　Part 3　Part 4

「無料ブログが検索エンジンから低い評価を受けている」というのは間違った認識であることは01に述べました。それなら、

無料ブログサービスから提供されるテンプレートをそのまま使ってもよいのか？

と考える人もいるでしょう。しかし、それはできるだけ避けたほうがよいと思います。

無料ブログのテンプレートを避ける理由

それは、次のような理由からです。

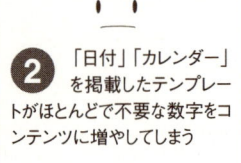

① 無料ブログの初期設定にある「comment」「trackback」など、コンテンツとは直接関係ないものが記述されてしまう

② 「日付」「カレンダー」を掲載したテンプレートがほとんどで不要な数字をコンテンツに増やしてしまう

③ htmlの構造を変更したほうがSEO対策的によい場合が多い

▲無料ブログの初期設定のテンプレートを避けたほうがよい理由

そのほかの理由

また、ブログ検索エンジンでは日付の新しい順にブログを表示させたり、ブログポータルでは新着ブログ情報を更新順に表示させることから、「日付」に<h2>という重要度の高い見出したタグを設定しています。

また、トラックバック、コメント、検索、という言葉に<h3>などの見出しタグを設定している場合もあります。そのため、「狙っているキーワードやサイトの中で重要度の高いキーワードを見出しタグに含める」というSEOの基本から離れてしまうのです。

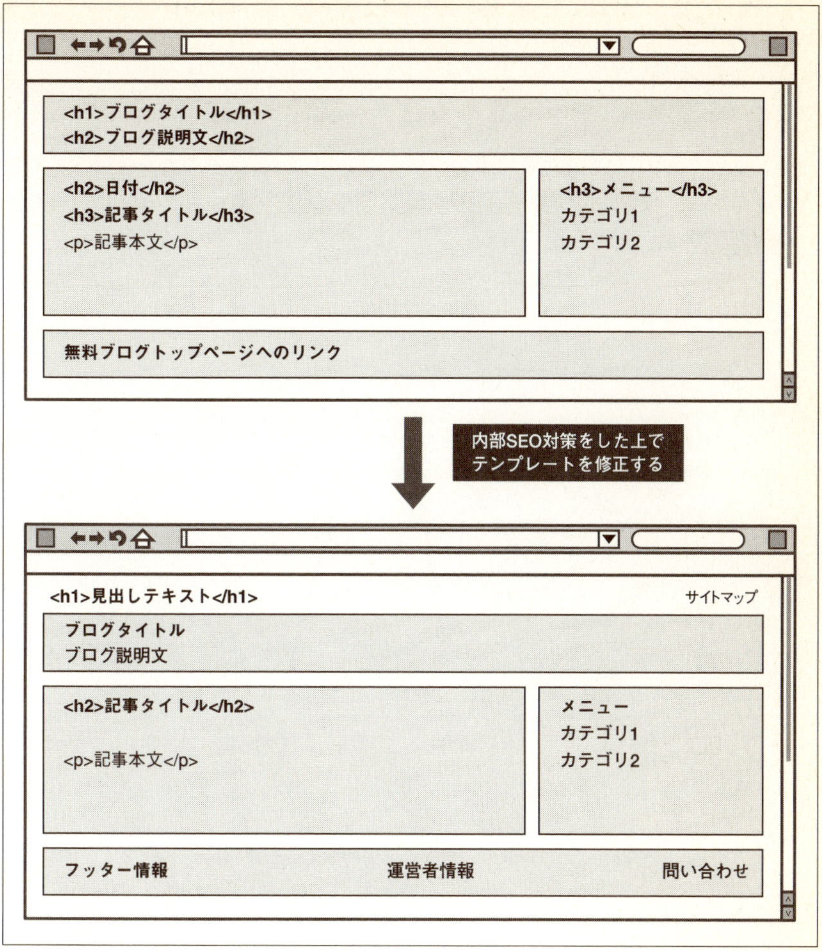

▲無料ブログサービスのテンプレートの修正例

　上の図のような形で内部SEOの基本を守ることで、無料ブログも従来型のサイト並みのSEO効果を得ることができるようになります。

point 無料ブログ独自の見出しタグ、設定を変更する

無料ブログから提供されるテンプレートのほとんどは不要な情報や見出しタグを含んでいます。内部SEOを強化するためにテンプレートの修正は必須となります。

04 無料ブログの構造を理解する

Part 1　**Part 2**　Part 3　Part 4

　無料ブログの内部SEO対策でまず理解しておくことは、リンク構造です。無料ブログの大半が トップページ カテゴリページ 個別記事ページ をメインにし、補助的に 日別ページ の設定になっています。

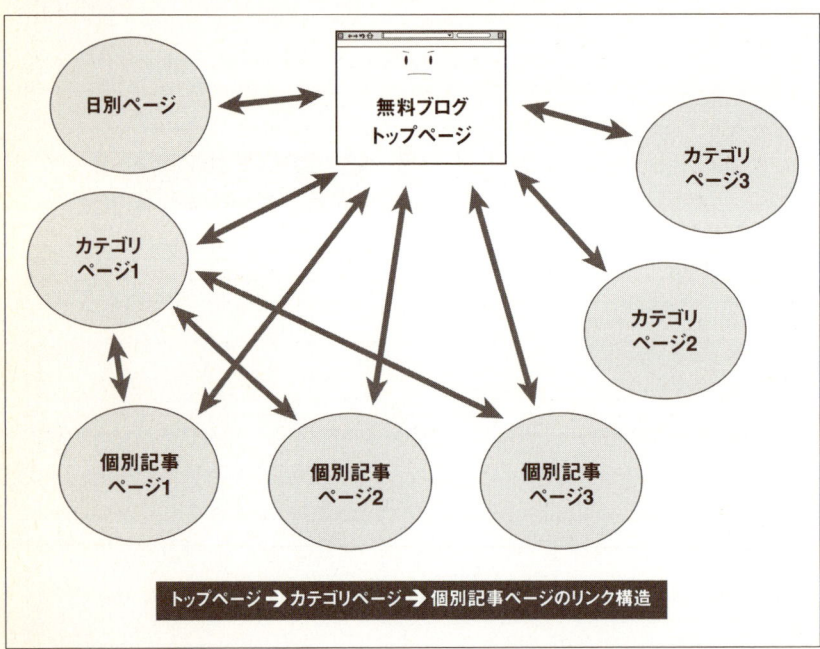

▲無料ブログのリンク構造

　上の図のように無料ブログのリンク構造は トップページ から カテゴリページ 、カテゴリページ から 個別記事ページ 、トップページ から 個別記事ページ （トップページに表示設定した個別記事の数のみ）という流れになっています。トップページ は大分類、カテゴリページ は中分類、個別記事ページ は小分類とイメージするとわかりやすいでしょう。

　そして、それぞれのページの<title>タグ、それぞれのページにリンクする文字（<a>リンクタグのアンカーテキスト）を、そのページを表す文言にすることが内部SEO対策の基本となります。<title>タグとリンクするキーワード（アンカーテキスト）を具体的な言葉に置き換えて確認しましょう。

トップページ	：大分類
カテゴリページ	：中分類
個別記事ページ	：小分類

例 スキー場情報ブログ

スキー場情報というブログを作成すると仮定しましょう。**カテゴリページ**の<title>タグには**長野県**、**兵庫県**という都道府県名、**個別記事ページ**にはスキー場の名前をつけます。すると次のように大分類から小分類へブログ全体が流れる構造ができあがります。

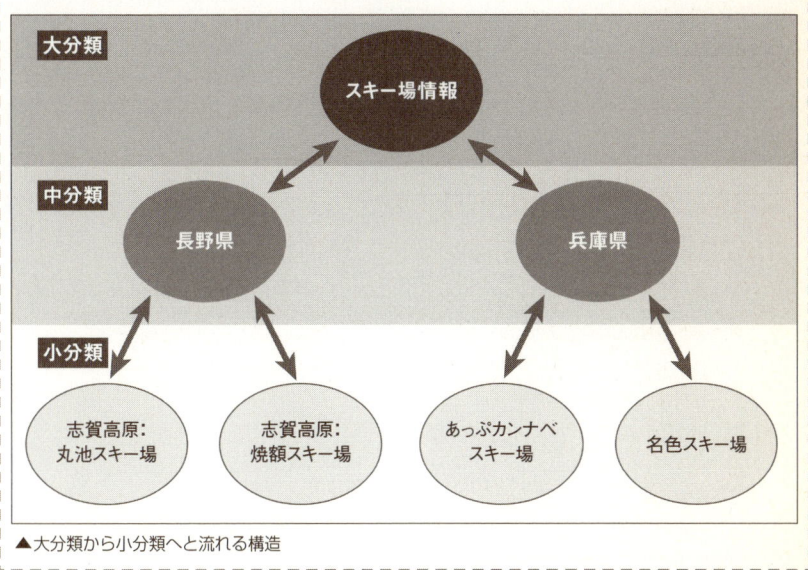

▲大分類から小分類へと流れる構造

　日記的なブログを作成する場合は、特に**カテゴリ**の設定を適当にしがちですので、第2章で説明した**関連検索ワード**を調査して、大分類から小分類への流れを作りましょう。ブログにおいては、**カテゴリタイトル**の設定と**記事タイトル**の設定は重要なSEO対策になります。本章の解説をよく理解しておいてください。

ひとつのキーワードの反復を避けるようにすること

　もうひとつ、カテゴリタイトルと記事タイトルを決めるときに注意しておくことがあります。
　それは、SEOスパムにならないようにするために、ひとつのキーワードの反復を避けることです。上の例では次ページのようにしています。

トップページ	：	スキー場情報		
カテゴリページ	：	長野県	兵庫県	新潟県
個別記事ページ	：	志賀高原：丸池	志賀高原：焼額	あっぷカンナベ　名色

▲特定キーワードを分散した例

　これにスキー場というキーワードをつけ加えて次のようなメニュー構成にすると、メニューの中では**スキー場**という言葉が50%近く反復することになり、**スキー場**というキーワードの詰め込み過ぎと判断されるかもしれません。

トップページ	：	スキー場情報		
カテゴリページ	：	長野県スキー場	兵庫県スキー場	新潟県スキー場
個別記事ページ	：	志賀高原：丸池スキー場	志賀高原：焼額スキー場	
		あっぷカンナベスキー場	名色スキー場	

▲特定キーワード（スキー場）が集中した例

　キーワードの詰め込み過ぎを避けるために、ページ内の本文やメニューで同じキーワードを反復させないような工夫が必要となります。

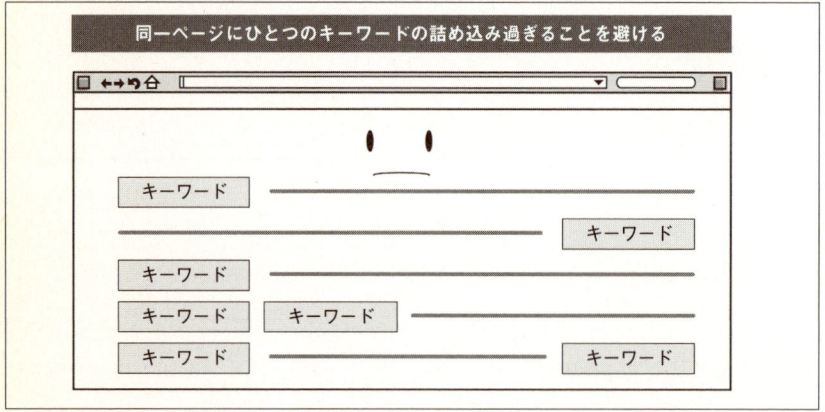

▲キーワードの反復を避ける

　ブログの場合、ブログタイトル、カテゴリタイトル、記事タイトルの設定の際に、メニューなどでキーワードが反復しないように調整しましょう。

point　無料ブログのリンク構造と各ページの <title> タグに注意！
大分類から中分類、小分類にリンクされる流れと、ブログ、カテゴリ、記事の各タイトルの設定ミスによるキーワードの反復に注意しましょう。

05 ブログタイトルの最適化

Part 1　**Part 2**　Part 3　Part 4

ブログの構造が理解できましたので、次はブログタイトルの最適化を考えます。
ブログタイトルはブログトップページの<title>タグに使われることが多く、検索結果でトップページが表示された場合の文言となります。

上位表示を狙っているキーワード

基本的に、上位表示を狙っているキーワードを先頭に持ってきます。
「cj中嶋のスキー場情報」よりも「スキー場情報 by cj中嶋」のほうがSEO対策上、ブログタイトルとして適しています。第2章で紹介したキーワードのアドバイス系のツールを利用して、できるだけ月間検索回数の多い検索ワードを選択します。できれば数万回から10万回以上の検索ワードを基本にして、大分類、中分類、小分類という区分けをしていけばよいでしょう。
また、多くの無料ブログで<title>タグが次のような設定になっています。このままでは、カテゴリタイトル、記事タイトルのつけ方によって、キーワードの反復が起こってしまう危険性があります。

トップページ	:	ブログタイトル		
カテゴリページ	:	ブログタイトル	＋	カテゴリタイトル
個別記事ページ	:	ブログタイトル	＋	個別記事タイトル

▲無料ブログの初期設定状態の<titel>タグ

たとえば、上記の設定のまま、04のスキー場の例に置き換えると、次のようになります。

トップページ	:	スキー場情報		
カテゴリページ	:	スキー場情報	＋	長野県
		スキー場情報	＋	兵庫県
		スキー場情報	＋	新潟県
個別記事ページ	:	スキー場情報	＋	志賀高原：丸池
		スキー場情報	＋	志賀高原：焼額
		スキー場情報	＋	あっぷカンナベ
		スキー場情報	＋	名色

▲スキー場の例で置きかえた例

<title>タグに同じキーワードは２つまで

　<title>タグには2回ぐらいまでの同じキーワードの反復は大丈夫ですが、3回以上、同じキーワードを反復すると検索エンジンからの評価が下がる場合がありますので、気をつけましょう。

　先のカテゴリタイトルと個別記事タイトルに スキー場 という文字を入れる例を挙げると、次のようになります。

トップページ	：	スキー場情報
カテゴリページ	：	スキー場情報 ＋ 長野県スキー場
		スキー場情報 ＋ 兵庫県スキー場
		スキー場情報 ＋ 新潟県スキー場
個別記事ページ	：	スキー場情報 ＋ 志賀高原：丸池スキー場
		スキー場情報 ＋ 志賀高原：焼額スキー場
		スキー場情報 ＋ あっぷカンナベスキー場
		スキー場情報 ＋ 名色スキー場

▲カテゴリタイトルと個別記事タイトルにスキー場というキーワードを入れた場合

　<title>タグの中には**スキー場**というタイトルはひとつしか入っていませんが、カテゴリメニューや最新記事メニューには、**スキー場**という文字の反復が起こりますので、あまりお薦めできません。

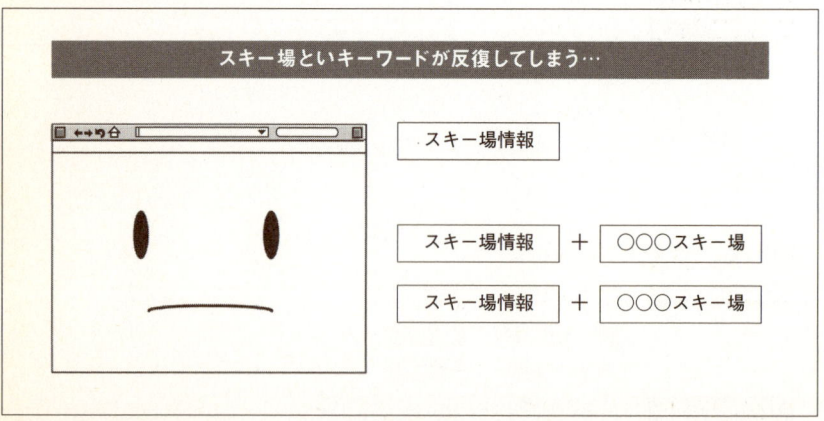

▲キーワードの反復が起きる

カテゴリページ／個別記事ページの<title>タグの後ろにブログタイトルを入れる

これを解決するには、次のようにカテゴリページと個別記事ページの<title>タグの後ろに ブログタイトル を入れる方法があります。

トップページ	：	ブログタイトル		
カテゴリページ	：	カテゴリタイトル	＋	ブログタイトル
個別記事ページ	：	個別記事タイトル	＋	ブログタイトル

▲解決方法

具体的には次のようになります。

トップページ	：	スキー場情報		
カテゴリページ	：	長野県	＋	スキー場情報
		兵庫県	＋	スキー場情報
		新潟県	＋	スキー場情報
個別記事ページ	：	志賀高原：丸池	＋	スキー場情報
		志賀高原：焼額	＋	スキー場情報
		あっぷカンナベ	＋	スキー場情報
		名色	＋	スキー場情報

▲解決例

カテゴリページや個別記事ページは、各<title>タグの固有名詞が先頭にきて、より自然なページタイトルになりました。

point ブログタイトルはブログの玄関口！

ブログタイトルはブログ全体を表す言葉となります。ブログ全体の内容とマッチしないブログタイトルをつけるとSEO上の評価が落ちますので、必ずブログタイトルとコンテンツ全体のテーマは一致させましょう。

06 上位表示を狙うキーワードを先頭に持ってくる

ブログタイトルの最適化の例でも言及しましたが、上位表示を狙うキーワードは先頭に持ってくるのがSEOの基本です。キーワードの選択とその並び順は、関連検索ワードを参考にします。

- Yahoo!JAPAN 関連検索ワードサーチ
  URL http://www.sem-analytics.com/lab/unitsearch.php

上記のサービスを使って「トワイライトエクスプレス」というキーワードで検索すると、

- トワイライトエクスプレス　予約
- トワイライトエクスプレス　ツアー
- トワイライトエクスプレス　時刻表

などの関連検索ワードが出てきます。
この場合のカテゴリページのタイトルは、

- トワイライトエクスプレスの予約
- トワイライトエクスプレスのツアー
- トワイライトクエクスプレスの時刻表

などが考えられます。

カテゴリページのタイトルとカテゴリメニューの調整

サイドメニューのカテゴリのタイトルにトワイライトエクスプレスをつけると、トワイライトエクスプレスという同じキーワードの反復が起こりますので、カテゴリページのページタイトル（<title>タグ）には**トワイライトエクスプレス**という文字を含め、サイドバーのカテゴリメニューには**トワイライトエクスプレス**という文字は含めないようにブログテンプレートを調整します。

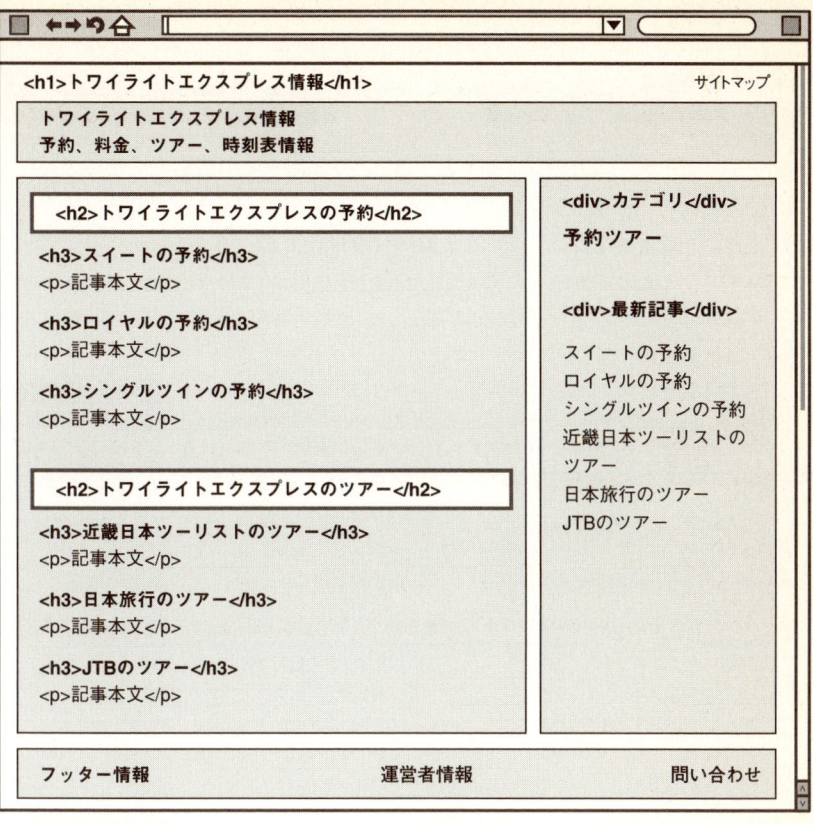

▲「トワイライトエクスプレス」というキーワードの密集を防ぐ

　無料ブログのテンプレートの調整は上位表示を狙うキーワードを先頭に持ってくる形に設定しながら、ページごとの同じキーワードの密集度に気をつけます。

point 上位表示を狙うキーワードの位置と密集度を確認！
<title>タグには上位表示を狙うキーワードを先頭に持ってきましょう。しかし、キーワードの反復が起こらないようにキーワードの文言の調整が必要となります。

カテゴリタイトルの最適化

Part 1 | **Part 2** | Part 3 | Part 4

　アフィリエイターの方のブログを見ると、**カテゴリタイトル**が上手く設定されていないことがあります。多く見られるのは、反復によるキーワードの詰め込み過ぎが原因となり検索結果で上位表示されないパターンです。
　無料ブログの場合、設定した**カテゴリタイトル**がカテゴリページのタイトルとサイドバーの**カテゴリタイトル**に反映されることを理解しないと、SEO対策でよい結果を出せなくなります。

❶カテゴリタイトル＋メインキーワードをカテゴリページのタイトルにする例

　06の「トワイライトエクスプレス」の関連検索ワードを**カテゴリタイトル**に反映させるパターンを考えてみましょう。
関連検索ワードで表示される次のキーワードをカテゴリに設定してみます。

メインキーワード「トワイライトエクスプレス」と関連検索ワード	
トワイライトエクスプレス　予約	トワイライトエクスプレス　旅行
トワイライトエクスプレス　空席	トワイライトエクスプレス　時刻表
トワイライトエクスプレス　運賃	トワイライトエクスプレス　オークション
トワイライトエクスプレス　ツアー	トワイライトエクスプレス　Tomix

▲カテゴリタイトルをメインキーワード＋関連検索ワードにした例

　ブログでの**カテゴリタイトル**の設定は、「予約」「空席」「運賃」「ツアー」「旅行」「時刻表」「オークション」「Tomix」とします。
　カテゴリ名「予約」に対する**カテゴリページのタイトル**（カテゴリページの<title>タグ）を「トワイライトエクスプレスの予約情報」、サイドバーに記載する**カテゴリタイトル**を「予約」と設定します。
　この場合、**ブログタイトル**は「トワイライトエクスプレスの情報」とします。

トップページ	： トワイライトエクスプレスの情報
カテゴリページ	： トワイライトエクスプレスの予約情報
	トワイライトエクスプレスのツアー情報
	トワイライトエクスプレスの時刻表情報
	トワイライトエクスプレスの空席情報
サイドバーのメニュー	： 予約　ツアー　時刻表　空席

▲ブログタイトル、カテゴリページのタイトル、サイドバーのメニューの例

上記のように表示させたい場合の設定を考えてみましょう。

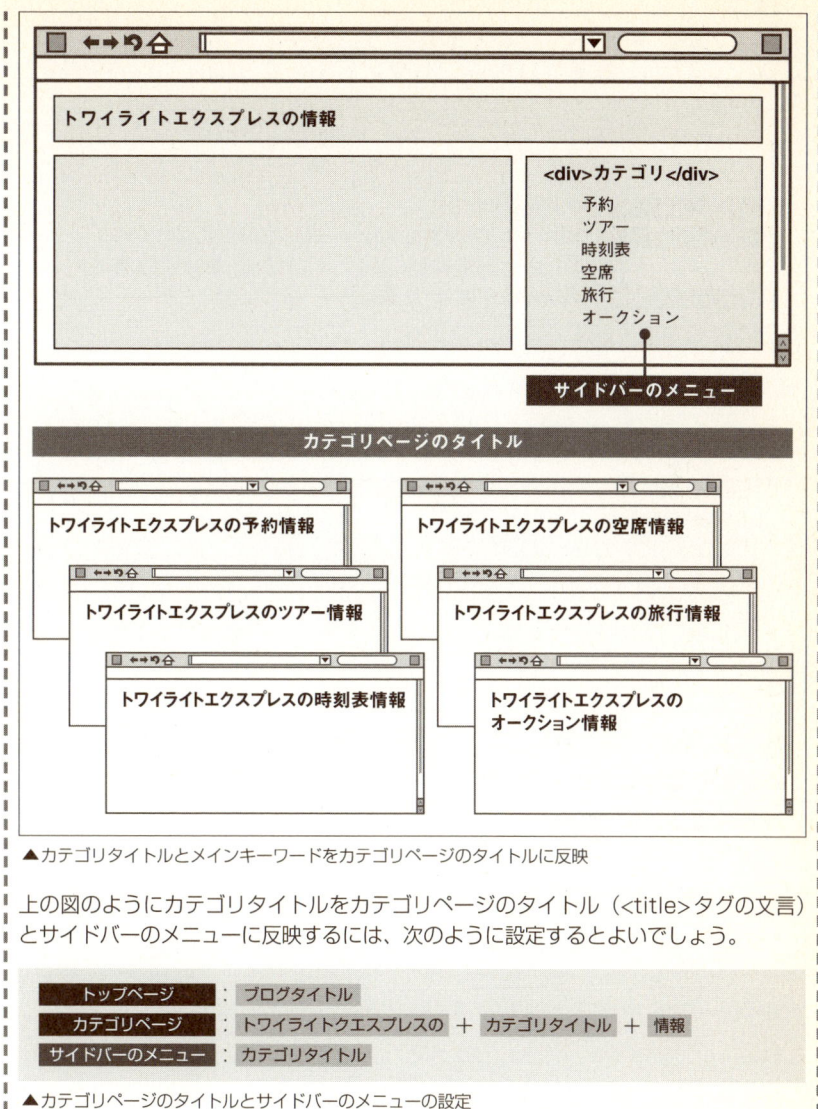

▲カテゴリタイトルとメインキーワードをカテゴリページのタイトルに反映

上の図のようにカテゴリタイトルをカテゴリページのタイトル（<title>タグの文言）とサイドバーのメニューに反映するには、次のように設定するとよいでしょう。

トップページ	：	ブログタイトル
カテゴリページ	：	トワイライトエクスプレスの ＋ カテゴリタイトル ＋ 情報
サイドバーのメニュー	：	カテゴリタイトル

▲カテゴリページのタイトルとサイドバーのメニューの設定

❷カテゴリタイトル＋ブログタイトルをカテゴリページのタイトルにする例

次の例は、ブログで設定する**カテゴリ名**と**ブログタイトル**を組み合わせたものです。この場合、ブログタイトルは「城崎温泉観光情報局」とします。

トップページ	城崎温泉観光情報局	
カテゴリページ	旅館の予約：城崎温泉観光情報局	外湯めぐり：城崎温泉観光情報局
	観光コース：城崎温泉観光情報局	イベント情報：城崎温泉観光情報局
サイドバーのメニュー	旅館の予約　外湯めぐり　観光コース　イベント情報	

▲ブログタイトル、カテゴリページのタイトル、サイドバーのメニューの例

上記のように表示させたい場合の設定を考えてみましょう。

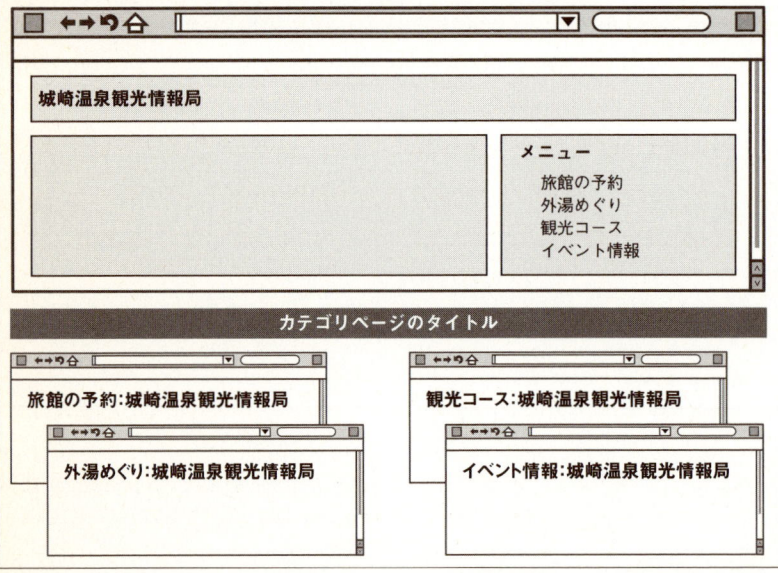

▲カテゴリタイトルとブログタイトルをカテゴリページのタイトルに反映

上の図のようにカテゴリタイトルをカテゴリページのタイトル（<title>タグの文言）とサイドバーのメニューに反映するには、次のように設定するとよいでしょう。

トップページ	ブログタイトル		
カテゴリページ	カテゴリタイトル	＋：＋	ブログタイトル
サイドバーのメニュー	カテゴリタイトル		

▲トップページとカテゴリページのタイトルとサイドバーのメニューの設定

❸ブログタイトル＋カテゴリタイトルをカテゴリページのタイトルにする例

次の例は、ブログで設定する**ブログタイトル**と**カテゴリ名**を組み合わせたものです。この場合、ブログタイトルは「寝台特急」とします。

トップページ	：寝台特急情報局
カテゴリページ	：寝台特急カシオペア　寝台特急北斗星　寝台特急日本海 寝台特急トワイライトエクスプレス
サイドバーのメニュー	：カシオペア　北斗星　日本海　トワイライトエクスプレス

▲ブログタイトル、カテゴリページのタイトル、サイドバーのメニューの例

上記のように表示させたい場合の設定を考えてみましょう。

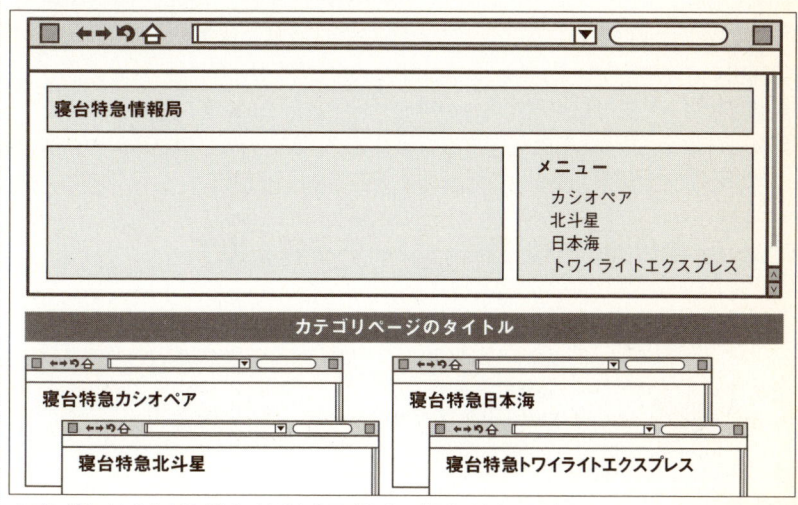

▲ブログタイトルとカテゴリタイトルをカテゴリページのタイトルに反映

上の図のようにブログタイトルとカテゴリタイトルをカテゴリページのタイトル（<title>タグの文言）とサイドバーのメニューに反映するには、次のように設定するとよいでしょう。

トップページ	：ブログタイトル　＋　情報局
カテゴリページ	：ブログタイトル　＋　カテゴリタイトル
サイドバーのメニュー	：カテゴリタイトル

▲トップページとカテゴリページのタイトルとサイドバーのメニューの設定

point カテゴリ名の設定がブログSEOの要！

ブログの内部SEOの要となるのがカテゴリタイトル、サイドバーのメニューの設定と配置です。その際に、同一キーワードの反復に注意しましょう。

関連検索ワードを極める！

Part 1 | **Part 2** | Part 3 | Part 4

　ブログタイトルのキーワードが決まったら、カテゴリタイトルは中分類、記事タイトルは小分類で決めていきます。

　これらのキーワードは、自分自身の経験や体験、雑誌広告、テレビ広告、中吊り広告などから芸能人、有名人、商品名などの言葉を組み合わせたり、通販、無料、モニター、プレゼント、お試し、修理、比較、口コミなどの言葉を組み合わせたりして考えていきます。

　「城崎温泉」というキーワードよりも「城崎温泉　旅館　予約」のほうがより宿泊予約を成約させる確率が高いキーワードであるように、検索ワードによっても即効で成約できるキーワード、見込み客止まりのキーワードに分けられます。

　関連検索ワードはブログタイトルのキーワードに対して2語以上の複合検索ワードを見つけるために使われることが多いのですが、ここでは、需要のあるキーワードを関連検索ワードから探すという方法も含めて紹介します。

❶ 中分類、小分類キーワードを探し出す

試してみる

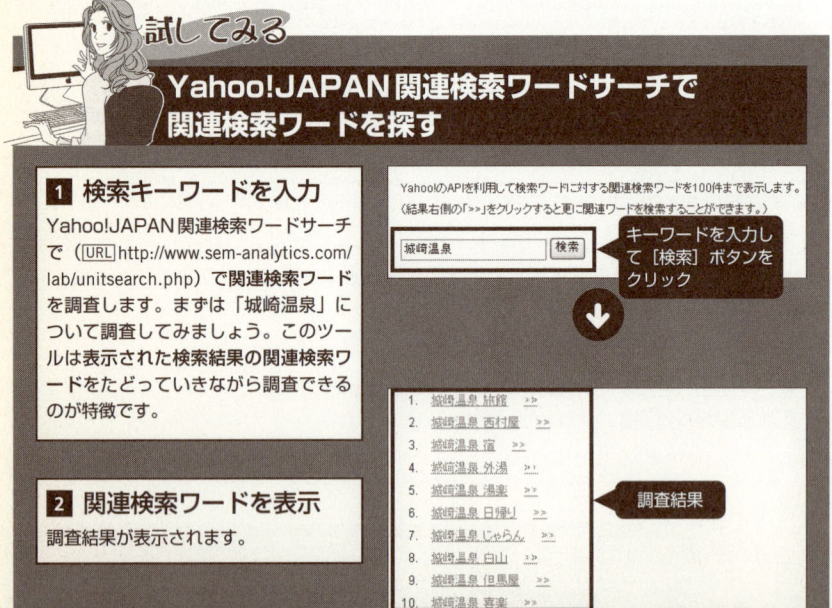

次のように調査した関連検索ワードを**カテゴリ分けしてまとめる**だけで、カテゴリタイトルと記事タイトルを付けるときのヒントになります。

旅館関連ワード		旅館名ワード	旅行関連ワード		観光関連ワード	
旅館	宿泊	西村屋	じゃらん	全但バス	観光	水族館
かに	食事	但馬屋	高速バス	かにバス	城崎マリンワールド	
宿	お宿	山本屋	日帰り		マリン	
民宿	かに料理	三木屋	バス		お土産	
ホテル	カニ		地図		朝市	

▲調査した関連検索ワードをカテゴリ分けして、まとめる

❷ 関連検索ワードで需要の高いキーワードを探し出す

次は、Yahoo!JAPAN関連検索ワードサーチを使って需要の高いキーワードを探し出す方法です。Yahoo!JAPAN関連検索ワードから緊急性の高いキーワード、成約率の高いキーワード、買う気満々のキーワードというくくりで洗い出します。

もともと関連検索ワードに表示されるキーワードは、月間検索回数が数千回以上のキーワードに限定されますので、関連検索ワードに掲載されるキーワードは需要のあるキーワードであると思ってもらってかまいません。次の表は「修理」「無料」「通販」「クチコミ」など購買のアクションにつながるキーワードの関連検索ワードをまとめたものです。

修理		無料		資料請求	通販	
車	DS	ゲーム	素材	大学	ファッション	基礎化粧品
靴	iPod	ダウンロード	イラスト	専門学校	家具	洋服
パソコン	バイク	壁紙	歌詞	生命保険	財布	コンタクト
時計	自動車	占い	映画	学資保険	化粧品	文具
バンク	家電	画像	ブログ	プレゼント	子供服	
PSP	かばん	視聴		資格	DVD	
自転車	ミシン	音楽		留学	本	

お試し	クチコミ		比較		評判	
化粧品	コスメ	脱毛	ブログ	自動車保険	病院	
サプリメント	化粧品	歯医者	FX	生命保険	歯医者	
花粉	グルメ	エステ	住宅ローン	パソコン	派遣会社	
コンタクト	病院	携帯	携帯電話		引っ越し	
フコイダン	産婦人科	美容院	プロバイダ		自動車保険	
エステ	ダイエット	引っ越し	クレジットカード		マンション	

▲購買のアクションにつながるキーワードの関連検索ワード

以上の結果を眺めてみると、化粧品、サプリメント、ファッションなどの女性向きの商品の需要が多いことがわかるでしょう。実は女性向け商材はインターネットで成約しやすいキーワードなのです。これらの検索結果を参考にアフィリエイトサイトを作るのもひとつの方法です。

Yahoo!JAPAN関連検索ワードサーチを制するものはキーワードを制す！
Yahoo!JAPAN関連検索ワードサーチを使いこなすことでキーワードの持っている意味をより深く知ることができるようになります。

09 個別記事タイトルの最適化

Part 1　**Part 2**　Part 3　Part 4

　ブログタイトル、カテゴリタイトルの次は、個別記事タイトルのつけ方について解説します。カテゴリタイトルのつけ方でも説明したのと同様に、

- 個別記事ページのタイトル（<title>タグの文言）
- サイドメニューで表示される最新記事

の表示方法に注意する必要があります。
　ここでも、サイドメニューで同じキーワードが反復しないように注意しましょう。

❶ブログタイトル＋個別記事タイトルを個別記事ページのタイトルにする例

　　ブログタイトルは「寝台特急」として、個別記事ページのタイトルを**ブログタイトル**と**個別記事タイトル**の組み合わせたもので考えてみます。

トップページ	寝台特急情報局				
カテゴリページ	寝台特急カシオペア	寝台特急北斗星	寝台特急日本海	寝台特急トワイライトエクスプレス	
個別記事ページ	寝台特急カシオペアの車内放送	寝台特急北斗星の時刻表	寝台特急日本海の運賃	寝台特急日本海のB寝台	寝台特急トワイライトエクスプレスの動画
サイドバーのメニュー	カシオペア	北斗星	日本海	トワイライトエクスプレス	
サイドバーの最新記事メニュー	カシオペアの車内放送	北斗星の時刻表	日本海の運賃	日本海のB寝台	トワイライトエクスプレスの動画

▲ブログタイトルと個別記事タイトルの組み合わせの例

　上の表のように表示させたい場合の設定を考えてみましょう。

Chapter 5 ウェブ検索からのアクセスアップ｜無料ブログの内部SEO最適化テクニック

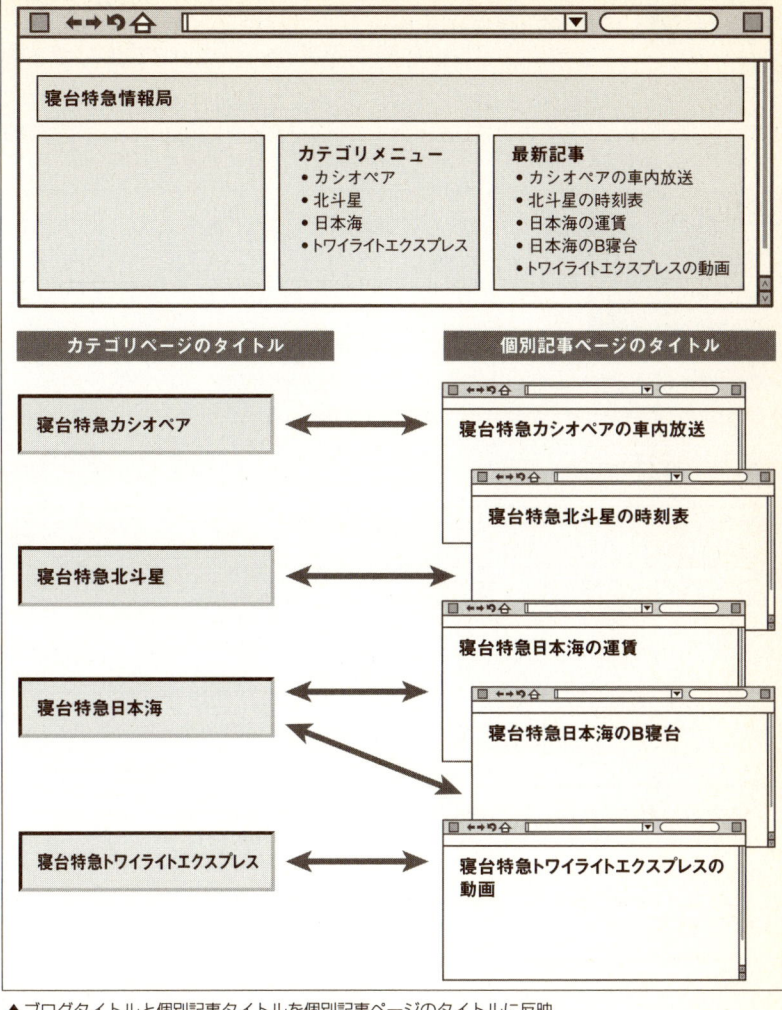

▲ブログタイトルと個別記事タイトルを個別記事ページのタイトルに反映

上の図のように**ブログタイトル**と**個別記事タイトル**を個別記事ページのタイトルに反映させるには、次のように設定するとよいでしょう。

トップページ	ブログタイトル	＋	情報局
カテゴリページ	ブログタイトル	＋	カテゴリタイトル
個別記事ページ	ブログタイトル	＋	個別記事タイトル
サイドバーのメニュー	カテゴリタイトル		
サイドバーの最新記事メニュー	個別記事タイトル		

▲トップページ／カテゴリページ／個別記事ページのタイトルとサイドバーメニューの設定の例

❷ 個別記事タイトル＋カテゴリタイトル＋ブログタイトルを個別記事ページのタイトルにする例

ブログタイトルは「BMWのSUV」として、個別記事ページのタイトルを**個別記事タイトル**と**カテゴリタイトル**と**ブログタイトル**の組み合わせて作成する例を考えてみます。

トップページ	BMWのSUV		
カテゴリページ	BMW X3：BMWのSUV	BMW X5：BMWのSUV	BMW X6：BMWのSUV
個別記事ページ	X3の車高は意外と低い：BMW X3：BMWのSUV	新型X5は3列シート：BMW X5：BMWのSUV	X5のクーペ登場。X6：BMW X6：BMWのSUV
サイドバーのメニュー	X3	X5	X6
サイドバーの最新記事メニュー	X3の車高は意外と低い	新型X5は3列シート	X5のクーペ登場。X6

▲個別記事タイトルとカテゴリタイトルとブログタイトルの組み合わせの例

上の表のように表示させたい場合の設定を考えてみましょう。

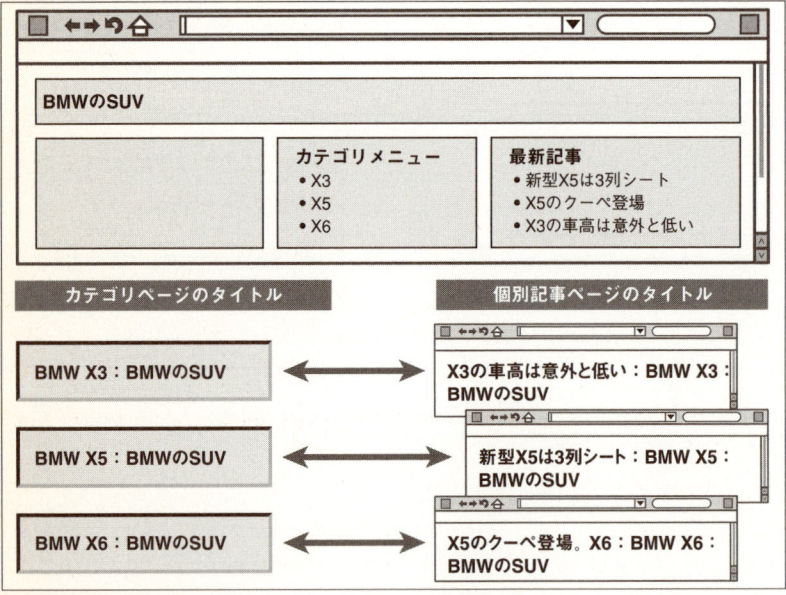

▲個別記事タイトル、カテゴリタイトル、ブログタイトルを個別記事ページのタイトルに反映

上の図のように個別記事タイトルとカテゴリタイトルとブログタイトルを個別記事ページのタイトルに反映させるには、次にように設定するとよいでしょう。

トップページ	ブログタイトル									
カテゴリページ	BMW	+	カテゴリタイトル	+	:	+	ブログタイトル			
個別記事ページ	個別記事タイトル	+	:	+	BMW	+	カテゴリタイトル	+	:	+	ブログタイトル
サイドバーのメニュー	カテゴリタイトル									
サイドバーの最新記事メニュー	個別記事タイトル									

▲トップページ／カテゴリページ／個別記事ページのタイトルとサイドバーメニューの設定の例

❸個別記事タイトル＋カテゴリタイトルを個別記事ページのタイトルにする例

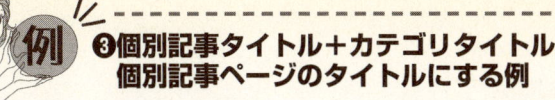

ブログタイトルは「ブログSEOの極意」として、個別記事ページのタイトルを**ブログタイトル**と**個別記事タイトル**の組み合わせて作成する例を考えてみます。

トップページ	ブログSEOの極意		
カテゴリページ	SEOツール： ブログSEOの極意	キーワード発掘法： ブログSEOの極意	被リンクの登録先： ブログSEOの極意
個別記事ページ	SEOツールまるみえ： SEOツール	中吊り広告を活用： キーワード発掘法	Yomiサーチ一覧： 被リンクの登録先
サイドバーのメニュー	SEOツール	キーワード発掘法	被リンクの登録先
サイドバーの最新記事メニュー	SEOツールまるみえ	中吊り広告を活用	Yomiサーチ一覧

▲個別記事タイトルとカテゴリタイトルの組み合わせの例

上の表のように表示させたい場合の設定を考えてみましょう。

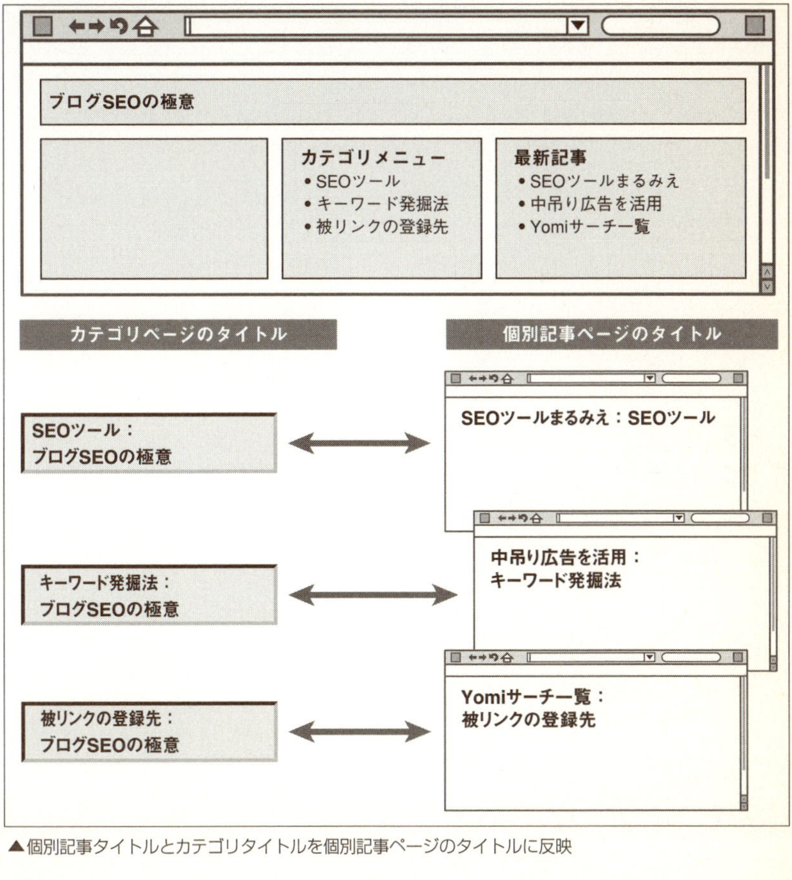

ブログSEOの極意

カテゴリメニュー
- SEOツール
- キーワード発掘法
- 被リンクの登録先

最新記事
- SEOツールまるみえ
- 中吊り広告を活用
- Yomiサーチ一覧

カテゴリページのタイトル

SEOツール：
ブログSEOの極意

キーワード発掘法：
ブログSEOの極意

被リンクの登録先：
ブログSEOの極意

個別記事ページのタイトル

SEOツールまるみえ：SEOツール

中吊り広告を活用：
キーワード発掘法

Yomiサーチ一覧：
被リンクの登録先

▲個別記事タイトルとカテゴリタイトルを個別記事ページのタイトルに反映

前ページの図のように個別記事タイトルとカテゴリタイトルを個別記事ページのタイトルに反映させるには、次によいうに設定するとよいでしょう。

トップページ	ブログタイトル			
カテゴリページ	カテゴリタイトル	＋	： ＋	ブログタイトル
個別記事ページ	個別記事タイトル	＋	： ＋	カテゴリタイトル
サイドバーのメニュー	カテゴリタイトル			
サイドバーの最新記事メニュー	個別記事タイトル			

▲トップページ／カテゴリページ／個別記事ページとサイドバーメニューの設定の例

point ブログタイトル／カテゴリタイトル／個別記事タイトルで同じキーワードは使わない！

ブログタイトル、個別記事タイトル、カテゴリタイトルに同じキーワードを含んでいると、個別記事ページのタイトルは同一キーワードの反復をしてしまいますので注意しましょう。

10 各ページのタイトルを最適化する

Part 1　**Part 2**　Part 3　Part 4

ここまで解説したように各ページのタイトル（<title>タグで囲まれた文言）は、ブログタイトル、カテゴリタイトル、個別記事タイトルの組み合わせで決定します。

従来型のサイト（html）ではページごとに自由に各ページのタイトルを決めることができますが、ブログの場合、この3種類の組み合わせでタイトルが決まってしまいます。ですから、ブログを運営する前にそれぞれのタイトルをしっかり吟味する必要があります。

無料ブログを使っている方は、あまりページのタイトルを気にすることなく、記事の更新を行う傾向にあるようです。このことが無料ブログを使ったサイトが狙ったキーワードで上位表示されない傾向にある理由のひとつになっているのです。

ページのタイトルの最適化

ページのタイトルは内部SEOでも一番重要な部分ですのでしっかりとチェックしてください。

各ページのタイトルの組み合わせの例として考えられるのは、次のパターンです。

トップページ	ブログタイトル			
カテゴリページ	カテゴリタイトル	カテゴリタイトル＋ブログタイトル	ブログタイトル＋カテゴリタイトル	
個別記事ページ	個別記事タイトル	個別記事タイトル＋カテゴリタイトル	個別記事タイトル＋カテゴリタイトル＋ブログタイトル	個別記事タイトル＋ブログタイトル

▲各ページのタイトルの組み合わせの例

point　各ページのタイトルの組み合わせを意識する
各ページのタイトルは、検索エンジンからアクセスを集めるときの重要な部分を占めます。組み合わせをよく考えて決めましょう。

記事本文最適化 ❶ 語彙数を増やす

記事本文には、 ブログタイトル 、 カテゴリタイトル 、 個別記事タイトル のキーワードを必ず含むようにしてください。1ブログ1テーマでブログの運用をした場合、容易に実現できるはずです。その結果、3種類のタイトルは関連性を持って繋がるようになります。

ポイント1 記事本文を書く際に個別記事タイトルに関するキーワードを多く入れる

記事本文を書く際に意識をして欲しいことは、

個別記事タイトルに関するキーワードをできるだけ多く含ませること

です。いわゆるロングテール効果を狙う手法ですが、ブログの記事数（ページ数）が数百ページになると、ブログ全体に含まれているキーワードも多種多様化してきます。なかには自分でも書いたかどうかわからないような複合キーワードも訪問者の検索ワードを調査すると出てくることがあります。できるだけ語彙数を増やし、様々な複合ワードで検索されるように意識して記事を書きましょう。

ポイント2 一般名詞や固有名詞を使う

「それ」、「あれ」などの指示代名詞はできるだけ使わずに一般名詞や固有名詞を使うようにしましょう。そうすることで、名詞の出現頻度が上がり、検索サービスからの訪問者が増えてきます。

ポイント3 記事本文には画像をできるだけ入れる

記事本文に、画像をできるだけ挿入してください。
画像タグは、

```
<img src="画像URL" alt="画像やブログ記事のキーワード">
```

のような形で記事本文に挿入します。
　<alt>タグは画像の読めない検索エンジンロボットに「どういった画像なのか」を教えるためのタグです。SEO上においてもhtmlの文法上においても必ず記述すべきものです。実際にキーワードを入れるときは、**画像や記事に関連するキーワー**

ドを記述しましょう。

また、キーワードを強調するタグとして、

```
<strong>太字</strong>
<em>斜字</em>
```

があります。しかし、使い過ぎはよくありませんので各ポイントで使うようにするとよいでしょう。

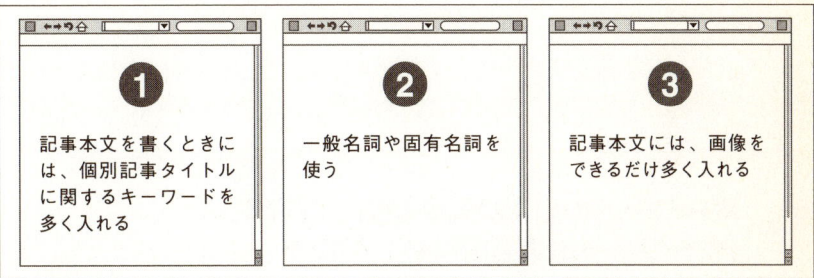

▲語彙数を増やす3つのポイント

> **point 記事中で一番重要なキーワードを使い記事本文に含む語彙を増やす!**
> 記事の中で狙っているキーワードを一番多く含めることが基本です。語彙を増やすことでロングテール効果が出て、検索エンジンからのアクセスを期待できるようになります。

記事本文最適化 ❷
12 キーワード出現率と近接ワード

Part 1 **Part 2** Part 3 Part 4

記事を書く上で大事なことは、

> 記事の中で狙っている
> 一番大事なキーワードの出現頻度数を一番多くする

ということです。

たとえば、ある記事を「ダイエット関連の商品名」で上位表示したい場合は、記事本文にその「ダイエット関連の商品名」の出現回数をほかのキーワードよりも多くするのです。

 キーワードの出現頻度や回数を調査する「キーワード出現頻度解析」を使う

キーワードの出現頻度や回数を調査するサービスとしては、キーワード出現頻度解析があります。

- キーワード出現頻度解析
  URL http://www.searchengineoptimization.jp/tools/keyword_density_analyzer.html

狙っているキーワードで上位表示している競合サイトのキーワード出現率、キーワード出現回数を調査することで、競合サイトよりも上位表示することを狙います。

方法としては、競合サイトのページよりも狙っているキーワードの出現回数を増やせばいいのです。このときにページ全体の出現頻度が高くなりすぎないように気をつけてください。

そのページ内で一番多くキーワードを含むように記事を書くと、通常4〜10%のキーワード出現頻度率に収まるはずです。近接する場所で同じキーワードを反復することを避け、キーワードを全体に散りばめながら出現回数を増やし、適正な出現頻度に収めましょう。

注意！
サイドバーのメニューに表示されるカテゴリ名の全てに先頭に狙っているメインキーワードを含ませる方法は？

少し前にアフィリエイターの間で流行った手法として**サイドバーのメニューに表示されるすべてのカテゴリ名の先頭に、狙っているメインキーワードを含ませる方法**がありました。しかし、この方法だとhtmlソース上では数行の間にキーワード出現率が50％を超えてしまうこともあり、現在このような手法でメニューを作成すると、Yahoo!検索では上位表示が難しくなっています。
一定の範囲内で同一のキーワードが集中して使われないように気をつけましょう。

1. 城崎	34		9.14%
2. 温泉	13		3.49%
3. 観光	11		2.96%
4. 情報	7		1.88%

▲Yahoo!検索で「城崎」と検索したときの1位のサイトのキーワード出現頻度

1. 城崎	133		8.55%
2. 温泉	112		7.20%
3. 但馬	83		5.33%
4. 屋	70		4.50%

▲Yahoo!検索で「城崎」と検索したときの2位のサイトのキーワード出現頻度

1. 温泉	23		4.78%
2. 城崎	23		4.78%
3. 湯	12		2.49%
4. 宿	10		2.08%

▲Yahoo!検索で「城崎」と検索したときの3位のサイトのキーワード出現頻度

1. 城崎	32		4.00%
2. お	14		1.75%
3. 店	11		1.37%
4. 北	10		1.25%

▲Yahoo!検索で「城崎」と検索したときの4位のサイトのキーワード出現頻度

point 記事本文中にはその記事で狙っているキーワード出現回数を増やす！

狙っているキーワードの出現頻度が4～10％ぐらいの間で収まるようにした上で、キーワードの出現回数を増やしましょう。

13 内部リンク対策

無料ブログSEOで気をつけるべき点のひとつが**内部リンク**です。

記事本文のキーワードから関連するほかの記事ページにリンクを張る作業を、記事の更新のたびに小まめに行い、ブログ全体のページの中で内部リンクが縦横無尽に行き来している状況を作り出します。

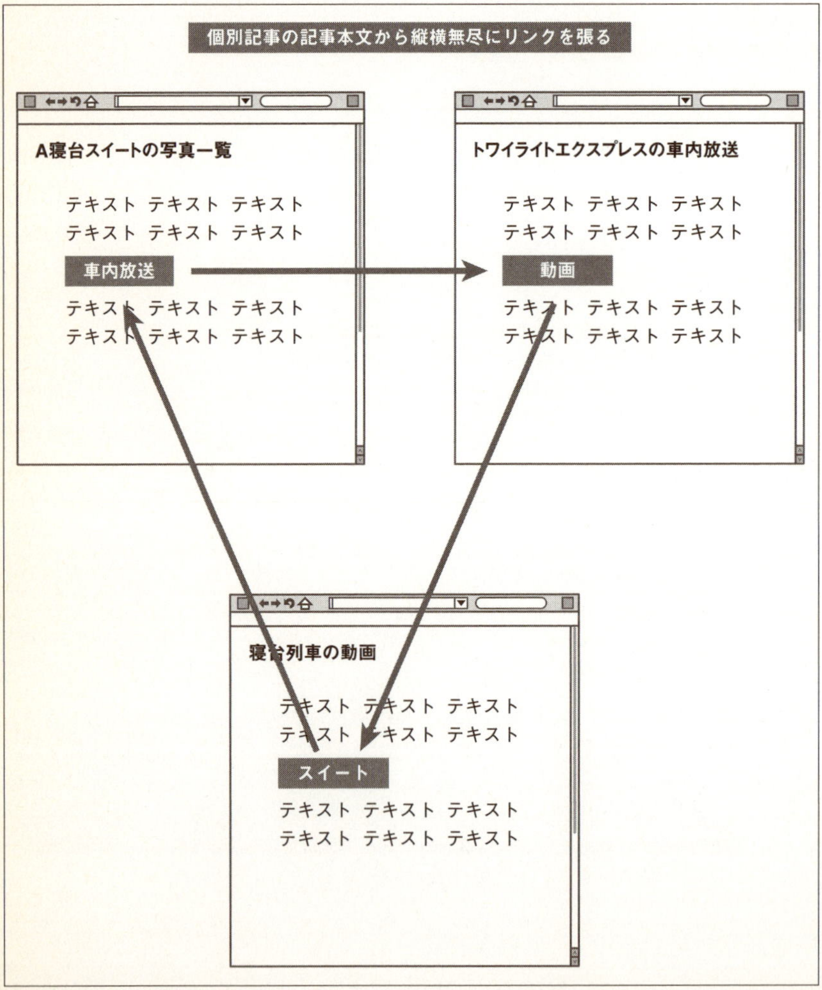

▲個別記事同士で縦横無尽にリンク

対策1 記事本文中からのリンクで内部リンクを強化する

記事本文中からのリンクで内部リンクを強化することにより、それぞれのページに何が書かれているのかを検索エンジンに知らせることができます。

記事本文からのリンクの張り方としては、

```
<a href="リンク先URL">リンク先のページを表しているキーワード</a>
```

が基本となります。リンク先のページを表現しているキーワードでリンクを張りましょう。

リンクを張るときの文字(アンカーテキスト)は大変重要です。リンクを張るときは必ずアンカーテキストを使いましょう。

対策2 アンカーテキストの設定

無料ブログサービスごとにトップページからカテゴリページや個別記事ページにリンクするときのアンカーテキストは初期設定で決まっています。

ブログ	リンク方法
Seesaaブログ	`<h3>`見出しタグの「記事タイトル」のアンカーテキストで「個別記事ページ」にリンク
インフォトップブログ	「カテゴリタイトル」のアンカーテキストで「カテゴリページ」にリンク
livedoorブログ	「この記事のURL」もしくは「投稿時間」のアンカーテキストで「個別記事ページ」にリンク
	「投稿時間」のアンカーテキストで「個別記事ページ」にリンク
JUGEMブログ	「カテゴリタイトル」のアンカーテキストで「カテゴリページ」にリンク
FC2ブログ	`<h3>`見出しタグの「記事タイトル」のアンカーテキストで「個別記事ページ」にリンク
	「カテゴリタイトル」のアンカーテキストで「カテゴリページ」にリンク

▲無料ブログサービスごとの初期設定

上記の一覧表を見ると無料ブログサービスによって、リンク先のアンカーテキストに関係ない部分があることがわかると思います。そのようなテンプレートは内部リンクのアンカーテキストを最適化する必要がありますので、htmlのテンプレートのカスタマイズを行ったほうがSEO対策になるわけです。

対策3 パンくずリストの設定

ユーザビリティのよさと内部リンク対策のよいところをとったものが、現在いる階層を表示するパンくずリストと呼ばれる仕組みです。

無料ブログの全ページに設置することで内部リンク対策とユーザビリティ対策が行える、まさに一石二鳥の仕組みですので、ぜひ設置しておきましょう。

▲パンくずリスト

> **point 内部リンクはアンカーテキストを使って縦横無尽に行う**
>
> 内部リンクはアンカーテキストを指定して縦横無尽に張りましょう。内部リンクを増やすことで検索エンジンは、各ページの中心となるキーワードを認識してくれます。

見出しタグの最適化

無料ブログのテンプレートで必ず修正して使いたいのが見出しタグの部分です。無料ブログ特有の日付が<h2>という比較的大きい見出しタグに設定されているブログサービスがほとんどなのですが、この見出しタグはSEO対策の場合は全く意味をなしませんので、日付自体を削除するか、通常の<div>タグに変更しておきます。

見出しタグ

ここで見出しタグに関して解説しておきます。見出しは英語の論文で使われる書式フォーマットです。

大見出し、中見出し、小見出しという形で使われます。

```
大見出し

中見出し
文章文章 文章文章 文章文章 文章文章 文章文章 文章文章 文章文章 文章文章 文章文章
文章文章 文章文章 文章文章 文章文章 文章文章 文章文章 文章文章 文章文章

小見出し
文章文章 文章文章 文章文章 文章文章 文章文章 文章文章 文章文章 文章文章 文章文章
文章文章 文章文章 文章文章 文章文章 文章文章 文章文章 文章文章 文章文章 文章文章

中見出し
文章文章 文章文章 文章文章 文章文章 文章文章 文章文章 文章文章 文章文章 文章文章
文章文章 文章文章 文章文章 文章文章 文章文章 文章文章 文章文章 文章文章

小見出し
文章文章 文章文章 文章文章 文章文章 文章文章 文章文章 文章文章 文章文章 文章文章
文章文章 文章文章 文章文章 文章文章 文章文章 文章文章 文章文章 文章文章 文章文章
文章文章 文章文章 文章文章 文章文章
```

▲見出しの種類とパターン

無料ブログの見出しタグ

無料ブログの場合は、大見出しに<h1>タグ、中見出しに<h2>、<h3>タグ、小見出しに<h4>、<h5>、<h6>タグを使います。また段落には<p>タグを使用します。

<h1>タグは1ページに1回のみの使用が基本です。<h2>から<h6>タグは数字の順番に並んでいれば、同じ数字を何度使っても大丈夫です。

例 ブログの見出しタグの使用例

見出しタグを階層ごとに表すと次のようになります。

```
<h1>大見出し</h1>
    <h2>中見出し</h2>
        <p>文章</p>
            <h3>中見出し</h3>
                <p>文章</p>
            <h3>中見出し</h3>
                <p>文章</p>
            <h3>中見出し</h3>
                <p>文章</p>
                    <h4>中見出し</h4>
                        <p>文章</p>
    <h2>中見出し</h2>
        <p>文章</p>
            <h3>中見出し</h3>
                <p>文章</p>
```

　ブログの見出しタグに使われるのは、主にブログタイトル、カテゴリタイトル、**個別記事タイトル**ですので、自然と上位表示を狙うキーワードが含まれるはずです。ただし何度も触れていますが、キーワードの反復だけは気をつけてください。

　見出しタグからリンクを張ることを筆者はお薦めません。文法上は特に問題ありませんが、見出しではなく、<p>タグで囲まれた段落中の文章からリンクを張るほうが自然だと考えています。

point テンプレートにある見出しタグを修正する

初期設定のテンプレートは見出しタグの設定で不要なキーワードを強調してしまう可能性があります。カスタマイズして使ったほうがSEO対策になります。

15 サイドメニューの最適化

Part 1　**Part 2**　Part 3　Part 4

　無料ブログの欠点のひとつに、初期設定の状態ではサイドバーに不要なメニューやパーツが表示されることが挙げられます。たとえばSeesaaブログの場合、初期設定の状態でサイドバーについているパーツは右下の図の通りになっています。

　この中で、検索エンジンからの集客を狙う場合に必要なパーツは次の通りです。

```
必要なもの　　：最近の記事、カテゴリ、RSS
不要なもの　　：カレンダー、ボックス広告、ブロピタ、
　　　　　　　　最近のコメント、過去ログ、人気商品
どちらでもないもの：検索、タグクラウド
```

　ほかのブログサービスも同様に不要なパーツは削除するほうが無駄なリンクを張ることもなく、SEO上も好ましい状態になります。

　ブログサービスで提供されるサイドメニューで必要不可欠なアイテムは、

```
最近の記事、カテゴリ、RSS
```

くらいです。

　また、利便性を図るために**検索**、**タグクラウド**を加えるのもよいでしょう。

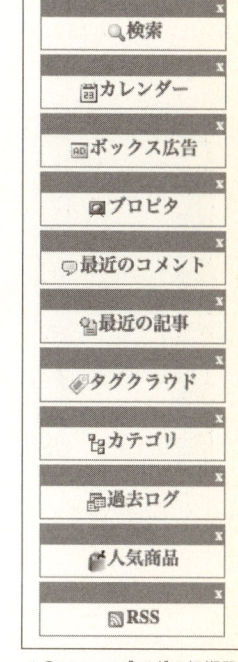

▲Seesaaブログの初期設定のサイドバー

> **point**
> **サイドメニューの不要なパーツは削除する！**
> 無駄なリンクを張ることのないようにサイドメニューのアイテムを吟味しておきましょう。

16 発リンク数の最適化

Googleのウェブマスター向けのページにも記載されていますが、1ページから発するリンクの数は100件以内に収めるようにしましょう。

ブログの場合、記事本文のコメントやトラックバックなどの不要なリンク数を増やさないようにしてください。無駄なリンクを増やすことは、その分だけそのページが持っている検索エンジンからの評価を分散させることになってしまいます。

リンク先の優先順位としては、次のようになります。

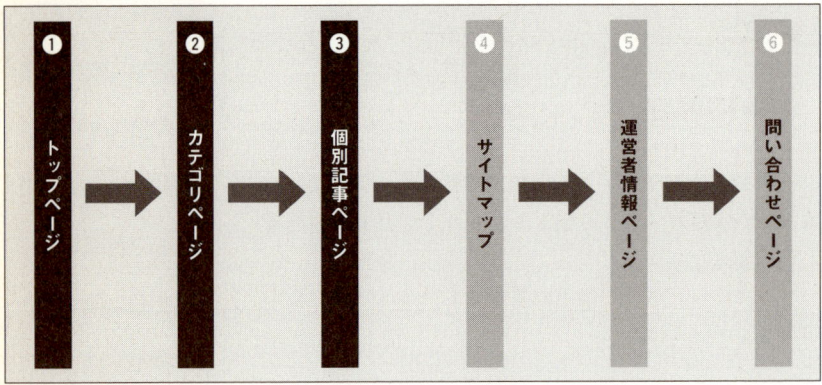

▲リンク先の優先順位

① トップページ → ② カテゴリページ → ③ 個別記事ページ → ④ サイトマップ → ⑤ 運営者情報ページ → ⑥ 問い合わせページ

「運営者情報ページ」や「問い合わせページ」など、検索結果の上位に表示する必要のないページへのリンクは、リンクタグに「nofollow」を入れることで、PageRankを送らずに済みます。そのほかは必要に応じてリンクをしてください。

特にトップページはブログ全体の総合メニューのページも兼ねていますので、ユーザーにとってわかりやすいメニューにしてください。

point　リンク数は1ページ100件以内にする
検索エンジンから評価されているページの力を分散させないように無駄なリンクを張らないようにしましょう。

17 コメントとトラックバックの最適化

Part 1　**Part 2**　Part 3　Part 4

ブログ固有の機能として、**コメント、トラックバック**という機能があります。

従来型のサイトと同じように検索エンジンからの集客を行うブログを運営するのであれば、以下のような機能は不要となりますので削除しましょう。

トップページ	：comment、trackback
カテゴリページ	：comment、trackback
個別記事ページ	：comment、trackback、コメント入力欄、トラックバックのURL
サイドメニュー	：最近のコメント、最近のトラックバック

ただし、訪問者からの**クチコミ情報**を集めたい場合は、**コメント機能を残して**おくとよいでしょう。コメント機能を削除してしまうと、ブログの一番の特徴である**ブログ運営者と訪問者の双方向性のコミュニケーションの窓口**を捨ててしまうことになります。

検索エンジンからの集客を目指すのか、それともコマメなコメントやトラックバックのフォローと定期的な情報更新でリピーターを増やしたいのか、最初に集客戦術を見極めておく必要があります。

COLUMN

アルファブロガー

アルファブロガーのような人気ブログはコメントやトラックバック機能を使ってファンを増やしている部分もありますので、例外として考えておきましょう。実際には、以下のどちらかを選択することになります。

- 一方的な情報発信にする
- ファンを囲い込み、評判やクチコミ情報をもらいながらブログを盛り上げる

point

コメント、トラックバックは使わないなら削除！
ブログを双方向性コミュニケーションツールとして利用しないならコメント、トラックバック機能は削除しておきましょう。

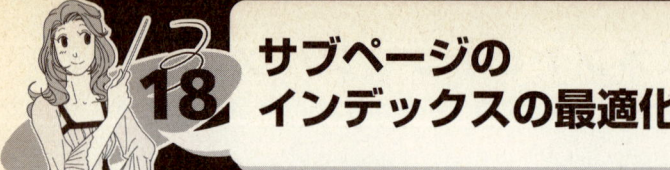
サブページのインデックスの最適化

無料ブログを使っている人の悩みでよくあるのが、トップページ以外の**サブページ**、つまり、**カテゴリページや個別記事ページ**が検索エンジンに認識されない(インデックスされない)ということです。

🐾 インデックスされない理由

この理由として考えられるのがトップページからサブページへのリンクがひとつずつしかなく、検索エンジンのロボットの訪問があった場合でも、なかなか作成したブログページの全てを巡回してもらえないというパターンです。

最適化1 全ての記事一覧のリンクを張る

作成したブログの全てのページを早く巡回してもらうひとつの方法として、ブログを立ち上げた最初の1ヶ月、または20記事ぐらいになるまでは**トップページの全ての記事を表示**しておき、サイドメニューやフッターの上の部分にも全ての記事一覧のリンクを張っておきます。

最適化2 クローラーがブログ内を巡回しやすいようにする

次にクローラーがブログ内を巡回しやすいようにしておきます。すると**トップページ**は、クローラーがブログを巡回するための起点になるページですので、ブログの立ち上げ当初はできるだけ全てのページへのリンクを複数張るように調整するとよいでしょう。

各サブページへのインデックスが完了したら、検索エンジンがブログを評価しはじめます。すると、記事の更新をするだけで新しい記事をインデックスしてくれるようになります。

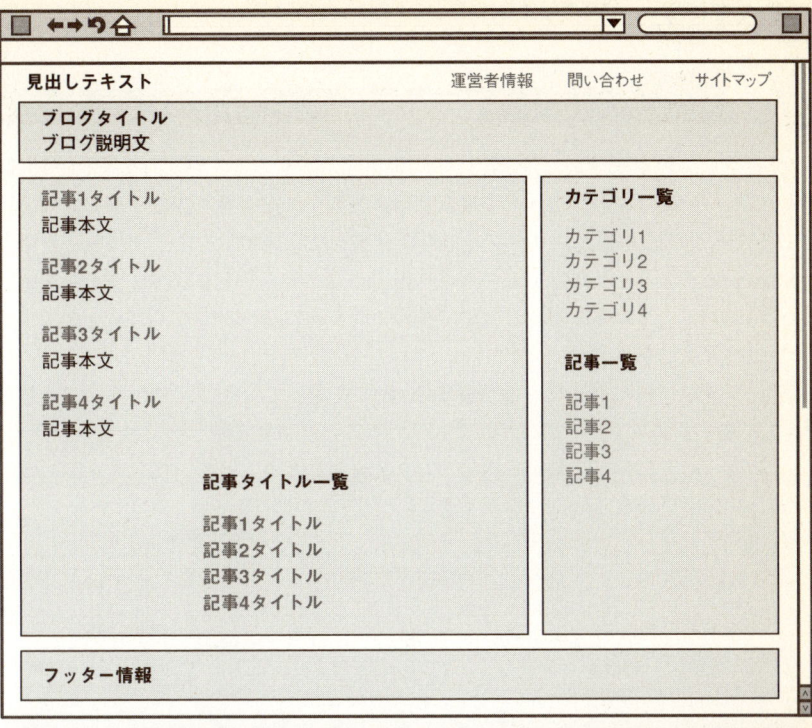

この例は各個別記事ページへのリンクをトップページから各4回行っている例

▲サブページを巡回してもらいやすいデザイン　　　　　　　※網文字はリンクを表しています。

point ブログのインデックスを増やしたいならトップページからのリンクを見直す！

トップページからのリンクはサブページのインデックスを早めるために重要な要素となります。

19 最新記事一覧の設置

Part 1 **Part 2** Part 3 Part 4

　無料ブログの初期設定で最新記事の一覧を表示させる方法があります。それは、**トップページやサイドメニューで最新記事を表示する記事数を設定する方法**です。

　18でも説明した通り、ブログの立ち上げ当初に意識するのは、全ページを検索エンジンにインデックスしてもらうことです。ですから、**トップページから作成した全ページへのリンクを張ること**が、検索エンジンに全ページをインデックスさせる最良の方法となります。

　サイドメニューに記事の一覧表示を20個に設定しておけば、全ページから最新記事20個の個別記事ページにリンクしていることになります。

　このような縦横無尽に繋がる内部リンクを充実させることで、検索エンジンのインデックスを早めることにつながります。

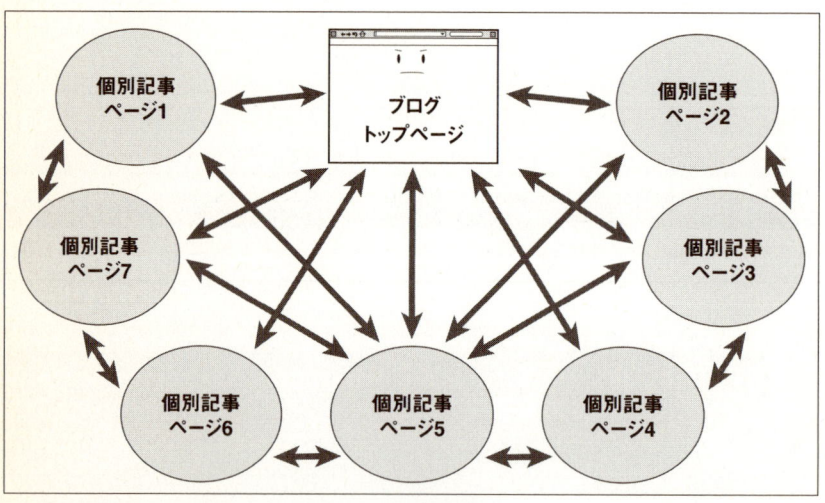

▲縦横無尽な内部リンク（見やすくするため一部の矢印を省略）

　上の図のように**トップページから全ての個別記事ページにリンクを張り**、サイドメニューに最新記事一覧を表示させることで、各個別記事ページからも全ての個別記事ページにリンクを張った状態にするのです。

ブログの立ち上げ当初は最新記事の表示を最大数に！
ロングテール戦略をとる場合、検索エンジンから全ページをインデックスされなければ意味がありません。

20 カテゴリ一覧の設置

Part 1　**Part 2**　Part 3　Part 4

　多くの無料ブログを見ると**カテゴリ分け**を行っていないケースが多いです。これは非常にもったいないことです。理由として考えられることは、誰でも簡単にブログをはじめることができるため、ついつい SEO 対策を意識せずに運営してしまうことが多いからだと思います。

　無料ブログの初期設定では**カテゴリ**は「日記」となっている場合が多いのですが、先に説明した通り**カテゴリタイトル自体がページタイトル**になります。ですので、SEO 対策上の設定をきちんとしておきたい部分です。

🐕 無料ブログのテンプレートにありがちなリンク

　無料ブログのテンプレートの多くが、記事本文から設定したカテゴリにリンクが飛ぶようになっていますが、サイドメニューにもカテゴリ一覧のメニューを必ず設置しておきましょう。

　たとえば、livedoor ブログの場合、カテゴリ一覧が初期設定でサイドメニューに設置されていませんので注意が必要です。

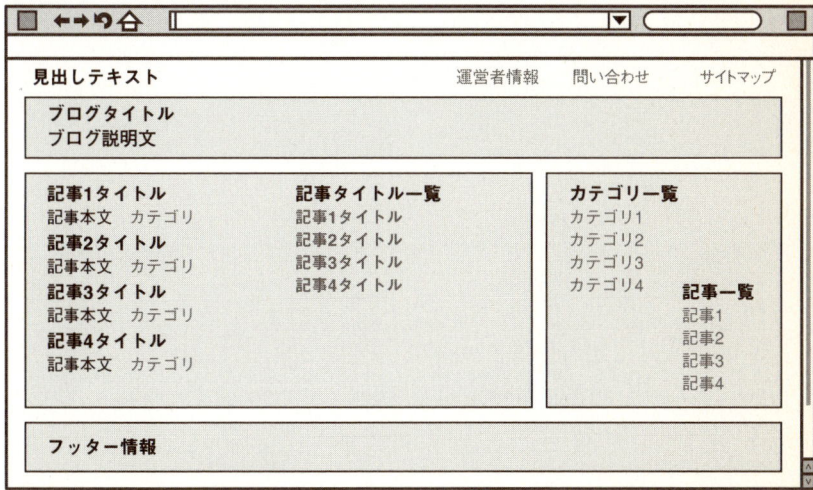

▲カテゴリ一覧のメニューの設置の例　　　　　　　※網文字はリンクを表しています。

カテゴリの設定とカテゴリ一覧の設置は必須！
内部 SEO の基本はカテゴリの設定とカテゴリ一覧のメニューの設置です。

Part 2

Chapter 6

ウェブ検索からのアクセスアップ
無料ブログの内部SEO カスタマイズテクニック

本章では、第5章で解説した内部SEO対策を具現化するためのカスタマイズテクニックを解説します。カスタマイズに役立つテンプレートをウェブからダウンロードできるようにしていますのであわせてご利用ください。

01 htmlの最適化

Part 1　**Part 2**　Part 3　Part 4

　htmlの説明を詳細にするとそれだけで1冊の本になってしまいますので、本書専用のシンプルなhtmlで記述されたテンプレートを無料ブログ別に用意しました。

　本章では、このテンプレートを利用しながら、テンプレートのカスタマイズについて解説します。

　特に内部SEOで重要な内部リンクのアンカーテキスト、<title>タグのバリエーションについては詳細に解説します。

🐾 第6章の学習前に 基本テンプレートをウェブからダウンロード

　基本テンプレートは、次表のURLからダウンロードできます。また、各ブログのテンプレートの反映の方法については、ダウンロードファイルに付属のマニュアルをご覧ください。

　なお、テンプレートは随時アップデートしますので、ダウンロードサイトを継続的にチェックしていただければと思います。

　また、本章のカスタマイズの事例も次表の各ページから閲覧できるようになっていますので、合わせてご利用ください。

サイト	URL
livedoorブログ用テンプレート	http://seoblog.nakajimashigeo.com/livedoor/
Seesaaブログ、さくらのブログ用テンプレート	http://seoblog.nakajimashigeo.com/seesaa/
JUGEMブログ用テンプレート	http://seoblog.nakajimashigeo.com/jugem/
FC2ブログ用テンプレート	http://seoblog.nakajimashigeo.com/fc2/
インフォトップブログ用テンプレート	http://seoblog.nakajimashigeo.com/infotop/

▲各ブログテンプレートのダウンロード先URL※

　上記のサイトで掲載しているテンプレートは、通常のhtmlサイトを意識したものですので、2カラム（メインの部分で1つのサイドメニュー）、または1カラムの形をとっています。

　またカスタマイズも3カラム（左右両方にサイドバーのあるデザイン）よりも2カラムのデザインのほうが理解しやすいですので、ここでは2カラムを中心に解説します。

※ （株）翔泳社の下記のサイトからもダウンロード可能です。
URL http://blog.shoeisha.com/technique/bible/

❶ トップページのhtml

まず、トップページに掲載する必要な情報を確認することから解説します。
検索エンジンから信頼されるサイトというのは、

- 誰が運営しているのか？
- 問い合わせ先はどこか？
- サイト全体の構成はどうなっているのか？

ということがきちんと明示されているサイトです。ブログだからと言って、運営者が誰なのかわからない状況だと訪問者の信頼は得にくいでしょうし、継続的なアクセスや成約も見込めません。

次に、<h1>、<h2>などの見出しタグを上手く活用して、メリハリのある見やすいページに修正します。ほとんどのブログテンプレートが<h1>タグをブログタイトル、<h2>タグをブログ説明文に割り当てて全ページ同じ文言になっていますが、<h1>タグも<title>タグと同様に、全ページ異なる文言にし、各ページに何が書かれているのかを明確にして検索エンジンからの評価を高めましょう。

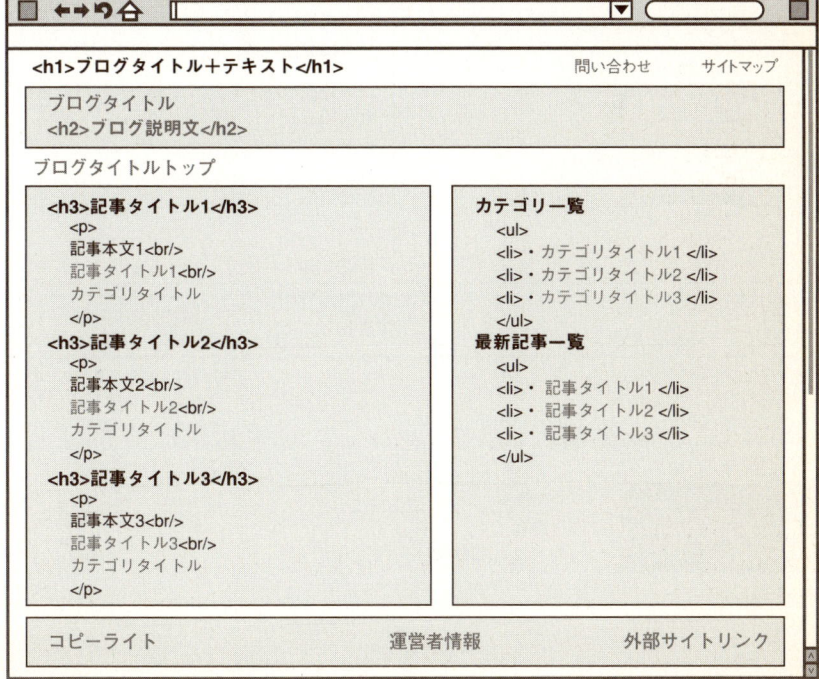

▲トップページのhtml　　　　　　　　　　　※網文字はリンクを表しています。

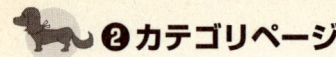
❷ カテゴリページのhtml

　カテゴリページは、**トップページ**と**個別記事ページ**の間の階層に位置するページです。そのままでは、訪問者が迷いやすい階層となります。訪問者が迷子になるのを防ぐために、サイドメニューの一番上に**カテゴリ一覧**を設置し、ヘッダー部分の下にどの階層にアクセスしているのかがひと目でわかる**パンくずリスト**を設置してください。

　その際、同一カテゴリページの<title>、<h1>、<h2>タグが一緒にならないように工夫をしましょう。

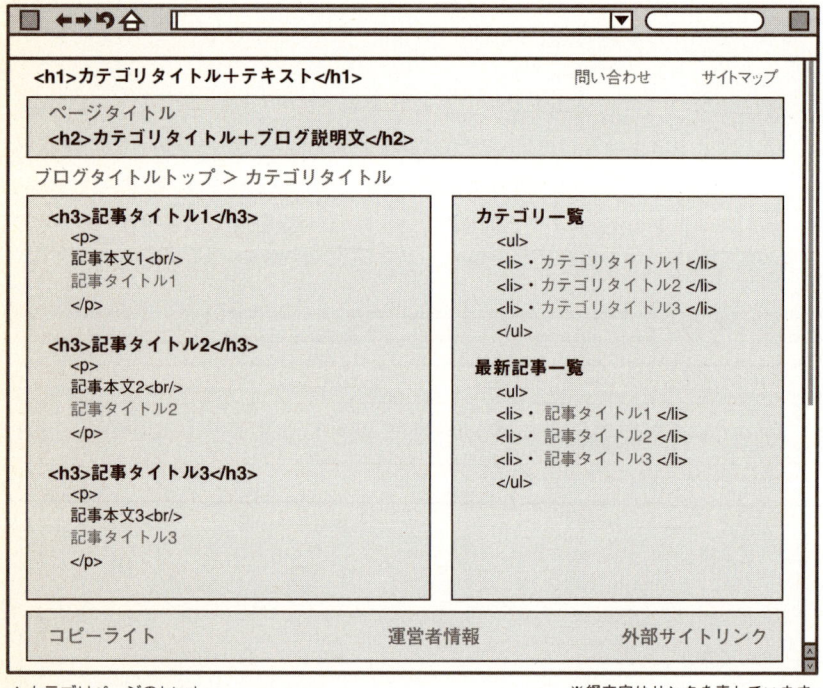

▲カテゴリページのhtml　　　　　　　　　　　※網文字はリンクを表しています。

　たとえば、次のように設定しているブログがあるとします。

ブログタイトル	ダイエット情報
カテゴリタイトル	粉末寒天通販
ブログ説明文	ダイエット商品の通販情報サイトです。

▲ブログの設定

　この場合、<title>、<h1>、<h2>タグを次のように設定します。

<title>タグ	カテゴリタイトル	＋	:	＋	ブログタイトル
<h1>タグ	カテゴリタイトル	＋	の情報を随時更新中です！		
<h2>タグ	カテゴリタイトル	＋	:	＋	ブログ説明文

▲ <title>、<h1>、<h2>タグの設定

すると<title>、<h1>、<h2>タグは、次のような文言になります。

<title>タグ	粉末寒天通販：ダイエット情報
<h1>タグ	粉末寒天通販の情報を随時更新中です！
<h2>タグ	粉末寒天通販：ダイエット商品の通販情報サイトです。

▲ <title>、<h1>、<h2>タグの表示

❸個別記事ページのhtml

個別記事ページは、記事本文がひとつしかありません。記事本文で行う工夫としては、ショッピング時のついで買いのように、記事本文の下に**最新記事一覧**を掲載れば、ユーザーのブログ滞在時間を長くすることができます。カテゴリページと同様に、**パンくずリスト**を設置して、ユーザーが迷わない工夫をしましょう。

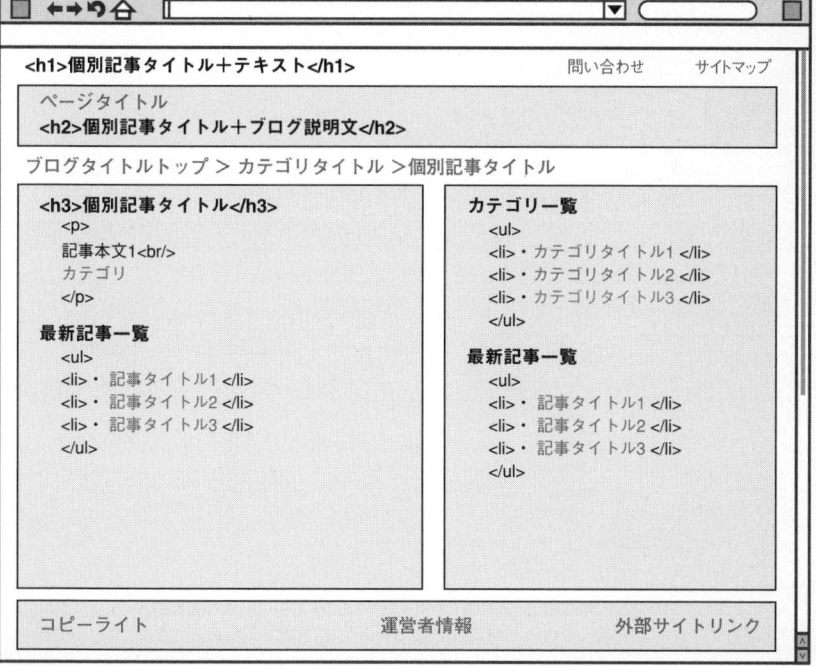

▲個別記事ページのhtml　　　　　　　　　　　※網文字はリンクを表しています。

先の粉末寒天通販の事例を個別記事ページにも当てはめてみましょう。
　たとえば、次のようにブログタイトル／カテゴリタイトル／個別記事タイトル／ブログ説明文の設定をしているブログがあるとします。

ブログタイトル	ダイエット情報
カテゴリタイトル	粉末寒天通販
個別記事タイトル	激安粉末寒天ABC
ブログ説明文	ダイエット商品の通販情報サイトです。

▲ブログタイトル／カテゴリタイトル／個別記事タイトル／ブログ説明文の設定

　<title>、<h1>、<h2>タグを次のように設定します。

<title>タグ	個別記事タイトル	+	：	+	ブログタイトル
<h1>タグ	個別記事タイトル	+	の情報を随時更新中です！		
<h2>タグ	個別記事タイトル	+	：	+	ブログ説明文

▲<title>、<h1>、<h2>タグの設定

　すると、<title>、<h1>、<h2>タグは、次のような文言になります。

<title>タグ	激安粉末寒天ABC：ダイエット情報
<h1>タグ	激安粉末寒天ABCの情報を随時更新中です！
<h2>タグ	激安粉末寒天ABC：ダイエット商品の通販情報サイトです。

▲<title>、<h1>、<h2>タグの表示

COLUMN
各ブログサービスの独自タグに注意！

　各ブログサービスには**ブログタイトル**、**カテゴリタイトル**、**個別記事タイトル**をブログの各ページに表示することを可能にする**独自タグ**が用意されています。

	ブログタイトル	カテゴリタイトル	個別記事タイトル
livedoorブログ	<$BlogTitle ESCAPE$>	<$ArticleCategory1$>	<$ArticleTitle ESCAPE$>
Seesaaブログ、さくらのブログ	<% blog.title %>	<% article_category.name %>	<% article.subject %>
FC2ブログ	<%blog_name%>	<!--topentry--><%topentry_category%><!--/topentry-->	<!--topentry--><%topentry_title%><!--/topentry-->
JUGEMブログ	{site_title}	{category_name}	{entry_title}
インフォトップブログ	<$Blog_Title$>	<$ArticleList_Category$>	<$ArticleList_Title$>
参考 (Movable Type)	<$MTBlogName$>	<MTCategories><MTCategoryLabel></MTCategories>	<MTEntries><$MTEntryTitle$></MTEntries>

▲各無料ブログサービスのトップページの独自タグの例

point
htmlのカスタマイズで内部SEOをコントロール！
テンプレートをカスタマイズして<title>、<h1>、<h2>タグを自分でコントロールしましょう。

<title>タグの最適化

Part 2

各無料ブログサービスの<title>タグのカスタマイズ方法を具体的に説明します。

<title>タグのカスタマイズの必要性のおさらい

<title>タグのカスタマイズの必要性については第5章で解説した通り、上位表示を狙うキーワードを含めることと全ページの<title>タグが各ページを表現しているものになっていることが好ましいです。

しかし、ほとんどの無料ブログサービスが、

　　　　　　　　　ブログタイトル ＋ カテゴリタイトル

という形をとっています。

ブログタイトルは全ページ共通になりますので、ページごとに文言の変化するカテゴリタイトルを先頭に持ってくるほうが、SEO的にはお薦めです。

注意！
JUGEMブログでの<title>タグのカスタマイズ

本稿の執筆時点（2008年2月現在）、JUGEMブログでは次のような形で<title>タグが固定されていて、<title>タグのカスタマイズができない仕様になっています。

トップページ	ブログタイトル
カテゴリページ	ブログタイトル｜カテゴリタイトル
個別記事ページ	ブログタイトル｜個別記事タイトル

▲ JUGEMブログでの<title>タグ

例 ❶ トップページの <title> タグ

トップページの <title> タグはブログを新規作成したときの**ブログタイトル**のままの場合がほとんどでしょう。ですから、トップページの <title> タグのパターンとしては次の3通りが考えられます。

パターン❶	ブログタイトル		
パターン❷	ブログタイトル	+	後ろに任意テキスト
パターン❸	前に任意テキスト	+	ブログタイトル

▲トップページの <title> タグのパターン

ですので、次のように設定します。

ブログタイトル	学資保険の比較
前に任意テキスト	cj中嶋の
後ろに任意テキスト	情報局

▲トップページの <title> タグの設定例

すると、それぞれの <title> タグの表記は次のようになります。

ブログタイトル	学資保険の比較
ブログタイトル+後ろに任意テキスト	学資保険の比較情報局
前に任意テキスト+ブログタイトル	cj中嶋の学資保険の比較

▲トップページの <title> タグの表記

	ブログタイトル	ブログタイトル+ 後ろに任意のテキスト	前に任意のテキスト+ ブログタイトル
livedoorブログ	<$BlogTitle ESCAPE$>	<$BlogTitle ESCAPE$> 任意のテキスト	任意テキスト <$BlogTitle ESCAPE$>
Seesaaブログ、 さくらのブログ	<% blog.title %>	<% blog.title %> 任意のテキスト	任意のテキスト <% blog.title %>
FC2ブログ	<%blog_name>	<%blog_name>任意のテキスト	任意のテキスト<%blog_name>
JUGEMブログ	{site_title}	不可	不可
インフォトップブログ	<$Blog_Title$>	<$Blog_Title$>任意のテキスト	任意のテキスト<$Blog_Title$>
参考 (Movable Type)	<$MTBlogName$>	<$MTBlogName$>任意のテキスト	任意のテキスト<$MTBlogName$>

▲各無料ブログサービスのトップページの <title> タグの例

❷カテゴリページの<title>タグ

❶の**トップページ**に対して**カテゴリページ**の<title>タグのバリエーションは次のように一気に増えます。

パターン❶	カテゴリタイトル				
パターン❷	カテゴリタイトル	＋	：	＋	ブログタイトル
パターン❸	ブログタイトル	＋	｜	＋	カテゴリタイトル
パターン❹	カテゴリタイトル	＋	後ろに任意テキスト		
パターン❺	前に任意テキスト	＋	カテゴリタイトル		

▲カテゴリページの<title>タグのバリエーション

たとえば次のように設定します。

ブログタイトル	学資保険の比較
カテゴリタイトル	貯蓄型保険で考える
前に任意テキスト	cj中嶋の
後ろに任意テキスト	情報局

▲カテゴリページの<title>タグの設定

すると、それぞれの<title>タグの表記は次のようになります。

カテゴリタイトル	貯蓄型保険で考える
カテゴリタイトル＋：＋ブログタイトル	貯蓄型保険で考える：学資保険の比較
ブログタイトル＋｜＋カテゴリタイトル	学資保険の比較｜貯蓄型保険で考える
カテゴリタイトル＋後ろに任意テキスト	貯蓄型保険で考える情報局
前に任意テキスト＋カテゴリタイトル	cj中嶋の貯蓄型保険で考える

▲カテゴリページの<title>タグの表記

	ブログタイトル	カテゴリタイトル	カテゴリタイトル＋：＋ブログタイトル	カテゴリタイトル＋後ろに任意のテキスト
livedoorブログ	<$BlogTitle ESCAPE$>	<$CategoryName ESCAPE$>	<$CategoryName ESCAPE$>：<$BlogTitle ESCAPE$>	<$CategoryName ESCAPE$>任意のテキスト
Seesaaブログ、さくらのブログ	<% blog.title %>	<% if:page_name eq 'category' -%><% extra_title %><% /if -%>	<% if:page_name eq 'category' -%><% extra_title %>：<% blog.title %><% /if -%>	<% if:page_name eq 'category' -%><% extra_title %>任意のテキスト<% /if -%>
FC2ブログ	<!--category_area--><sub_title><!--/category_area-->	<!--category_area--><sub_title><!--/category_area-->	<!--category_area--><sub_title>：<blog_name><!--/category_area-->	<!--category_area--><sub_title>任意のテキスト<!--/category_area-->
JUGEMブログ	不可	不可	{entry_title}で「ブログタイトル：カテゴリタイトル」に固定	不可
インフォトップブログ	<IF_CATEGORY_PAGE><$Blog_Title$></IF_CATEGORY_PAGE>	<IF_CATEGORY_PAGE><$Category_Label$></IF_CATEGORY_PAGE>	<IF_CATEGORY_PAGE><$Category_Label$>：<$Blog_Title$></IF_CATEGORY_PAGE>	<IF_CATEGORY_PAGE><$Category_Label$>任意のテキスト</IF_CATEGORY_PAGE>
参考 (Movable Type)	<$MTBlogName$>	<$MTArchiveTitle$>	<$MTArchiveTitle$>：<$MTBlogName$>	<$MTArchiveTitle$>任意のテキスト

▲各無料ブログサービスのカテゴリページの<title>タグの例

❸ 個別記事ページの <title> タグ

続いて個別記事ページの <title> タグのバリエーションを紹介します。

先ほども触れましたが、ほとんどの無料ブログサービスが ブログタイトル ＋ 個別記事タイトル という形をとっています。しかし、全てのページの先頭に同じ**ブログタイトル**というキーワードがくるよりも、ページごとに異なるキーワードが先頭にくるほうが全ページの差別化になり、SEO 的に見てもよいでしょう。

ここでは次のような <title> タグのパターンを考えてみます。

パターン❶	個別記事タイトル				
パターン❷	個別記事タイトル	＋	：	＋	カテゴリタイトル
パターン❸	個別記事タイトル	＋	｜	＋	ブログタイトル
パターン❹	個別記事タイトル	＋	後ろに任意テキスト		
パターン❺	前に任意テキスト	＋	個別記事タイトル		

▲個別記事ページの <title> タグのパターン

たとえば次のように設定します。

ブログタイトル	学資保険の比較
カテゴリタイトル	貯蓄型保険で考える
個別記事タイトル	ABC 新型学資保険
前に任意テキスト	cj 中嶋の
後ろに任意テキスト	情報局

▲個別記事ページの <title> タグの設定例

すると、それぞれの <title> タグの表記は次のようになります。

個別記事タイトル	ABC 新型学資保険
個別記事タイトル＋：＋カテゴリタイトル	ABC 新型学資保険：貯蓄型保険で考える
個別記事タイトル＋｜＋ブログタイトル	ABC 新型学資保険｜学資保険の比較
個別記事タイトル＋後ろに任意テキスト	ABC 新型学資保険情報局
前に任意テキスト＋個別記事タイトル	cj 中嶋の ABC 新型学資保険

▲個別記事ページの <title> タグの表記

	個別記事タイトル	個別記事タイトル+：+カテゴリタイトル	個別記事タイトル+｜+ブログタイトル	カテゴリタイトル+後ろに任意のテキスト
livedoorブログ	`<$ArticleTitle ESCAPE$>`	`<$ArticleTitle ESCAPE$>`：`<$ArticleCategory1$>`	`<$ArticleTitle ESCAPE$>`｜`<$BlogTitle ESCAPE$>`	`<$CategoryName ESCAPE$>`任意のテキスト
Seesaaブログ、さくらのブログ	`<% if:page_name eq 'article' -%><% extra_title %><% /if -%>`	不可	`<% if:page_name eq 'article' -%><% extra_title %>｜<% blog.title %><% /if -%>`	`<% if:page_name eq 'category' -%><% extra_title %>任意のテキスト<% /if -%>`
FC2ブログ	`<!--permanent_area--><%sub_title><!--/permanent_area-->`	不可	`<!--permanent_area--><%sub_title>｜<%blog_name><!--/permanent_area-->`	`<!--permanent_area--><%sub_title>任意のテキスト<!--/permanent_area-->`
JUGEMブログ	不可	不可	`{entry_title}`で「ブログタイトル｜個別記事タイトル」に固定	不可
インフォトップブログ	`<$Article_Title$>`	`<$Article_Title$>`：`<$Article_Category$>`	`<$Article_Title$>`｜`<$Blog_Title$>`	`<$Article_Title$>`任意のテキスト
参考(Movable Type)	`<$MTEntryTitle$>`	`<$MTEntryTitle$>`：`<$MTEntryCategory$>`	`<$MTEntryTitle$>`｜`<$MTBlogName$>`	`<$MTEntryTitle$>`任意のテキスト

▲無料各ブログサービスの個別記事ページの<title>タグの例

注意！ Seesaaブログ、FC2ブログ、JUGEMブログ、さくらのブログでの個別記事ページの<title>タグのカスタマイズ

残念ながら、Seesaaブログ、FC2ブログ、JUGEMブログ、さくらのブログでは、個別記事ページの<title>タグにカテゴリタイトルを表示できない仕様になっています。

そのため個別記事タイトルとカテゴリタイトルを一緒に使うことができませんので注意してください。

ページ	設定例	設定の可否
個別記事ページ	個別記事タイトル：ブログタイトル	○
個別記事ページ	個別記事タイトル：カテゴリタイトル	×

▲<title>タグにカテゴリタイトルを表示する設定例とその可否

point 個別記事タイトルは<title>タグの先頭に！

検索結果に表示されたときに必要な情報があるかどうかの判断にもなりやすいので、全ページ同じのブログタイトルを使うのではなく、個別記事タイトルを使いましょう。

03 パンくずリストの設置
Seesaa ブログの場合

Part 1　Part 2　Part 3　Part 4

ユーザビリティと内部リンクを充実させるためにパンくずリストの設置をお薦めします（以降03から06、08から11まで文章末尾のPointは省略する）。

 **パンくずリストとは？**

パンくずリストというのはヘッダーの下によく設置されている、

○○トップ　＞　▲▲カテゴリ　＞　□□個別記事

というような階層型のメニューです。Yahoo! JAPANなどのポータルサイトや、ネットショップなどの大規模サイトには必ず付いているメニューの形です。

サイト訪問者がサイト内で迷うことを防ぐ役目をしてくれるので人気があります。

実際にSeesaaブログへパンくずリストを設置してみましょう。ただしその前にhtmlを編集するまでのステップを先にご紹介します。

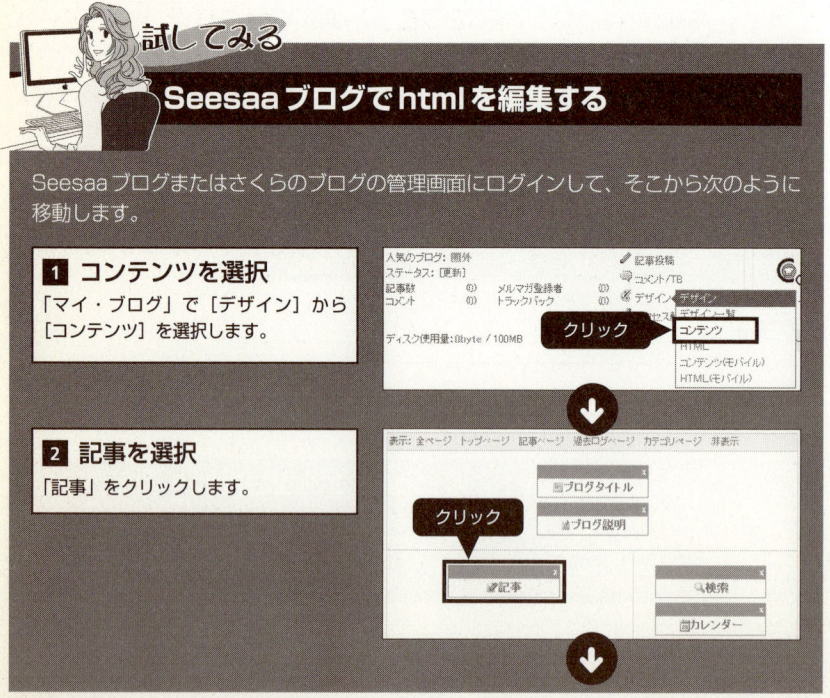

3 コンテンツHTMLを選択

右上の「コンテンツHTML編集」をクリックするとhtml文が表示されます。

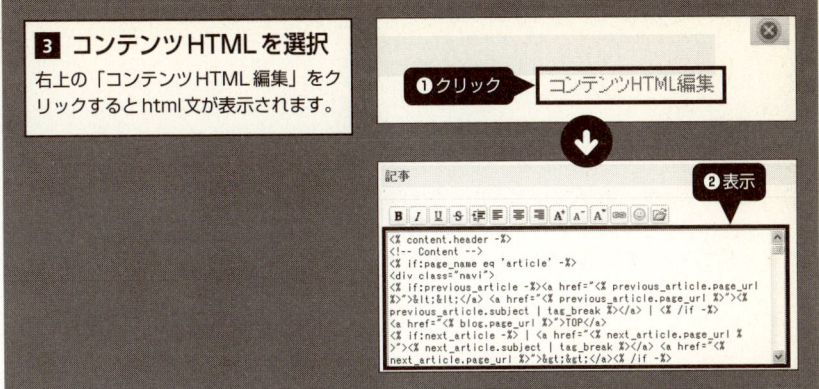

例 Seesaaブログにパンくずリストを設置

Seesaaブログにパンくずリストを設置する方法は、さくらのブログでも使うことができます。

Seesaaブログのhtml文のカスタマイズの方法は、**HTML**、**コンテンツHTML編集**の2種類あります。
<title>タグの編集は**HTML**で行いましたが、**パンくずリスト**の編集は**コンテンツHTML編集**で行います。

html文の挿入

コンテンツHTML編集で、

```
<% content.header -%>
<!-- Content -->
```

の下に、次のhtml文を挿入します。

```
<% if:page_name eq 'index' -%>
<% blog.title %>
<% /if -%>

<% if:page_name eq 'category' -%>
<a href="<% blog.page_url %>"><% blog.title %></a>⇒<% category.name %>
<% /if -%>

<% if:page_name eq 'article' -%>
<a href="<% blog.page_url %>"><% blog.title %></a>⇒<% loop:list_article -%>
```

```
<a href="<% article_category.page_url %>"><% article_category.name %>
</a>⇒<% article.subject %>
<% /loop -%>
<% /if -%>
```

🐾 トップページ、カテゴリページ、個別記事ページの編集

Seesaaブログでは、**コンテンツHTML編集**で<% if -%>タグの条件分岐機能を使って**トップページ**、**カテゴリページ**、**個別記事ページ**を同時に編集することができます。
<% if:page_name eq '○○○○' -%>～<% /if -%>で囲んだ部分だけを表示する指示です。
○○○○を、

- index：トップページ
- category：カテゴリページ
- article：個別記事ページ

に置き換えることで、各ページだけを表示させることができます。

COLUMN

Seesaaブログのhtmlの編集方法と独自タグ

Seesaaブログのhtmlの編集方法と独自タグは次のとおりです。

htmlの編集	`<% if:page_name eq 'index' -%>`～`<% /if -%>`で囲まれた部分	トップページのみ表示される
	`<% if:page_name eq 'category' -%>`～`<% /if -%>`で囲まれた部分	カテゴリページのみ表示される
	`<% if:page_name eq 'article' -%>`～`<% /if -%>`で囲まれた部分	個別記事ページのみ表示される
独自タグ	`<% blog.page_url %>`	ブログトップページURL
	`<% blog.title %>`	ブログタイトル（トップページ、カテゴリページ、個別記事ページで使用可）
	`<% category.name %>`	カテゴリタイトル（カテゴリページで使用可）
	`<% article_category.name %>`	カテゴリタイトル（`<% loop:list_article -%>`～`<% /loop -%>`の間の個別記事ページで使用可）
	`<% article_category.page_url %>`	カテゴリURL（`<% loop:list_article -%>`～`<% /loop -%>`の間の個別記事ページで使用可）
	`<% article.subject %>`	個別記事タイトル（`<% loop:list_article -%>`～`<% /loop -%>`の間の個別記事ページで使用可）

▲Seesaaブログのhtmlの編集方法と独自タグ

▲Seesaaブログにパンくずリストを設置した例

04 パンくずリストの設置
livedoorブログの場合

Part 1 / **Part 2** / Part 3 / Part 4

次にlivedoorブログの場合を見てみましょう。

例 livedoorブログにパンくずリストを設置

livedoorブログは、htmlのカスタマイズの**トップページ**、**カテゴリページ**、**個別記事ページ**の3箇所にパンくずリストを別々に設置する必要があります。

🐾 livedoorブログの設定

livedoorブログの管理画面にログイン後、次のようにそれぞれの編集画面に移動します。

トップページ	管理ページトップ	→	カスタマイズ／管理	→	デザインのカスタマイズ	→	トップページ
カテゴリページ	管理ページトップ	→	カスタマイズ／管理	→	デザインのカスタマイズ	→	カテゴリアーカイブ
個別記事ページ	管理ページトップ	→	カスタマイズ／管理	→	デザインのカスタマイズ	→	個別記事ページ

▲トップページ、カテゴリページ、個別記事ページの編集画面へ移動方法

🐾 パンくずリストのhtml文の挿入箇所

パンくずリストのhtml文は、各ページとも、

```
<div id="content">
```

の下に挿入してください。livedoorブログのhtml文を理解している方は適宜希望の場所に挿入してください。

🐾 パンくずリストのhtml文

パンくずリストのhtml文は、次表のとおりです。

トップページ	<$BlogTitle ESCAPE$>
カテゴリページ	<a href="<$BlogUrl$>"><$BlogTitle ESCAPE$></a> → <$CategoryName ESCAPE$>
個別記事ページ	<a href="<$BlogUrl$>"><$BlogTitle ESCAPE$></a> → <a href="<$ArticleCategory1Url$>"><$ArticleCategory1$></a> → <$ArticleTitle ESCAPE$>

▲パンくずリストのhtml文

COLUMN

livedoorブログの独自タグ

livedoorブログの独自タグは次のとおりです。

独自タグ		
	`<$BlogTitle ESCAPE$>`	ブログタイトル（トップページ、カテゴリページ、個別記事ページで使用可）
	`<$BlogUrl$>`	ブログトップページURL（トップページ、カテゴリページ、個別記事ページで使用可）
	`<$CategoryName ESCAPE$>`	カテゴリタイトル（カテゴリアーカイブで使用可）
	`<$ArticleCategory1$>`	カテゴリタイトル（個別記事ページで使用可）
	`<$ArticleCategory1Url$>`	カテゴリURL（個別記事ページで使用可）
	`<$ArticleTitle ESCAPE$>`	個別記事タイトル（個別記事ページで使用可）

▲ livedoorブログの独自タグ

05 パンくずリストの設置
FC2ブログの場合

Part 1 | **Part 2** | Part 3 | Part 4

次にFC2ブログの場合を見てみましょう。

FC2ブログにパンくずリストを設置

FC2ブログのパンくずリストの設置は、Seesaaブログと似ています。同じhtmlのカスタマイズ画面上で**トップページ**、**カテゴリページ**、**個別記事ページ**3種類のページに**パンくずリスト**を設置できます。

🐾 FC2ブログの設定

FC2ブログもSeesaaブログと同様に独自タグを使った条件分岐によって、ひとつの編集画面でカスタマイズできるようになっています。
FC2ブログの管理画面にログイン後、次のようにして編集画面に移動します（○○はテンプレートの名前）。

環境設定 ➡ テンプレートの設定 ➡ ○○のHTML編集

パンくずリストを設置したい場所に、次のhtml文を挿入します。

```
<!--index_area-->
<%blog_name>：トップ
<!--/index_area-->

<!--not_index_area-->
<!--not_permanent_area-->
<a href = "<%url>"><%blog_name></a> トップ ➡ <%sub_title>
<!--/not_permanent_area-->
<!--/not_index_area-->

<!--topentry-->
<!--permanent_area-->
<a href = "<%url>"><%blog_name></a> トップ ➡ <a href="<%topentry_category_link>"><%topentry_category></a> ➡ <%sub_title>
<!--/permanent_area-->
<!--/topentry-->
```

`<body>`タグの直下に挿入するとブログの一番上に**パンくずリスト**が表示されます。

COLUMN

FC2ブログのhtmlの編集方法と独自タグ

FC2ブログのhtmlの編集方法と独自タグは次のとおりです。

htmlの編集	<!--index_area-->～<!--/index_area-->で囲まれた部分	トップページのみ表示される
	<!--not_index_area-->～<!--/not_index_area-->で囲まれた部分	トップページ以外で表示される
	<!--not_permanent_area-->～<!--/not_permanent_area-->で囲まれた部分	カテゴリページなどが表示される
独自タグ	<%url>	ブログトップページURL
	<%blog_name>	ブログタイトル（トップページ、カテゴリページ、個別記事ページで使用可）
	<%sub_title>	カテゴリ、個別記事などの各ページのタイトル（トップページ、カテゴリページ、個別記事ページで使用可）
	<%topentry_category_link>	カテゴリURL（<!--topentry-->～<!--/topentry-->の間の個別記事ページで使用可）
	<%topentry_category>	カテゴリタイトル（<!--topentry-->～<!--/topentry-->の間の個別記事ページで使用可）

▲ FC2ブログのhtmlの編集方法と独自タグ

パンくずリストの設置
JUGEMブログの場合

Part 1 | **Part 2** | Part 3 | Part 4

次にJUGEMブログの場合を見てみましょう。

 **JUGEMブログにパンくずリストを設置**

JUGEMブログのパンくずリストの設置は、ほかのブログサービスと比較すると少し複雑になります。JUGEMブログでパンくずリストを設置するには、**HTML編集フォーム**と**CSS編集フォーム**の両方をカスタマイズする必要があります。

😺 JUGEMブログの設定

JUGEMブログの管理画面には、次のようにして移動します。

[管理者ページトップ] ➡ [テンプレートの編集] ➡ [HTML編集フォーム]

そして、

```
<div id="main">
```

の直下に次のhtml文を挿入します。

```
<!-- BEGIN entry -->
<div id="{index}{cid}{eid}">
<span class="hh6"><a href="./">ブログタイトル</a> トップ </span>
<span class="hh5"> ➡ {category_name}</span>
<span class="hh4"> ➡ {entry_title}</span>
</div>
<!-- END entry -->
```

😺 CSSの設定

続いてCSSの設定をします。hh6、hh5、hh4というclass名で文字の表示や非表示の設定をします。JUGEMの管理画面には、次のようにして移動します。

[管理者ページトップ] ➡ [テンプレートの編集] ➡ [CSS編集フォーム]

そして、次のCSSのコードを一番上に追加してください。

```
#index .hh6,#cid .hh5,#eid .hh4,#cid .hh6,#eid .hh6,#eid .hh5{
font-size:12px;
}
#index .hh5,#index .hh4,#cid .hh4{
display:none;
}
```

これで**パンくずリスト**が追加されました。文字の大きさはCSSコードの中の「font-size:12px;」の数字部分を変更して調整できます。

COLUMN

JUGEMブログの独自タグ

JUGEMブログの独自タグは次のとおりです。

独自タグ		
	{index}	トップページの場合に「index」という値を返す
	{cid}	カテゴリページの場合に「cid」という値を返す
	{eid}	個別記事ページの場合に「eid」という値を返す
	{category_name}	カテゴリタイトルとURL（<!-- BEGIN entry -->～<!-- END entry -->の間で使用可）
	{entry_title}	個別記事タイトルとURL（<!-- BEGIN entry -->～<!-- END entry -->の間で使用可）

▲ JUGEMブログの独自タグ

パンくずリストの設置
インフォトップブログの場合

Part 2

次にインフォトップブログの場合を見てみましょう。

インフォトップブログにパンくずリストを設置

インフォトップブログでパンくずリストを設定するには、**メインテンプレート**、**サブテンプレート**の2箇所をカスタマイズします。メインテンプレートが**トップページ**と**カテゴリページ**を、サブテンプレートが**個別記事ページ**を担当しています。

🐾 インフォトップブログの設定

インフォトップブログにログイン後、管理画面に次のようにして移動します。

```
ブログの編集・設定 → デザインの変更 → メインテンプレートの編集
ブログの編集・設定 → デザインの変更 → サブテンプレートの編集
```

パンくずリストのhtml文は、各ページとも、

```
<h2><$Blog_Text$></h2>
</div>
```

の直下に挿入してください。
インフォトップブログのhtml文を理解している方は、適宜希望の場所に挿入してください。
パンくずリストのhtml文は、次のようになります。

メインテンプレート	サブテンプレート

`<IF_MAIN_PAGE>`
`<$Blog_Title$>` トップ
`</IF_MAIN_PAGE>`
`<IF_CATEGORY_PAGE>`
`<a href="<$BLOG_SITE_URL$>"><$Blog_Title$></a>`
トップ⇒`<$Category_Label$>`
`</IF_CATEGORY_PAGE>`
	`<a href="<$BLOG_SITE_URL$>"><$Blog_Title$></a>`
	トップ ➔
	`<a href="<$Article_Categoryurl$>">`
	`<$Article_Category$></a>` ➔ `<$Article_Title$>`

▲パンくずリストのhtml文

COLUMN インフォトップブログのhtmlの編集方法と独自タグ

インフォトップブログのhtmlの編集方法と独自タグは次のとおりです。

htmlの編集	<IF_MAIN_PAGE>〜</IF_MAIN_PAGE>で囲まれた部分	トップページのみ表示する
	<IF_CATEGORY_PAGE>〜</IF_CATEGORY_PAGE>で囲まれた部分	カテゴリページで表示する
独自タグ	<$Blog_Title$>	ブログタイトル（メインテンプレート、サブテンプレートで使用可）
	<$BLOG_SITE_URL$>	ブログトップページURL（メインテンプレート、サブテンプレートで使用可）
	<$Category_Label$>	カテゴリタイトル（メインテンプレートで使用可）
	<$Article_Category$>	カテゴリタイトル（サブテンプレートで使用可）
	<$Article_Categoryurl$>	カテゴリURL（サブテンプレートで使用可）
	<$Article_Title$>	個別記事タイトル（サブテンプレートで使用可）

▲インフォトップブログのhtmlの編集方法と独自タグ

point パンくずリストはSEO効果とユーザーインターフェイス！

03〜07までブログ別にパンくずリストの設置方法を解説しました。パンくずリストがあると見た目にもわかりやすく、SEO的にも内部リンクの強化となるのでぜひ設置しておきましょう。

08 記事一覧の設置
Seesaaブログの場合

Part 1 / **Part 2** / Part 3 / Part 4

内部リンクの強化とユーザビリティを考えて、**トップページ、カテゴリページに記事タイトル一覧を掲載する**ブロガーは少なくありません。ここからはブログサービスごとの記事一覧の掲載方法を解説します。

Seesaaブログに記事一覧を設置

Seesaaブログに記事一覧を設置するには、**コンテンツHTML編集**でカスタマイズを行います。

🐾 Seesaaブログの設定

Seesaaブログまたはさくらのブログにログイン後、次のようにして管理画面に移動します。

マイ・ブログ ➡ デザイン ➡ コンテンツ ➡ 記事 ➡ コンテンツHTML編集

カテゴリページの記事の上部に**記事一覧**を設置したい場合は、

```
<% content.header -%>
<!-- Content -->
```

の直下に次のhtml文を挿入します。Seesaaブログのカスタマイズが理解できている方は、任意の場所に次のリストを挿入してください。

```
<% if:page_name eq 'category' -%>
<p><% category.name %>：のカテゴリの記事一覧です。</p>
<ul>
<% loop:list_article -%>
<li><a href="<% article.page_url %>"><% article.subject %></a></li>
<% /loop -%>
</ul>
<% /if -%>
```

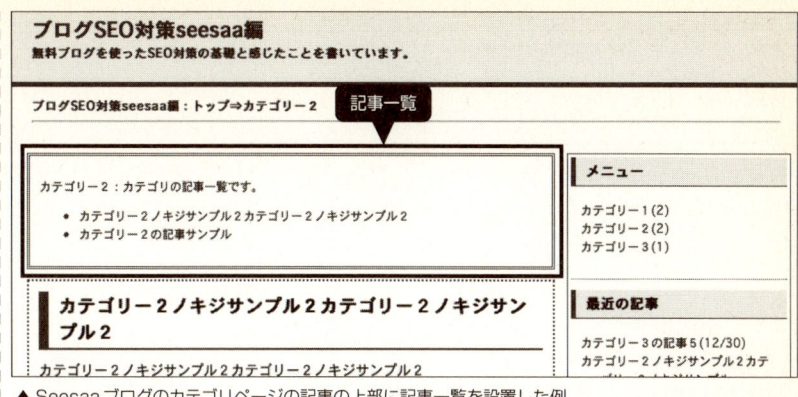

▲ Seesaaブログのカテゴリページの記事の上部に記事一覧を設置した例

条件分岐機能で編集

Seesaaブログでは、**コンテンツHTML編集**で<% if -%>タグの条件分岐機能を使って**トップページ**、**カテゴリページ**、**個別記事ページ**を同時に編集することができます。次のタグで囲んだ部分だけを表示する指示です。

```
<% if:page_name eq '○○○○' -%> ~ <% /if -%>
```

つまり、上記の○○○○を、

- index：トップページ
- category：カテゴリページ
- article：個別記事ページ

に置き換えることで、それぞれのページだけを表示させることができます。
また、**コンテンツHTML編集**で次のように変更／追加すると、トップページに記事一覧が追加されます。

変更前	変更後
<% if:page_name eq 'category' -%>	<% if:page_name eq 'index' -%>
<p><% category.name %>の関連ページです。</p>	<p>記事一覧です。</p>

追加
<% if:page_name eq 'index' -%>　← 変更部分 <p>記事一覧です。</p> <ul> <% loop:list_article -%> <li><a href="<% article.page_url %>"><% article.subject %></a></li>　← 追加部分 <% /loop -%> </ul> <% /if -%>

▲コンテンツHTML編集で変更／追加

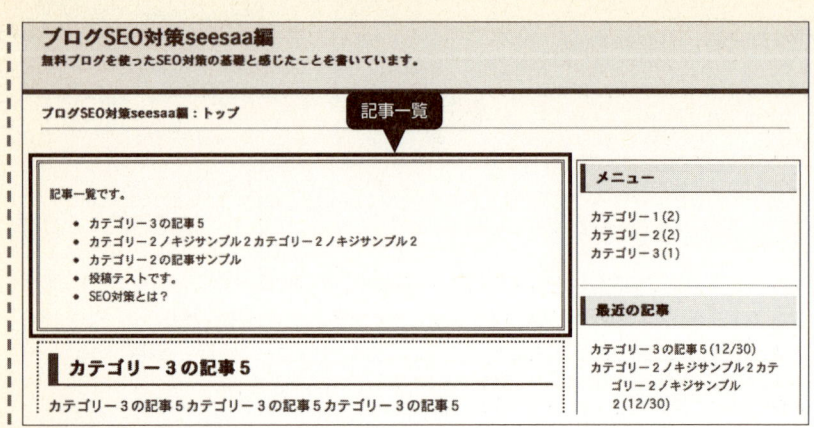

▲ Seesaa ブログのトップページに記事一覧を設置した例

COLUMN 知っておきたい html タグ

知っておくと便利な html タグです。

タグ	説明
`<ul>〜</ul>`	リストの範囲指定
`<li>〜</li>`	リストの指定
`<p>〜</p>`	段落指定
`<a href="リンク先URL">〜</a>`	リンク指定

▲ html タグ

COLUMN Seesaa ブログの html の編集方法と独自タグ

Seesaa ブログの html の編集方法と独自タグは次のとおりです。

	タグ	説明
html の編集	`<% if:page_name eq 'category' -%>〜<% /if -%>` で囲まれた部分	カテゴリページのみ表示される
	`<% loop:list_article -%>〜<% /loop -%>` で囲まれた部分	記事が繰り返し表示される
独自タグ	`<% category.name %>`	カテゴリタイトル（カテゴリページで使用可）
	`<% article_category.name %>`	カテゴリタイトル（`<% loop:list_article -%>〜<% /loop -%>`の間の個別記事ページで使用可）
	`<% article.page_url %>`	個別記事 URL（`<% loop:list_article -%>〜<% /loop -%>`の間のトップページ、カテゴリページで使用可）
	`<% article.subject %>`	個別記事タイトル（`<% loop:list_article -%>〜<% /loop -%>`の間のトップページ、カテゴリページで使用可）

▲ Seesaa ブログの html の編集方法と独自タグ

記事一覧の設置
livedoor ブログの場合

Part 1　Part 2　Part 3　Part 4

次に livedoor ブログの場合を見てみましょう。

例　livedoor ブログに記事一覧（個別記事タイトル）を設置する

livedoor ブログに記事一覧を設置するには、**トップページ**、**カテゴリページ**の2箇所をカスタマイズします。

🐾 livedoor ブログの設定

livedoor ブログの管理画面にログイン後、次のようにして各編集画面に移動します。

| トップページ | 管理ページトップ | → | カスタマイズ／管理 | → | デザインのカスタマイズ | → | トップページ |
| カテゴリページ | 管理ページトップ | → | カスタマイズ／管理 | → | デザインのカスタマイズ | → | カテゴリアーカイブ |

▲トップページ、カテゴリページの編集画面に移動

記事一覧の html 文は、各ページとも、

```
<div id="content">
```

の下に挿入するとヘッダーの下に設置することができます。
livedoor ブログの html 文を理解している方は適宜希望の場所に挿入してください。
記事一覧の html 文は、次のとおりです。

トップページ
```
<ul>
<IndexArticlesLoop>
<li><a href="<$ArticlePermalink$>" ><$ArticleTitle ESCAPE$></a></li>
</IndexArticlesLoop>
</ul>
```

▲記事一覧の html 文

▲livedoor ブログのトップページに記事一覧（記事タイトルのみ）を設置した例

COLUMN 知っておきたいhtmlタグ

知っておくと便利なhtmlタグです。

`<ul> ~ </ul>`	リストの範囲指定
`<li> ~ </li>`	リストの指定
`<a href="リンク先URL"> ~ </a>`	リンク指定

▲ htmlタグ

COLUMN livedoorブログのhtmlの編集方法と独自タグ

livedoorブログのhtmlの編集方法と独自タグは次のとおりです。

htmlの編集	`<IndexArticlesLoop> ~ </IndexArticlesLoop>`	指定した範囲で個別記事一覧を表示する
独自タグ	`<$ArticleCategory1$>`	カテゴリタイトル（`<IndexArticlesLoop>~</IndexArticlesLoop>`で囲まれた範囲で使用）
	`<$ArticleCategory1Url$>`	カテゴリURL（`<IndexArticlesLoop>~</IndexArticlesLoop>`で囲まれた範囲で使用）
	`<$ArticleTitle ESCAPE$>`	個別記事タイトル（`<IndexArticlesLoop>~</IndexArticlesLoop>`で囲まれた範囲で使用）
	`<$ArticlePermalink$>`	個別記事URL（`<IndexArticlesLoop>~</IndexArticlesLoop>`で囲まれた範囲で使用）
	`<$ArticleDate$>`	投稿日付（`<IndexArticlesLoop>~</IndexArticlesLoop>`で囲まれた範囲で使用）
	`<$ArticleTime$>`	投稿時刻（`<IndexArticlesLoop>~</IndexArticlesLoop>`で囲まれた範囲で使用）

▲ livedoorブログのhtmlの編集方法と独自タグ

例 個別記事タイトルにカテゴリタイトルを追加する

最初に、<ul>タグでリスト形式にする範囲を次のhtml文で囲みます。

```
<IndexArticlesLoop> ～ </IndexArticlesLoop>
```

すると個別記事タイトルが、 カスタマイズ／管理 → ブログの基本設定 → トップページの表示形式 で指定された個別記事の表示件数分だけ表示されます（例では10件ずつページングで設定している）。

表示された10件の1件ずつをリスト表示の<li>タグで囲み、個別記事タイトルをリスト表示します。最初の例では各個別記事タイトルにリンク設定をし、内部リンクを強化しています。

次の例は一覧表示した個別記事タイトルにカテゴリタイトルを追加した例です。

トップページ
```
<ul>
<IndexArticlesLoop>
<li><a href="<$ArticlePermalink$>" ><$ArticleTitle ESCAPE$></a>
(<a href="<$ArticleCategory1Url$>"><$ArticleCategory1$></a>)
</li>
</IndexArticlesLoop>
</ul>
```

▲個別記事タイトルにカテゴリタイトルを追加した例

▲livedoorブログのトップページに記事一覧（個別記事タイトルにカテゴリタイトルを追加）を設置した例

例 個別記事タイトルに投稿日付と投稿時刻を追加する

これまで紹介した例は、個別記事タイトルにカテゴリタイトルを追加したケースです。
次の例はさらに投稿日付と投稿時刻を追加したものです。**カテゴリ1**（Category1）の指定がされていると表示されます。

```
トップページ
<ul>
<IndexArticlesLoop>
<li><a href="<$ArticlePermalink$>" ><$ArticleTitle ESCAPE$></a>
(<a href="<$ArticleCategory1Url$>"><$ArticleCategory1$></a>) : <$ArticleDate$><$ArticleTime$>
</li>
</IndexArticlesLoop>
</ul>
```

▲個別記事タイトルに投稿日付と投稿時刻を追加した例

▲llivedoorブログのトップページに記事一覧（記事タイトル、カテゴリタイトル、投稿日付、投稿時刻）を設置した例

記事一覧の設置
FC2ブログの場合

Part 1　**Part 2**　Part 3　Part 4

次にFC2ブログの場合を見てみましょう。

FC2ブログに記事一覧を設置

FC2ブログに記事一覧を設置する方法は、Seesaaブログと似ています。

FC2ブログでは、同じhtmlのカスタマイズ画面上で**トップページ**、**カテゴリページ**、**個別記事ページ**の3種類のページに**記事一覧**を設置できます。FC2ブログもSeesaaブログ同様に独自タグを使った条件分岐によってひとつの編集画面でカスタマイズできるようになっています。

FC2ブログの管理画面にログイン後、次の手順で編集画面に移動します（○○はテンプレートの名前）。

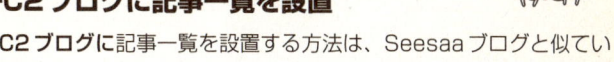

環境設定　➡　テンプレートの設定　➡　○○のHTML編集

カテゴリページに**記事一覧**を掲載するには、次のhtml文を挿入します。

```
<!--category_area-->
<p>カテゴリ：<%sub_title> の記事一覧</p>
<ul>
<!--topentry-->
<li><a href="<%topentry_link>"
title="<%topentry_title>"><%topentry_title></a></li>
<!--/topentry-->
</ul>
<!--/category_area-->
```

`<body>`タグの直下に挿入するとブログの一番上に**記事一覧**が表示されます。

COLUMN

FC2ブログのhtmlの編集方法と独自タグ

FC2ブログのhtmlの編集方法と独自タグは次のとおりです。

htmlの編集	<!--index_area-->～<!--/index_area-->で囲まれた部分	トップページのみ表示される
	<!--not_index_area-->～<!--/not_index_area-->で囲まれた部分	トップページ以外で表示される
	<!--not_permanent_area-->～<!--/not_permanent_area-->で囲まれた部分	カテゴリページなどが表示される
独自タグ	<%url>	ブログトップページURL
	<%blog_name>	ブログタイトル（トップページ、カテゴリページ、個別記事ページで使用可）
	<%sub_title>	カテゴリ、個別記事などの各ページのタイトル（トップページ、カテゴリページ、個別記事ページで使用可）
	<%topentry_category_link>	カテゴリURL（<!--topentry-->～<!--/topentry-->の間の個別記事ページで使用可）
	<%topentry_category>	カテゴリタイトル（<!--topentry-->～<!--/topentry-->の間の個別記事ページで使用可）

▲FC2ブログのhtmlの編集方法と独自タグ

11 記事一覧の設置
JUGEMブログの場合

Part 1 | **Part 2** | Part 3 | Part 4

次にJUGEMブログの場合を見てみましょう。

例 JUGEMブログに記事一覧を設置

JUGEMブログに記事一覧を設置します。JUGEMブログの記事一覧の独自タグを使うと、**トップページ**では全てのカテゴリの記事の一覧表示が、**カテゴリページ**ではそのカテゴリに属した個別記事のみが自動的に表示されます。
それでは、JUGEMブログの管理画面に移動して、記事一覧を追加してみましょう。
JUGEMブログの管理画面にログイン後、次の手順で編集画面に移動します。

管理者ページトップ → テンプレートの編集 → HTML編集フォーム

そして、

```
<div id="main">
```

の直下か、**06**で作成した**パンくずリスト**の下に次のhtml文を設置してください。

```
<p>記事一覧</p>
<div class="ichiran">
<!-- BEGIN selected_entry -->
{selected_entry_list}
<!-- END selected_entry -->
</div>
```

🐾 CSSの設定

続いてCSSの設定をします。ichiranというclass名で、selected_entry_listという文字やリストタグの「・」の非表示を設定します。
次にJUGEMの管理画面に戻り、そこから、

管理者ページトップ → テンプレートの編集 → CSS編集フォーム

と移動し、次のCSSのコードを追加してください（貼り付け位置は任意）。

```
.ichiran ul{
  list-style-type:none;
  margin:0px;
  padding:0px;
```

```
}

.ichiran dt{
display:none;
}
```

これで**記事一覧**が追加されました。

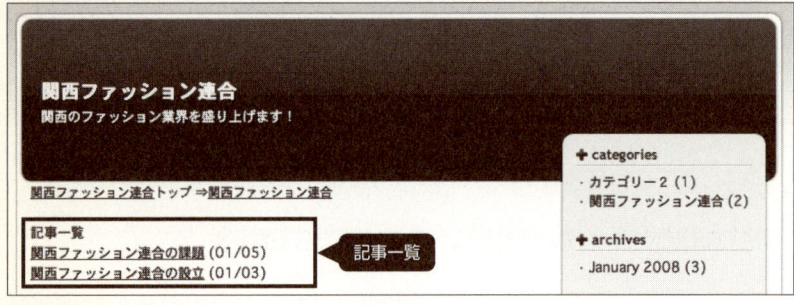

▲ JUGEM ブログのカテゴリページに記事一覧を設置した例

COLUMN

JUGEM ブログの独自タグ

JUGEM ブログの独自タグは次のとおりです。

{selected_entry_list}	記事の一覧をリスト形式で表示する（<!-- BEGIN selected_entry -->〜<!-- END selected_entry -->の間で使用可）

▲ JUGEM ブログの独自タグ

トップページ、カテゴリページからの個別記事ページへのリンクの編集

JUGEM ブログの場合、ブログの仕様上、**トップページ**、**カテゴリページ**から個別記事ページへの**リンク**が時間軸で固定されています。
その対策として、個別記事ページへリンクする際、検索エンジンに**個別記事タイトル**のアンカーテキストを認識させるため、**ページの上部に記事一覧**を設置します。そうすることでより内部 SEO を強化できます。さらに、**時刻**のアンカーテキストよりも html 文を前に持ってくることで、さらに内部 SEO を強化できます。
また、JUGEM ブログの記事一覧の独自タグ**{selected_entry_list}**を使用すると <ul><li>のリストタグを自動で生成できます。ただし、html 文をそのままの形で記述すると、使用するテンプレートによって、リストタグの「・」が外にはみ出る場合がありますので、CSS で調整してください。

記事一覧の設置
インフォトップブログの場合

Part 1　Part 2　Part 3　Part 4

次にインフォトップブログの場合を見てみましょう。

 **インフォトップブログに記事一覧を設置**

トップページ、カテゴリページの両方とも記事一覧の作成は**メインテンプレート**で行います。追加するタグも非常にシンプルです。
インフォトップブログの利点はカスタマイズのしやすさですので、その利点を最大限に利用しましょう。
インフォトップブログの管理画面にログイン後、次の手順で編集画面に移動します。

ブログの編集・設定 → デザインの変更 → メインテンプレートの編集

そして、

```
<div align="center"><$PageNumber$></div>
```

の直下に次の記事一覧のhtml文を追加します。インフォトップブログのhtml文を理解している方は、適宜希望の場所に挿入してください。

メインテンプレート
```
<p>記事一覧</p>
<ul>
<ArticleList>
<li><a href="<$ArticleList_Archiveurl$>"><$ArticleList_Title$></a></li>
</ArticleList>
</ul>
```

▲記事一覧のhtml文

インフォトップブログのカスタマイズ情報
インフォトップブログのカスタマイズ情報を更新していきます。

インフォトップブログのカスタマイズ情報：トップ ⇒ インフォトップブログTips

カテゴリ
- インフォトップブログの長所 (2)
- インフォトップブログについて (14)
- aj中嶋からのお知らせ (4)
- 記事投稿 (1)
- お勧めの商材 (1)
- aj中嶋お勧めブログ (0)
- 記事本文ツールバー (2)
- インフォトップブログTips (6)

記事一覧
- 記事の一覧の件数が選択
- トラフィックエクスチェンジ
- アクセス解析の実装
- ぴたっとマッチを活かす方法
- 記事のタイトルはキャッチーに！

 記事一覧

記事の一覧の件数が選択

▲インフォトップブログのカテゴリページに記事一覧を設置した例

COLUMN インフォトップブログのhtmlの編集方法と独自タグ

インフォトップブログのhtmlの編集方法と独自タグは次のとおりです。

htmlの編集	<ArticleList>～</ArticleList>で囲まれた部分	記事の一覧が表示される
独自タグ	<$ArticleList_Title$>	個別記事タイトル（<ArticleList>～</ArticleList>で囲まれた部分で使用可）
	<$ArticleList_Archiveurl$>	個別記事URL（<ArticleList>～</ArticleList>で囲まれた部分で使用可）

▲インフォトップブログのhtmlの編集方法と独自タグ

COLUMN インフォトップブログの記事一覧の独自タグ

インフォトップブログの記事一覧の独自タグ<$ArticleList_Title$>は、**トップページ**では、**ブログの設定**で設定している**記事一覧の表示件数**の件数が表示され、**カテゴリページ**では、そのカテゴリに属する**個別記事一覧**のみが表示されます。

point 検索エンジンはソースコードの上から順番にまわる！

08～12まで記事一覧の設定について解説しました。記事一覧のリスト作成は追加したブログ記事を検索エンジンにインデックスさせやすくすることに一役買います。ぜひ参考にしてください。

13 運営者情報、問い合わせ先の明記

内部SEOの強化と訪問者や検索エンジンに対しての信頼性強化のために、**運営者情報や問い合わせ先、問い合わせフォームを用意するブログが増えてきています。**

もし、運営者の名前を検索されたくない場合は、テキスト部分を画像にして表示することをお薦めします。

問い合わせ先の記載方法

問い合わせ先の記載方法ですが、メールアドレスをそのままウェブ上にアップすると迷惑メールの増大の原因になります。その対策として**無料メールフォーム**や**有料独自メール配信システム**を使って問い合わせフォームを作成しましょう。迷惑メール対策になるのと同時に問い合わせの利便性が上がりますので、見込み客との接触機会を増やす効果もあります。

個人情報保護に関する説明ページ

積極的に無料ブログから見込み客リストを取りたい場合は、**個人情報保護に関する説明ページ**が必要になります。また、メールアドレスのリストを取得したあとに、あらかじめ書いたシナリオ通りに自動配信する**ステップメール**や、定期的に**メールマガジン**を発行し見込み客との接触機会を増やすと、成約率を飛躍的に上げることができます。

	サイト	URL
無料メールフォーム	フォームズ	http://www.formzu.com/
	FC2フォームレンタル	http://form.fc2.com/
	ふぉーむらん	http://www.formlan.com/
有料独自メール配信システム	集客王子	http://www.ohji.net/
	コンビーズメール	http://www.combzmail.jp/
	メール商人	http://www.mshonin.com/
有料ステップメールサービス	アスメル	http://www.jidoumail.com/
	楽メールPro	http://www.raku-mail.com/

▲無料メールフォーム、有料独自メール配信システム、有料ステップメールサービスの例

point 無料ブログであっても信頼性アップは不可欠!

サイト型の無料ブログを運用する場合、信頼性のアップは必要不可欠です。アフィリエイトブログであっても運営者情報などを掲載することで見込み客の信頼をつかみましょう。

Part **2**

Chapter **7**

テンプレートデザイン最適化
CSSのカスタマイズ

本章では、無料ブログサービスを使いこなす際に壁となっているテンプレートデザインの変更方法について解説します。ここでは文字の色や大きさを変更するためのCSSのカスタマイズ手法について学びます。

CSSとhtmlの関係と役割

Part 1 | **Part 2** | Part 3 | Part 4

　無料ブログサービスの場合、テンプレートデザインの変更にはhtmlとCSSの修正が必要です。紙面の関係で本章の補足説明を次のサイトにアップしています。あわせてご利用ください。

livedoorブログ用	http://blogseo.nakajimashigeo.com/livedoor/
Seesaaブログ、さくらのブログ用	http://blogseo.nakajimashigeo.com/seesaa/
JUGEMブログ用	http://blogseo.nakajimashigeo.com/jugem/
FC2ブログ用	http://blogseo.nakajimashigeo.com/fc2/
インフォトップブログ用	http://blogseo.nakajimashigeo.com/infotop/
htmlとcssの一般的な補足解説	http://blogseo.nakajimashigeo.com/css/

▲補足説明の掲載サイト

 CSS

　CSSとはCascading Style Sheetsの略で、日本では「CSS」「スタイルシート」と呼ばれているものです。htmlのカスタマイズはサイトや文章の構成に関して行われるのに対して、CSSは文字の**文字の大きさや色**、**背景画像**などデザインに関してカスタマイズをする役割を持っています。

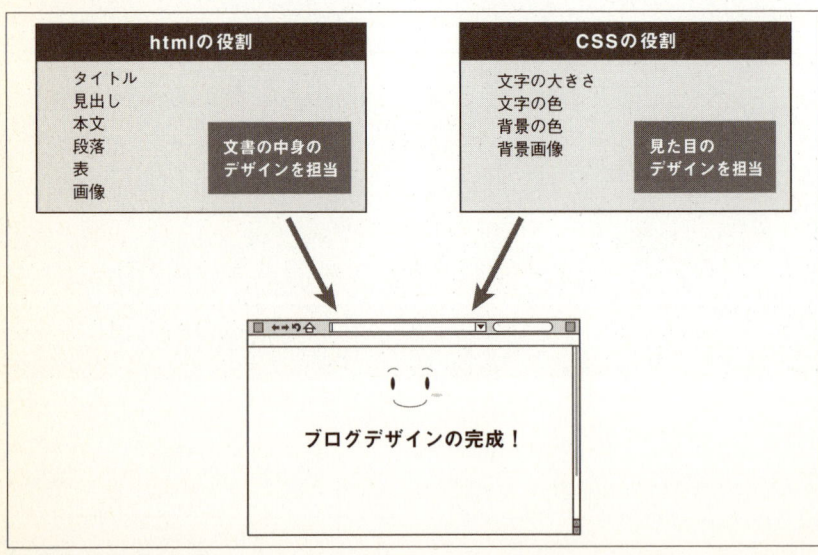

▲htmlとCSSの関係

htmlとCSSの役割と関係を理解する

それでは実際の各ソースコードでhtmlとCSSの関係を見ていきましょう。

htmlとCSSでブログをデザインするときはブロックを組み合わせて、サイトのデザインを制作していきます。

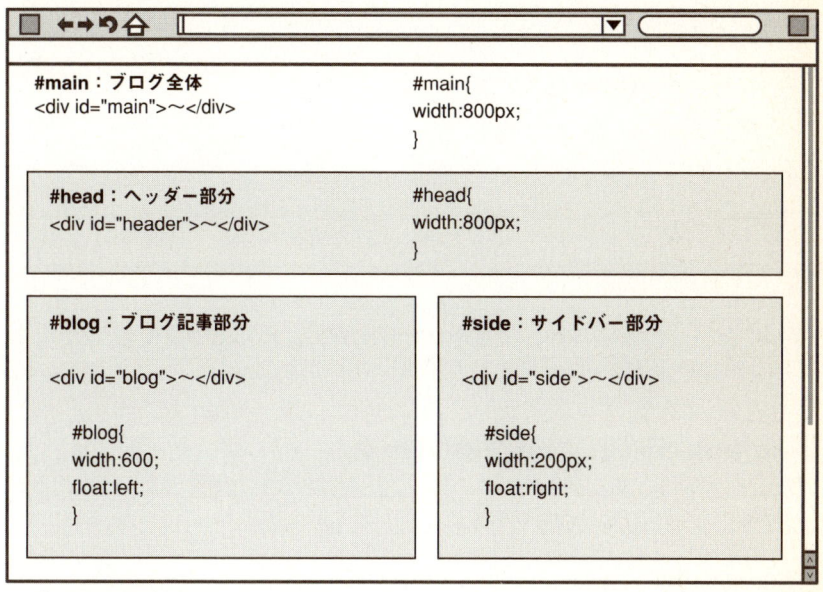

▲ブロックの組み合わせ

上の図のデザインを実際にhtmlとCSSで記述してみましょう。

図の中ではブログ全体をmain、ヘッダー部分をhead、記事部分をblog、サイドバー部分をsideと名前を付けています。

そして、mainを全体のブロックに位置づけ、headをブログ上部に配置、blogをheadの下の左側に配置、sideをheadの下の右側に配置しています。上の図のようなブロックの配列をhtmlとCSSで記述してみると、次ページのようになります。

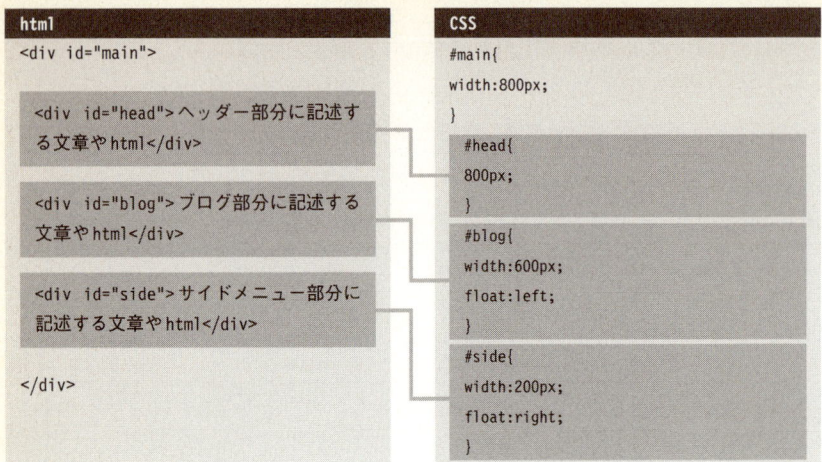

▲ htmlとCSSで記述した例

　htmlでは<div>から</div>で囲まれた部分がひとつのブロックになっているとイメージすれば理解しやすいでしょう。

🐾 #head、#blog、#sideの各ブロック

　#head、#blog、#sideの各ブロックは、#mainという大きなブロックで囲まれています。その#mainのブロックを表した<div id="main">と</div>の中に、

- #headのブロックの<div id="header">〜</div>
- #blogのブロックの<div id="blog">〜</div>
- #sideのブロックの<div id="side">〜</div>

が入っています。

　先程のCSSの例では、#mainの横幅を800px、#headの横幅を800px、#blogの横幅を800pxで左側に表示、#sideの横幅を200pxで右側に表示という指示をしています。

　このようにhtmlとCSSの2つの指示によって、前ページの図にあるようなレイアウトになることをイメージしてください。また、#main、#head、#blog、#sideなどの名前のことを要素名と呼ぶことがありますので覚えておきましょう。

> **point** htmlとCSSの関係を理解すればテンプレートカスタマイズも楽々できる！
> 無料ブログでサイト運営する場合の最大の壁はデザインのカスタマイズです。しかし、基本事項を知っておくだけで十分にオリジナリティを出すことができます。

02 CSSの構造を確認するためのツール

01では、htmlとCSSの関係を学びましたがこの2つを理解する一番の方法は気になるブログのhtml文を見ることです。

html文は利用しているブラウザの［ページのソース］［ソースを表示］などを選択すると表示させることができます。

CSSはhtmlソースの<head>～</head>で囲まれた、

```
<link rel="stylesheet" href="http://○○○/styles-site.css" type="text/css" />
```

の、

```
href="URL"
```

のURLで確認することができます。

 URL http://nakajimashigeo.com/のCSS

たとえば、

```
<link rel="stylesheet" href="http://nakajimashigeo.com/styles-site.css" type="text/css" />
```

であれば、

```
http://nakajimashigeo.com/styles-site.css
```

がCSSを確認できるURLだとわかります。

CSSで指定された名前がどこを指すかわかる方法

しかし、CSSを見ても、

CSSで指定された名前がどの部分を示しているのか、わからない

といったケースがほとんどでしょう。

そのようなときに活躍するのが、Firefoxというブラウザの拡張機能ソフトウェアであるWeb DeveloperやEdit CSSです。

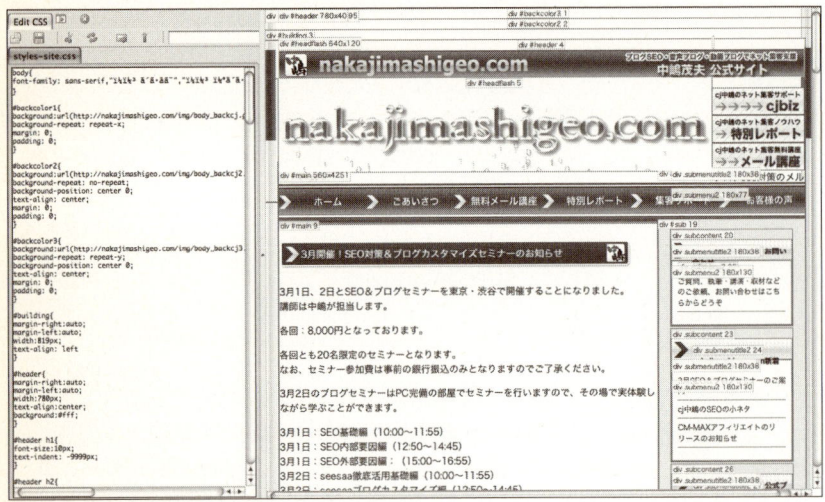

▲ Edit CSSを表示した例

　これらのFirefoxの拡張機能ソフトウェアを使うと、htmlとCSSで名付けられたid、classの名前の構造を確認することができます。

COLUMN
Firefoxのブラウザの拡張機能ソフトウェアのインストール

　Firefoxを起動した状態で、プラグインダウンロードサイトに入り、インストールボタンをクリックすると、Fairefoxからインストールの許可を求めてきます。[インストール]ボタンをクリックするとインストールが開始されます。インストールされたら、[Firefoxを再起動]ボタンをクリックしてください。

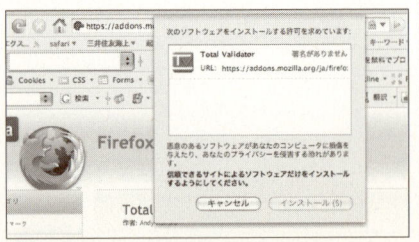

▲ 拡張機能ソフトウェアのインストール

ある部分の文字の大きさを変更したい場合

たとえばある部分の文字の大きさを変更したい場合は、修正したい文字のブロックのclassの名前を確認して、ブラウザ上でCSSを修正します。そして、その修正部分をFirefoxのブラウザ上でリアルタイムに確認することができてしまうのです。

左ページの図の「Edit CSSを表示した例」にある記事本文の文字の大きさを修正したい場合は、#mainというブロックのCSSを修正すればよいことがわかります。

▲ #mainの部分

FirefoxおよびFirefoxのブラウザ拡張機能ソフトウェアのダウンロードサイト	URL
Firefox	http://www.mozilla-japan.org/
Web Developer	http://www.chrispederick.com/work/firefox/webdeveloper/
Edit CSS	http://editcss.mozdev.org/

▲ FirefoxおよびFirefoxのブラウザ拡張機能ソフトウェアのダウンロードサイト

point　CSSの修正方法は修正したい箇所のid名、class名など、ブロックの名前を見つけてから修正！

無料ブログのCSSカスタマイズで大変なのは、修正したい箇所が、どのidやclass名に属しているかを見つけることです。紹介したFirefoxのブラウザ拡張機能ソフトを使えばすぐにCSSのid名、class名が発見でき、カスタマイズの効率をアップすることができます。

03 文字の大きさを変更する

Part 1 | **Part 2** | Part 3 | Part 4

　各無料ブログサービスの管理画面からCSSの編集画面に移動すると、次のようにフォントの大きさが指定されていることがわかります（要素名の部分は「body」「h1」「h2」「.blog」「#content」などhtmlのタグやid名、class名が入る）。

```
要素名{
font-size:12px;
}
```

 数字や文字のサイズを変更する

　font-size:の後ろの数字や文字を変更することで、文字の大きさを変えることができます。

文字の大きさの変更例
font-size:12px;
font-size:12em;
font-size:small;
font-size:smaller;

▲文字の大きさの変更例

　font-size:で指定できる文字の大きさは、次のとおりです。

数字＋単位	10px、11em、10in、1cm、5mm、12pt、など
％の値	50%、90%、150%、など
英字	xx-small、x-small、small、medium、large、x-large、xx-large
英字の比較級	smaller、larger

▲font-size:で指定できる文字の大きさの例

便利なfont-size:を利用する

文字の大きさはCSSのfont-size:で修正しましょう。

04 文字の色／背景の色／リンクテキストの色を変更する

Part 1　Part 2　Part 3　Part 4

文字の色を変更する

文字の色は、次のような形で指示できます。

```
要素名{
color:#000;
}
```

color:の後ろの数字や文字を変更することで、文字の色を変えることができます。

文字の色の変更例
color:#123456;
color:#FFF;
color:#ababab;
color:RED;
color:#black;

▲文字の色の変更例

color:で指定できる文字の色は、次のとおりです。

| 6桁の色番号 | #aabbcc、#123456など（6桁の番号#aabbccを3桁#abcに略すこともできる） |
| 英字の色名 | red、navy、green、black、など |

▲color:で指定できる色の例

 背景の色を変更する

背景の色は、次のような形で指示できます。

```
要素名{
background-color:#000;
}
```

background-color:の次にある数字や文字を変更することで、背景の色を変えることができます。

背景の色の指定方法については、color:と同様に 6桁の色番号 か 英字の色名 になります。

背景の色の変更例
background-color:#123456;
background-color:#FFF;
background-color:#black;

▲背景の色の変更例

リンクテキストの色を変更する

　リンクテキストの色は、CSSのid名、class名などで、

```
a:link
a:visited
a:hover
a:active
```

という部分を見つけて変更します。各言葉の意味は、次のとおりです。

a:link	閲覧していないページのリンクテキストの色	
a:visited	閲覧済みページのリンクテキストの色	
a:hover	マウスオーバーのときに表示されるリンクテキストの色	
a:active	アクティブのときに表示されるリンクテキストの色	
例1	a:link {color : red;}	未閲覧ページのリンクテキストを赤色に設定
例2	a:visited {color : blue;}	閲覧済みページのリンクテキストを青色に設定

▲リンクテキストの色の変更方法とその例

文字の色／背景の色／リンクテキストの色を設定する
ここで紹介したような設定を行うことで、よりイメージに合ったページを作成できると思います。

05 ボーダーを加える

Part 1 Part 2 Part 3 Part 4

文字を四角で囲む

ブロックを四角の線で囲む場合は、次のような形で指示します。

```
要素名{
border:1px red solid;
}
```

border:の後ろに ボーダーの太さ 、 ボーダーの色 、 ボーダーの線種 を指定します。
上の例では、ボーダーの太さが1px、ボーダーの色が赤色、ボーダーの線は実線ということになります。ほかにも次のように指定することができます。

ボーダーの太さ	pxなどの単位付きの数字、thin（細い）、medium（中線）、thick（太線）
ボーダーの色	文字色の指定と同様
ボーダーの線種	none（無し）、dotted（点線）、dashed（粗い点線）、solid（実線）、double（二重線）、groove（谷線）、ridge（山線）、inset（内線）、outset（外線）、inherit（継承）

▲border:で指定できる線の例

四角の辺の一部だけ線を加える

ほかにも、次表のように指定することもできます。これらの機能を上手く組み合わせることで、記事タイトル部分のデザインをCSSだけで行うことができます。

border-top	ブロックの上側の線を指定
border-bottom	ブロックの下側の線を指定
border-left	ブロックの左側の線を指定
border-right	ブロックの右側の線を指定

▲囲み罫線の指定

ボーダーの指定

ボーダーの指定をうまく使ってみましょう。

195

06 背景画像を加える

背景画像を加える場合は、次表のように指示します。

記述例	要素名{
	background-image : url("画像のURL") repeat;
	background-image : url("画像のURL") repeat-x;
	background-image : url("画像のURL") repeat-y;
	background-image : url("画像のURL") no-repeat;
	}

repeat	背景画像が縦横にリピートされて並んで表示
repeat-x	背景画像が横にリピートされて並んで表示
repeat-y	背景画像が縦にリピートされて並んで表示
no-repeat	背景画像はリピートされずにひとつだけ表示

▲背景画像の指定

　上記のタグを使うことにより、**ヘッダー画像の入れ替えや、リストタグ（<li>）の画像の入れ替え**が背景画像の変更により簡単に行うことができます。

　CSSを変更するだけで、サイトのデザイン全体を全ページにわたり一気に変更できる点が、CSSの大きな特徴です。背景画像に関する具体的な事例は、下記のサイトで補足していますので参考にしてください。

- 補足説明サイト
  URL http://blogseo.nakajimashigeo.com/css/

背景画像の設定
背景画像を使ってデザインのバリエーションを増やしましょう。

余白を極める！

CSSを使った余白の指定の方法には、次の２つの種類があります。

- margin（マージン）
- padding（パディング）

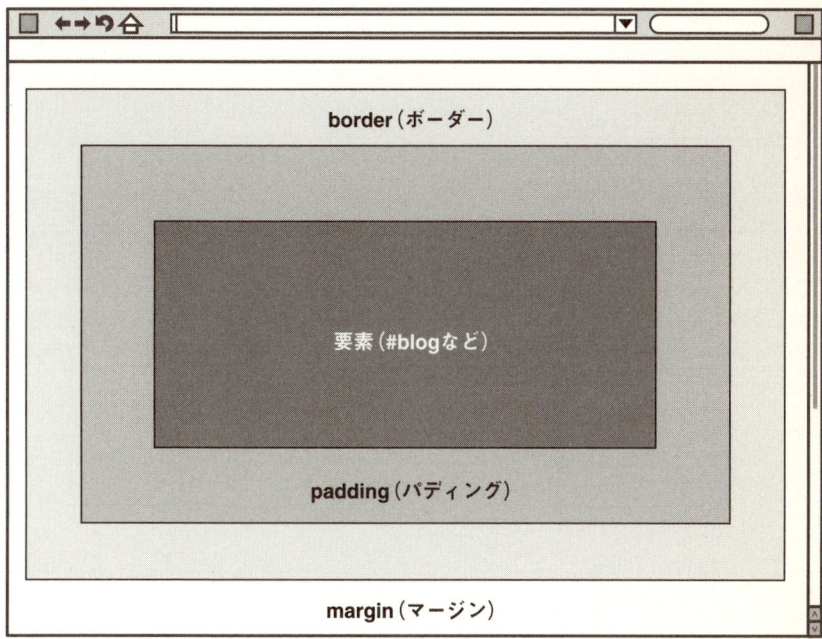

▲ margin、padding、borderの関係図

 CSSの構成

CSSは全ての構成をブロックの組み合わせでデザインしますので、ひとつのブロックの構成を理解することで、自由自在にテンプレートのカスタマイズをすることができるようになります。

marginとpaddingの指定は、次ページのように記述します。

```
要素名{
margin:10px 20px 5px 30px;
padding:5px 10px 20px 15px;
}
```

上の例は、次のような意味になります。

`margin` 上10px、右20px、下5px、左30pxのマージン
`padding` 上5px、右10px、下20px、左15pxのパディング

注意！
ブラウザによる余白の解釈の違い

ブログのテンプレートのカスタマイズの難しさの最大の原因は、IE、Firefox、Safari、Operaなどの各ブラウザによるCSSの解釈の違いにあります。**margin**、**padding**、**border** の設定の方法でサイドバーが落ちてしまったり、デザインが崩れてしまったりすることがあります。
ひどいウェブ制作会社の場合、IEでしかデザインの確認をしておらず、Firefoxでサイトを閲覧すると全くデザインが崩れていて読むことができないというケースもあります。つまり、ブラウザによる余白解釈の違いをしっかり理解できている方は、htmlとCSSのデザインのスキルがあるということになります。
各ブラウザによる余白の解釈の相違は下記のサイトで補足していますので参考にしてください。

- 補足説明サイト
  URL http://blogseo.nakajimashigeo.com/css/

point
余白の設定
余白を利用して、ユーザーにとって見やすいデザインにしましょう。

Part 2

Chapter 8

ウェブ検索からのアクセスアップ
無料ブログの外部SEO対策テクニック

本章では、ブログ運営者自身ではコントロールしにくい被リンク数の増加といった外部要因のSEO対策について解説します。自ら被リンクを獲得していく方法も盛り込んでいますので「獲得できる被リンク」は積極的に利用しましょう。

まずは検索エンジンに無料ブログをインデックスさせる！

ブログでもサイトでも、訪問者がどのようにしてあなたのサイトにやってくるのかを知ることが大切です。ブログのコメントやニュースサイトからの誘導などもありますが、ブログやサイトを作ったあとに、ある程度継続的に、しかも**安定したアクセスを供給してくれるのは、Yahoo!検索やGoogle からのアクセスなのです。**

このことを認識していないといつまで経っても、アクセスを集める裏技的な情報を探さなければならず、結果的に時間の無駄に終わることが多いのです。

Yahoo!検索、Googleなどの検索エンジンで上位表示されるための最低条件

それでは、Yahoo!検索、Googleなどの検索エンジンで上位表示されるための最低条件とは何でしょうか？

それは、検索エンジンのサーバにあなたのブログが記録される、つまり**インデックス（キャッシュ）**されていることです。あなたのブログが検索エンジンにインデックスされていなければ、絶対に**上位表示は不可能**です。

🐾 ブログが検索エンジンにインデックスされているかどうかを調べる方法

あなたの作ったブログが検索エンジンにインデックスされているかどうかを調べる方法はYahoo!検索、Googleとも次のように検索ボックスに入力すれば、調べることができます。

site:ドメイン名

site:ドメイン名/ディレクトリ名

例	検索ボックスへの入力
seotoool.com がドメイン名の場合	site:seotoool.com
	site:www.seotoool.com
例	検索ボックスへの入力
blog.livedoor.jp がドメイン名で cjshigeo がディレクトリ名の場合	site:blog.livedoor.jp/cjshigeo

▲検索エンジンにインデックスされているかどうかを調べる方法

どうでしょうか？　あなたのページは各検索エンジンにインデックスされていましたか？

最近、検索エンジンのロボット（**クローラー**とも言う）は、独自のアルゴリズムに基づき、上位表示すべきサイトを優先的に巡回していますので、新規に作成したブログの場合、トップページはすぐにインデックスされても、カテゴリページ、個別記事ページなどのサブページがなかなかインデックスされないといったことをよく聞きます。

無料ブログの場合

無料ブログの場合は、定期的（数日に1回位）に記事を更新することで、数ヶ月後にクローラーが定期的に巡回するようになります。

一方、あなたの作ったブログが検索エンジンから信頼を得ない限り、各ページのインデックスの速度もゆっくりしたものになります。インデックスさせるページ数を増やせば増やすほど、**ロングテールキーワードや複合キーワード**といった検索ワードでアクセスしてもらえる確率が高まります。ですので、投稿した記事はできるだけ全てのページをインデックスさせるほうがよいのです。

それでは、実際にどのようにすれば検索エンジンのインデックスを早めることができるのでしょうか？　それには、次のようなことを実践してみるとよいでしょう。

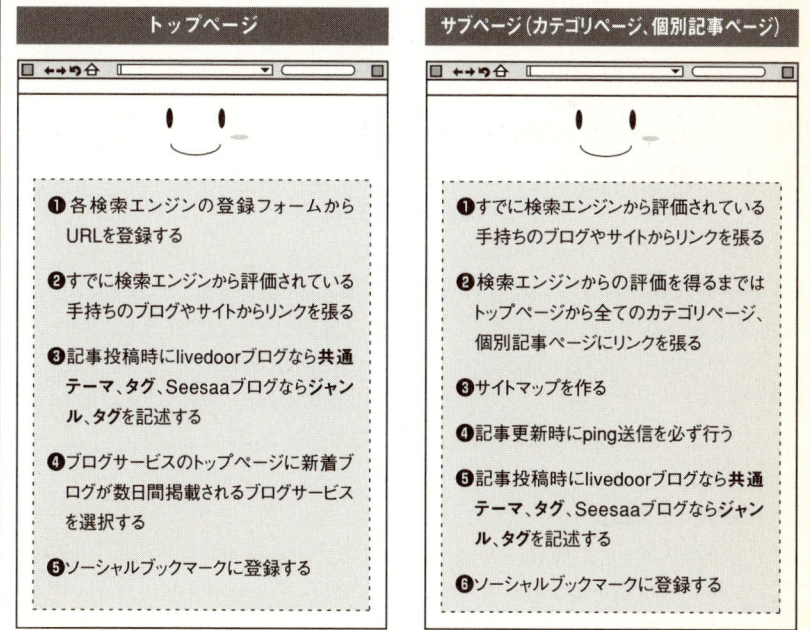

▲トップページ、サブページをインデックスされやすくする手法

最適化手法1 検索エンジンにブログを登録する

あなたの運営しているブログのトップページのURLを次の検索エンジンに登録します。最短で数週間、最長で数ヶ月であなたのブログが検索エンジンにインデックスされます。

- Yahoo!検索　URL http://submit.search.yahoo.co.jp/add/request
- Google　URL http://www.google.co.jp/addurl/?continue=/addurl

最適化手法2 手持ちのほかのブログからリンクを張る

もしあなたが、すでに日記型のブログを運営していて、毎日に近い形で半年以上更新を続けていたら、そのブログで記事を書いたときにインデックスさせたいブログにリンクを張ってください。

注意！
スパムブログに注意！
自動記事作成投稿ツールを使った記事投稿や別サイトの記事を抜き出して投稿しているスパムブログにリンクを張ってはいけません。

最適化手法3 共通テーマ、ジャンル、タグの設定する

livedoorブログを投稿するときに共通テーマを選択して投稿したほうが検索エンジンのインデックスが早くなる理由を説明します。

livedoorブログの人気度の高さから考えると、「livedoorブログの共通テーマの各ページは、検索エンジンのクローラーが頻繁に巡回しているページである可能性が高い」と言えます。livedoorブログの場合、共通テーマからブログを投稿すると、共通テーマのページから投稿記事へのリンクが自動的に張られます。その結果、共通テーマのページに巡回したクローラーが投稿記事へ巡回する可能性が高くなり、インデックスされる確率も非常に高くなるのです。

livedoorブログ

筆者の例を挙げると、新規にlivedoorブログを作成しても、ある程度人気のある共通テーマから記事を投稿しただけで、次の日にはYahoo!検索にインデックスされていたこともあります。

最新共通テーマ

1. ランチ バイキング ビュッフェ 高級ホテル の おすすめ情報(5) 2. 神になったら何をするか(9) 3. ◆◇◆あなたも月に土地が持てる!?◆◇◆(3) 4. 母子手帳ブランド手帳(5) 5. ana 旅行関連サービス(5) 6. お肌の科学(1) 7. ありのままの自分(1) 8. お気に入り映画、TVドラマ(1) 9. 施工当時の輝き(2) 10. 信長の野望online(1) 11. 石垣島のエコツアー体験をしてみてはいかがでしょう(1) 12. LIAR GAME(1) 13. pcが変わりました。(1) 14. 日産レンタカー 困ったときのQ&A(1) 15. フィットネスクラブ・岡山県(2) 16. 蛯原友里の画像サイコー(2) 17. 司法(2) 18. ドライヤーの正しい使い方(1) 19. 嵐 松本潤 大野智 櫻井翔 二宮和也 相葉雅紀(2) 20. CWCheatの使い方/ダウンロード(1)

▲ livedoorブログのトップページにある最新共通テーマ
URL http://blog.livedoor.com/common_theme_index.html

🐾 Seesaaブログ

　　Seesaaブログには記事投稿時に**ジャンル設定**をすることができます。これも共通テーマと同様にクローラーが巡回する確率を高めます。これらに加えて、**タグ設定**もしっかり行いましょう。その際にできるだけページで**使われているキーワード**をタグに設定してください。

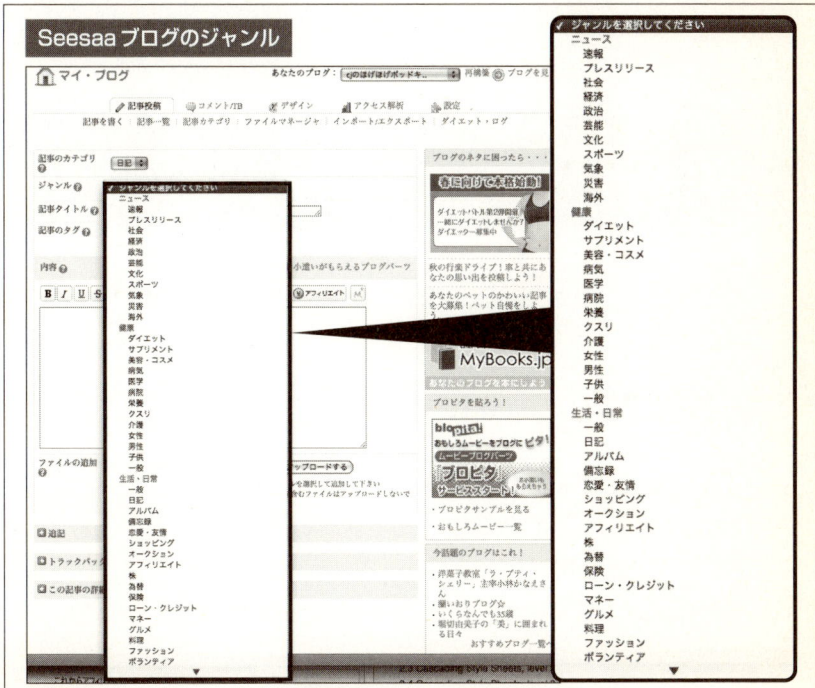

▲ Seesaaブログ投稿時のジャンルの選択画面

最適化手法4 **サイトマップを作成する**

　トップページの上部にサイトマップを作っておくと、クローラーがブログ全体をくまなく巡回してくれるようになります。ブログの場合、Googleサイトマップを利用してサイトマップを作るとよいでしょう。
　その際に、Googleのアカウントが必要になりますが、簡単に各ブログの管理ができますので、ぜひ登録しておくことをお薦めします。
　たとえば、Seesaaブログの場合、ブログ管理画面から、

　設定　→　ブログ設定　→　サイトマップXMLの出力

の順に進み、設定画面で「XMLの出力をする」に設定しておくとサイトマップの作成に役立ちます。

- Google アカウントの取得
  URL http://www.google.co.jp/webmasters/index.html
- ウェブマスターツール（サイトマップ作成）
  URL http://www.google.com/webmasters/sitemaps/?hl=ja

point　検索エンジンにインデックスされないページは存在しないも同じ！
作ったページを全て検索エンジンにインデックスさせる工夫をしましょう。

02 外部SEOのメインは被リンク獲得!

第5章、第6章で、内部SEOについての解説をしました。

 ### 内部SEOのおさらいと外部SEOについて

内部SEOがサイト運営者自身ですぐに実践できるのに対して、外部SEOは基本的に第三者の協力を必要とするSEO手法です。

「基本的に」という理由は、第三者でなくとも自作自演で装うこともできるからです。過度な自作自演は迷惑行為となりますが、多くの内容の異なるブログを運営していく中で、あなたのブログからあなたの別のブログにリンクを張る行為は問題ありません。また、同じ検索キーワードで複数サイトを上位表示させてもコンテンツにそれぞれ独自性があれば問題ありません。

次に、外部SEOで主に行うことは、あなたが運営しているブログの被リンクを増やすことになります。被リンクが増えるということは、あなたのブログに第三者からの推薦の一票が投じられていることを意味します。現在の検索エンジンは被リンクが増えることとどのサイトからリンクを得ているかであなたのブログの信頼性を計っています。

検索エンジンが評価しているサイトからのリンクは、その評価も高いのです。

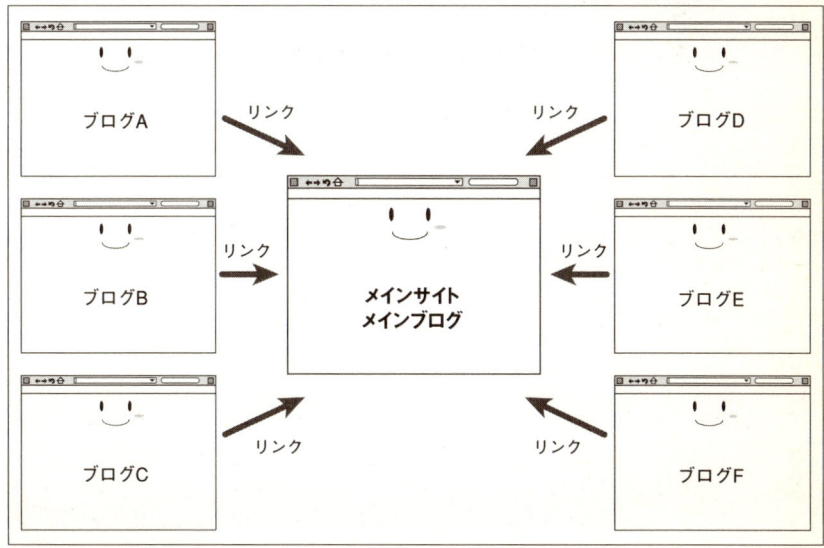

▲被リンクのイメージ図

注意！ 絶対に利用してはならないリンク広告販売サイトとは？

広告という形でバナーを張ったり、テキストリンクを張ったりしているサイトが多く見られます。これらのサイトはバナー広告やテキストリンクを張ることで定期的に広告報酬を得ています。このような有料リンク広告を募集しているサイトの中で絶対に利用してはいけないリンク広告があります。それは、**PageRankの上昇をうたっているリンク広告**です。

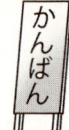

例 「PageRank6からのリンクを10サイトから張ります！月額●千円」というリンク広告販売サイト

Googleの品質のガイドラインでは、PageRankの売買やPageRankを上げるように設計されたリンクプログラムの利用を禁止しています。特に01で紹介した**ウェブマスターツール**のメニュー中には**有料リンクを報告**というメニューがあり、リンク販売サイト、リンク購入サイト、およびその詳細を報告するフォームが用意されています。つまり、このフォームから違反の報告を受けることにより、PageRankを上げるために購入したリンクが無効になってしまう可能性があるのです。最悪、インデックスが削除される可能性もあります。絶対にこれらの有料リンクは利用しないようにお願いします。

注意！ 自分でコントロールできない自動登録型の大量リンク登録のリスク

読者の中には、「**登録するだけでSEO対策ができます！**」というツールやサイトがあるのをご存知の方も多いと思います。しかし、この手のツールやサイトで登録した場合、リンク元のサイトを自分で選択することができません。場合によってあなたに検索エンジンから「スパムサイト」と疑われる不幸をもたらすことになりかねません。リンク登録ツールによって登録された、あなたのブログへのリンクサイトが、検索エンジンからスパムサイトとして認定されていたとしたら、SEO的によい効果を生むとは言えません。自分がコントロールできない被リンク獲得の手法は、避けたいところです。

point ブログを運営しはじめたら記事の更新と同じぐらい被リンク獲得にエネルギーを傾ける！

被リンクの増加は検索結果の上位表示の大きな要因のひとつとなっています。

03 SEOに効果のある被リンクとは？

被リンクを増やせば増やすほどSEOの効果はあるのですが、次のことを意識することでより効果的な被リンクの獲得が可能になります。

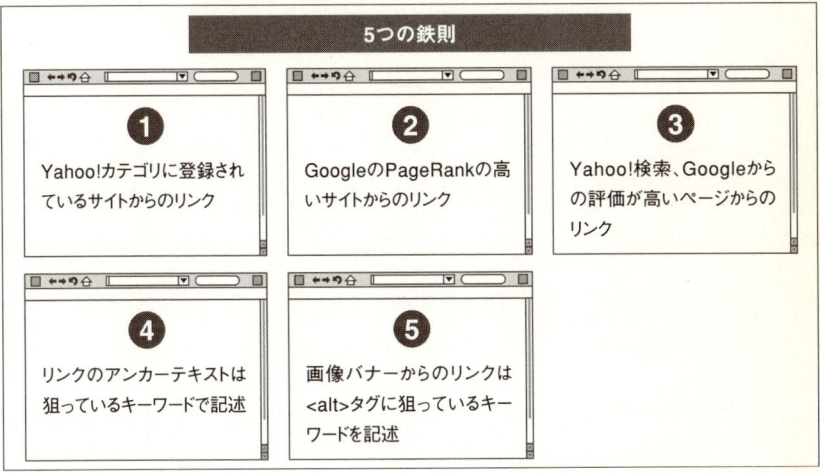

▲効果的な被リンク獲得する5つの鉄則

Yahoo!カテゴリというのは商用サイトがお金を支払って登録する**ビジネスエクスプレス**と非商用サイト（アフィリエイトサイトも含む）が無料で登録されるYahoo!カテゴリ登録の2種類あります。

コンテンツにオリジナル性があれば**無料ブログ**でも問題なく登録されます。

- Yahoo!カテゴリ掲載ガイド
  URL http://dir.yahoo.co.jp/pg/submit/guide/index.html
- ビジネスエクスプレス
  URL http://bizx.yahoo.co.jp/index.html

Yahoo!検索やGoogleから評価の高いサイト

Yahoo!検索やGoogleから評価の高いサイトというのは、オリジナルコンテンツのページ数が多かったり、訪問者が多かったり、ブックマークの数が多いサイトやブログのことです。評価の高いサイトの簡単な指標としては、Yahoo!カテゴリ登録の有無、GoogleのPageRankの高さが挙げられます。

例 アンカーテキストの最適化

あなたが**トワイライト**というキーワードでSEOをする場合を考えてみましょう。この場合、複合キーワードを含めて被リンクのアンカーテキストを多種多様にしたほうが自然です。

- `<a href="あなたのリンク先URL">`ここに狙うキーワードを記述`</a>`
- `<a href="あなたのリンク先URL"><img src="画像のURL"`ここに狙うキーワードを記述`"></a>`

ここで狙っているキーワードの特徴から、被リンクを受けるときのアンカーテキストは、

- トワイライト
- トワイライト 予約
- トワイライトエクスプレス ツアー
- トワイライトエクスプレス
- トワイライト 料金
- 寝台特急トワイライトエクスプレス

などと**トワイライト**という目標キーワードを含めつつ、様々な複合キーワードでリンクを獲得すると、複合キーワードでのアクセスも期待でき、より効果的です。

point 被リンクの質を高める

検索エンジンからの評価が高いサイトからのリンクと被リンクの量を増やすことを同時に実践しましょう。

04 相互リンクで効果のある被リンクを集める方法

Part 1 **Part 2** Part 3 Part 4

　相互リンクというのは2つのサイトがお互いにリンクをし合うことにより、被リンクを増やしていく考え方です。現在でもその効果が衰えることはなく、正しい相互リンクの知識を身につけておくと質の高い被リンクの獲得に役立ちます。

 ❶受けてはいけない相互リンク依頼のメール例

　筆者の管理しているサイトに頻繁にくる相互リンクのお願いは、次のような文章です。

初めまして。お忙しいところ申し訳ありません。
「○○○（サイトURL）」というサイトを運営している「▼▼▼」と申します。
本日は、相互リンクをお願いしたくメールさせていただきました。
私の運営しておりますサイトとカテゴリ、趣向が一致するとご判断していただけましたら、

- 相互リンクご希望サイト名
- 相互リンクご希望URL

を（メールアドレス）までご連絡いただけますでしょうか。
私のサイトはこちらになります

サイト名：○○○
URL：サイトURL

以上、忙しい中恐縮ですが、ご検討よろしくお願い致します。

【運営者情報】
運営者：▼▼▼
メール：メールアドレス

▲受けてはいけない相互リンク依頼のメール例

筆者が相互リンクを受ける場合は最低限、次の点を守っているサイトを候補にしています。

- 相手がすでにリンクを張っている
- 誰もが使っている定型文を用いていない

また、相互リンクの募集をしているサイトにきたメールでも、

- どのページにリンクを張るのか？
- お願いされているのにこちらから再度相互リンクのお願いをしなければならない

という不確定要素の多い場合、相互リンク依頼はすべてお断りしています。
もちろん、アダルトサイトやギャンブルについての記述のあるサイトなど、検索エンジンから何らかの制約を受ける可能性のあるテーマのサイトからのリンクは一切受けていないのは言うまでもありません。

 ❷思わず受けてしまう相互リンクのメール例

文章は一部改変していますが、次のような相互リンク依頼のメールがきた場合はどうでしょうか？

「●●●●」サイト管理者様
はじめまして「○○○○」というサイトを運営しております。管理人「▼▼▼▼」と申します。
突然、申し訳ありません。相互リンクのお願いでメールさせていただきました。

～中略～

城崎といえば、××に住む私にとっても、ぜひ訪れたい温泉地です。
●●●●様はホームページで拝見させていただいただけでもとても素晴らしい所だとわかりました。いつかお世話になれたらと思います。
●●●●様をぜひ私のサイトからも紹介させていただきたく思い、失礼ながら先にリンクを張らせていただきました。
貴サイトのリンクは、

【リンクURL】

に張らせていただいています。どうぞ、ご確認ください。紹介文など、不備がありましたら、何でもお申し付けください。

…中略…

【当サイトの情報】
サイト名：○○○○
サイトURL：○○○○
名前：
住所：

▲思わず受けてしまう相互リンクのメール例

例の❶と比較してあなたはどう感じたでしょうか？　おそらく、この依頼人は「少しでもサイトを見てくれた」と判断できると思います。先にリンクを張ってもらっているので、リンク元のページの内容とGoogleのPageRankの確認もできます。このときは、リンク元のサイトの内容がよかったことと、リンク元ページのPageRankが2でしたので、喜んで相互リンクを受けました。そして一番大きなポイントが名前と住所の記載があったことです。参考までに例の❶のメール文で運営者の会社名や名前、住所を記載したものはほとんどありませんでした。

❸ リンクキットの作成

自分から相互リンクをサイト運営者にお願いする場合は、**お願いする相手の負担をできるだけ軽くする**ことが望ましいです。ですから相互リンクをお願いするときは、**例**の❷のように事前にリンクを張り、リンクを張ったURLを依頼メールに記載するほうが相互リンクを受けてもらえる可能性が増えます。また、相互リンクを受けてもらえる場合のリンクを作成する相手の負担を考えて、**リンクキット**という形で**アンカーテキスト**、**リンクバナー**を提供するとよいでしょう。

- 参考サイト
  URL http://www.kinosaki-tajimaya.co.jp/links/2020/09/post_18.html

相互リンク依頼はお願いする相手の気持ちを考える！
相互リンクを依頼するときは、相手の負担を減らし、かつ相手に自分の言葉でアクションをアピール必要があります。

05 ブログの量産で被リンクを増やす

被リンクを増やすためにブログを量産する手法は、一部のアフィリエイターの方が好んで行っている方法です。最近では記事提供サービスや自動記事作成投稿ツールなど、アフィリエイター向けに特化したサービスも続々提供され、ブログの量産も積極的に行われてきています。

しかしながらこのことによって、検索エンジンがオリジナリティのあるブログのみ評価するようになり、アフィリエイト目的のブログの検索順位が軒並み落ちる要因となっています。

アフィリエイトブログのオリジナリティの極度の低下

アフィリエイトサイトの特徴として、ほかのブログ記事と同様の文章になることが多く、オリジナリティの極度の低下を招いていることにあります。

そこに気付かないアフィリエイターは量産したブログからのアクセスを集めることができず、ブログは検索エンジンから嫌われているという間違った評価をしてしまうのです。

アフィリエイトブログの評価を高める、とっておきの3つの手法

そこで筆者のブログ運営の経験からお薦めする方法は、

❶定期的に更新を続けるブログを作成する
❷テーマを絞ったブログを定期的に更新し、記事数を増やす
❸テーマを絞った記事数の少ないブログを作成する

というものです。

❶定期的に更新を続けるブログを作成する

❶は日記、時事ネタ、ニュースなど何でも構いません。とにかく更新し続けているブログは、検索エンジンのクローラーが毎日巡回してきます。その❶のブログからリンクを張ったページは、次の日にでも検索エンジンにインデックスされるという、理想の形になります。

❷テーマを絞ったブログを定期的に更新し、記事数を増やす

❷は専門性の高いテーマのブログのことで、記事数を数十から数百まで増やしたものを指します。専門性が高いのとページ数を増やし、検索エンジンからの評価が高くなるブログを目指します。

❸テーマを絞った記事数の少ないブログを作成する

❸は会社名、商品名、芸能人名などの固有名詞を使い、それらの固有名詞に合う2つ目のキーワードを探します。たとえば次のように固有名詞＋成約率の上がりそうなキーワードを選ぶとよいでしょう。

固有名詞＋成約率の上がりそうなキーワード		
会社名＋評判	会社名＋口コミ	会社名＋体験
商品名＋価格	商品名＋値段	商品名＋芸能人名
商品名＋通販	商品名＋購入	商品名＋安い

▲固有名詞＋成約率の上がりそうなキーワードの組み合わせ

また、❸のタイプのブログは、一度作成したら更新しないで、被リンク獲得のメンテナンスだけを行うようにします。

量産したブログを使って被リンクを増やす手法

ここまで解説した3種類のブログを使ってメインサイトに被リンクを送る方法と量産ブログの被リンクを増やす方法を次の図を元に解説します。

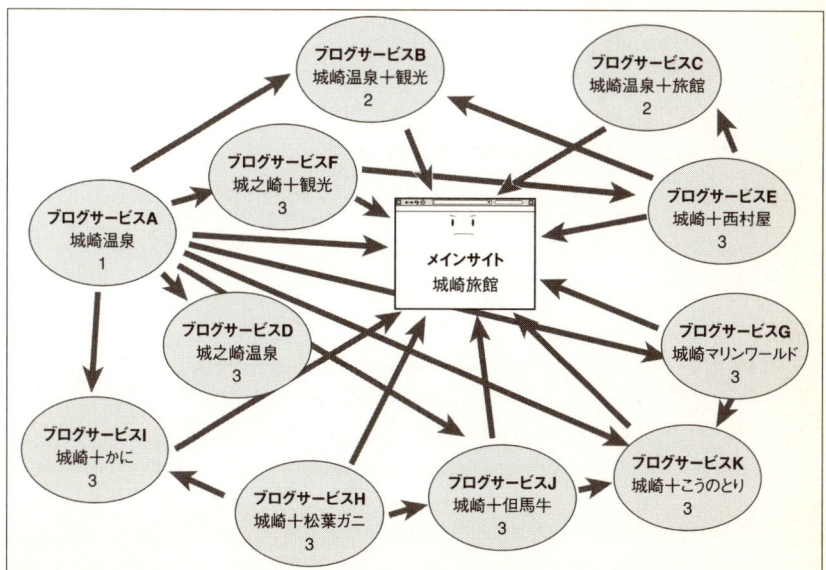

▲量産ブログの活用法（数字はここで解説したブログのタイプを表す）

🐾 相互リンクの形に注目！

前ページの図は量産したブログ同士の被リンクの一例を表したものですが、相互リンクの形はできるだけとっていないことに注目してください。

各ブログからは、この図以外の第三者のサイトやブログにもリンクを張り、その中の最低ひとつはこの地域のポータル的なサイトである城崎温泉観光協会のサイトにリンクを張ります。

🐾 リンクの張り方が特殊なワケ

このようなリンクの張り方になった理由は、

> よいサイトは検索エンジンから評価されているサイトにも
> リンクを張っている

からです。これは**文献の引用**にも当てはまります。「よい論文は評価の高い文献から引用されていることが多い」という考え方です。また、第三者のサイトにリンクを張ることで、リンク構造が自作自演のブログだけで完結させない意味もあります。

前ページの図の中で❶のタイプのブログは**城崎温泉**、❷のタイプのブログは**城崎温泉＋観光、城崎温泉＋旅館**をキーワードにブログを作成しています。これらは更新型のブログとなりますので、運営を続けていく限り検索エンジンのクローラーの巡回頻度も増えていきます。

COLUMN

**新しいブログを作ったときは？／
新しい日記ブログを作ったときは？**

もし、あなたが新しいブログを作ったときは、「これらの3つのブログからリンクを張ってインデックスさせる」という方法をとってください。
また、前述の❶のタイプの日記ブログがあれば、全てのブログにリンクを張ってもよいでしょう。

point　量産ブログもオリジナルコンテンツが基本！
オリジナルの記事を書くことで検索エンジンからの評価も高くなります。

06 ディレクトリ型中小検索エンジンの登録テクニック

Part 1 **Part 2** Part 3 Part 4

　ディレクトリ型中小検索エンジンとは、Yomi-Searchのような半自動登録型、365 Linksのような自動登録型、完全手動型の3種類に分けられます。検索ページのトップページがディレクトリ（カテゴリ）に分けられていることから**ディレクトリ型**と言われています。

ディレクトリ型の検索エンジンがよいところ

　なぜ、「ディレクトリ型の検索エンジンがよいか」というと、Yahoo!カテゴリに代表されるように分野別で分けられた検索サービスというのは検索エンジンからの評価が高くなる傾向があるからです。つまり、ひとつのページにありとあらゆる分野のリンクが並んでいるよりも、理路整然と分野別にカテゴリ分けされたリンク集のほうが、「価値がある」という考え方です。

- Yomi-Search（ディレクトリ型サーチエンジン）の解説ページ
  URL http://yomi.pekori.to/yomi-search.shtml
- 365 Links
  URL http://php365.com/dat/links.html

❶競合サイトのリンク元を徹底的に調査！

検索エンジンを利用した場合

　Googleでは被リンクの検索結果はランダム表示的となっており、Googleが認識しているリンク元の重要度などが全くわからない状況になっています。ですので、競合調査はYahoo!検索のみの検索結果から、Yahoo!検索に効果のあるディレクトリ型中小検索エンジンを使ったリンク集を探すことになります。
　Yahoo!検索でも、Googleでも、あるページのリンク元を表示させたいときは検索ボックスに、

    link:ページのURL

と入力します。

「link:http://seotoool.com/」で調べたときの被リンク元の検索件数

Yahoo!検索の被リンク元の検索件数

ウェブ 登録サイト 画像 音楽 動画 ニュース ブログ 辞書 知恵袋 地図 商品
link:http://seotoool.com/   検索   検索オプション
ウェブ検索結果（検索結果の見方） link:http://seotoool.com/ で検索した結果 1～10件目 / 約1,140件 - 0.52秒

Googleの被リンク元の検索件数

link:http://seotoool.com/   検索 検索オプション 表示設定
● ウェブ全体から検索 ○ 日本語のページを検索
ウェブ   http://seotoool.com/ にリンクするページの検索結果 約 55 件中 1 - 10 件目 (0.25 秒)

▲被リンク元の検索件数

🐾 SEOツールまるみえを利用した場合

これを筆者が無料で提供している競合調査ツールSEOツールまるみえで検索すると次のような結果になります。

SEOツールまるみえで調べたときの被リンク元の検索件数

被リンク元の検索結果（2008年1月1日よりも前のバージョン）

順位	TITLE	titleタグ	H1タグ	metaタグ(desc)	metaタグ(key)	googleランク	ページ数	出現頻度(1位のみの回数・頻度)	リンク数	被リンク数	?数	URL	SUMMARY
1	城崎温泉 旅館 但馬屋|城崎温泉 かに料理...	1	1	1	1	Rank.3	504	(%)	55	1670	377	http://www.kinosaki-tajimaya.co...	城崎温泉。料理や地酒、オリジナル浴衣、外湯案内、...
2	SAVAWAY(サバウェイ)ネットショッ?...	1	1	1	1	Rank.3	367	(%)	67	842	104	http://www.e-savacity.com	ネットショップの運営支援。ECコンサルタント、FLASH...
3	アドセンスブログ解析	1	0	0	0	Rank.0	1350	(%)	5	376	57	http://cj.livedoor.biz/Adsenseb...	インフォトップ登録に必要!SEO無料ツール、プロフィ？
4	スポーツ新聞 人間塾	1	1	1	1	Rank.3	472	(%)	340	308	41	http://sarupanda.blog3.fc2.com/	スポーツ新聞 人間塾はYouTube自動動画 SEO オリジナ？
5	ぶち広島弁	1	0	1	1	Rank.2	326	(%)	151	749	36	http://jaken.blog13.fc2.com/	ぶち広島弁で方言全開!... 今気ブレイクする?広島弁を？
6	YahooJAPAN WEB APIコンテスト応?...	1	1	1	0	Rank.3	495000	(%)	91	67	25	http://dir.yahoo.co.jp/Computers...	YahoolJAPAN WEB APIコンテスト応募作品。お気に？
7	ブログSEO対策|ブログ 集客の中嶋茂夫...	1	0	1	1	Rank.2	167	(%)	74	386	67	http://nakajimashigeo.com	ブログSEO対策、ポッドキャスト、...ブログ SEO対策、？
8	Yahoo!検索>Webサービスを使った...	1	1	1	1	Rank.3	495000	(%)	93	107	20	http://dir.yahoo.co.jp/Computers...	Yahoo!検索>Webサービスを使ったアプリケー...
9	ブログ&サイト記事作成代行サー...	1	0	0	0	Rank.1	7	(%)	8	37	21	http://kiji-sakusei.com	記事の傾向や要望など幅広く対応させて頂いております？
10	アリスエボイスPresents神戸セミナ?...	1	1	1	0	Rank.3	1860	(%)	1	92	29	http://info-will.com/url03/30063...	アリスエボイスPresents神戸セミナー「インターネッ？

被リンク元の検索結果（2008年1月1日以降の次期開発バージョン）

順位	URL	PR	リンク数	表示被リンク数	有効被リンク数	ドメイン取得日	IP	アンカーテキスト
1	http://www.kinosaki-tajimaya.co.jp 但馬屋	5	55	894	377	2001/02/21	219.94.129.219	SEOツール
2	http://www.e-savacity.com コンサルティング	3	66	840	104	2003/11/13	211.125.188.252	SEOツール
3	http://cj.livedoor.biz/Adsenseblog	0	5	373	57	2001/11/08	203.131.198.205	便利SEO無料ツール
4	http://sarupanda.blog3.fc2.com	3	236	308	41	不明	66.160.206.142	SEOツール
5	http://jaken.blog13.fc2.com	2	121	749	36	不明	66.160.206.130	SEOツール：キーワード検索調査
6	http://dir.yahoo.co.jp /Computers_and_Internet /Programming_and_Development /Yahoo_Developer_Network /Api_Contest	3	91	67	25	2000/11/17	203.141.44.135	SEOツールまるみえ
7	http://nakajimashigeo.com	0	74	385	67	2006/05/23	59.106.19.216	SEOツール,SEO対策ツール
8	http://dir.yahoo.co.jp /Computers_and_Internet /Internet/World_Wide_Web /Searching_the_Web /Search_Engines/Yahoo_Search /Search_Applications	3	93	107	20	2000/11/17	203.141.44.135	SEOツールまるみえ
9	http://kiji-sakusei.com	1	8	37	21	2006/10/20	210.188.214.233	SEOツール
10	http://info-will.com/url03 /3006350.html	2	1	92	29	不明	60.32.201.99	（なし）

▲ SEOツールまるみえを使って調べた被リンク元の検索件数
URL http://seotool.com/

左ページの図の下のように、SEOツールまるみえの次期バージョンでは、被リンク数、PageRankに加えて、Yahoo!カテゴリ登録の有無、ドメイン取得日、IPアドレス、アンカーテキストまでYahoo!検索の検索結果と同じ順位で表示されますので、競合サイトの調査がより詳しく簡単にできます。

❷実際に自動登録検索エンジンを発掘！

実際にアフィリエイターが使っているリンク集サイトを調べてみましょう。主婦＋キャッシングというキーワードをSEOツールまるみえで検索してみます。

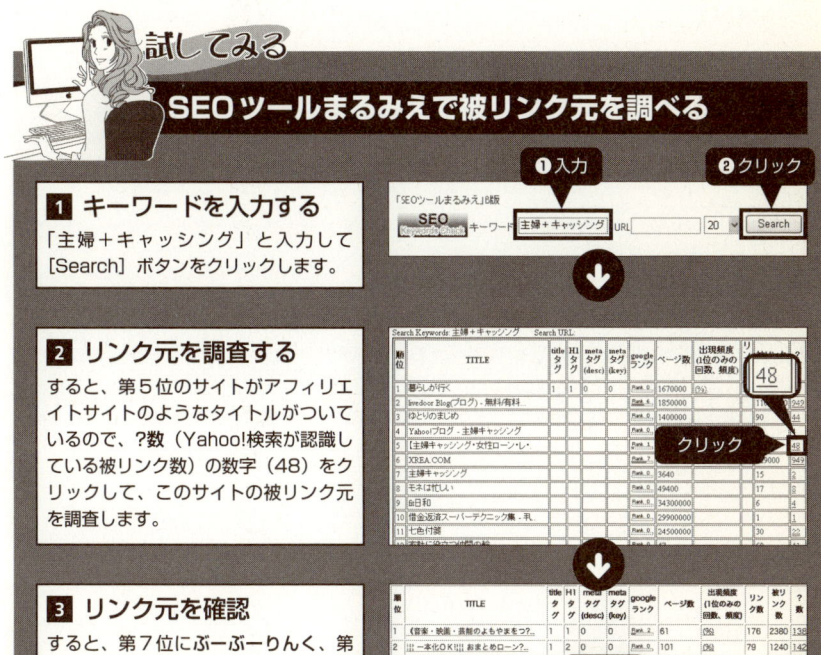

試してみる
SEOツールまるみえで被リンク元を調べる

1 キーワードを入力する
「主婦＋キャッシング」と入力して[Search]ボタンをクリックします。

2 リンク元を調査する
すると、第5位のサイトがアフィリエイトサイトのようなタイトルがついているので、?数（Yahoo!検索が認識している被リンク数）の数字（48）をクリックして、このサイトの被リンク元を調査します。

3 リンク元を確認
すると、第7位にぶーぶーりんく、第13位と第14位に「カテゴリ：○○」というディレクトリ型のリンク集を見つけることができます。これらのリンク集は、Yahoo!検索があるページのリンク元ページとして認識していることになりますので、被リンク効果があると判断してよいでしょう。

217

このように競合サイトの調査をしていくと**自動登録型のリンク集、半自動登録型のリンク集**がリンク元ページとしてでてきます。

しっかりと競合サイトのリンク元ページを調査することによって、競合サイトのページの作り方や、被リンクの増やし方のノウハウも得ることができます。

注意！
被リンク元が偏らないように気をつける！

自動登録型の検索エンジン登録がYahoo!検索に効果があるからといって、このようなリンク集からの被リンクしかないと、検索エンジンから嫌われる可能性があります。Yahoo!検索は特に、全体的なバランスを調査し、不自然なSEOをした場合に検索順位を下げることがあります。

被リンク獲得は、ブログからの被リンクしかなかったり、ソーシャルブックマークからの被リンクをしかなかったりといったように、極端な被リンクの構成になると逆効果になる可能性があります。「被リンク獲得手法だけ行う」「あの被リンク獲得ノウハウだけ行う」ということではなく、バランスよくいろいろな被リンク獲得のテクニックを使いましょう。

point
Yahoo!検索で認識している自動登録型検索エンジンを使う！
現在リンク元としてYahoo!検索が評価しているリンク集は積極的に使いましょう。

ソーシャルブックマーク登録テクニック

ソーシャルブックマークなどのソーシャルメディアを使った対策は、SMO（Social Media Optimization）と呼ばれています。

SMOが注目されているワケ

なぜ最近になってSMOがクローズアップされているかというと、

> 検索サービスを使っても探している情報がなかなか見つからない

という状況が背景にあります。特にリアルタイム性を重視したニュース的な情報が欲しい場合は、従来の検索方式であるウェブ検索で情報を探すのは難しいのです。

ウェブ検索で情報を探すのが難しいワケ

その理由は、サイトに情報がアップされてから検索エンジンにインデックスされるまで数日かかるので、検索エンジンにインデックスされる頃にはすでに新鮮な情報ではなくなってしまっているからです。

ウェブ検索にとって代わるものとして、リアルタイム性を重視したブログ検索がYahoo!検索にもGoogleにもあるのですが、現状はスパムブログが多過ぎて使い物にならない状況になっています。

ソーシャルブックマークが注目！

そこでクローズアップされたのがソーシャルブックマークです。

筆者はソーシャルブックマークのlivedoorクリップを以前から利用していますが、livedoorポータルのトップページに人気のクリップ（ソーシャルブックマーク）されたページが掲載されており、「人気のブログ記事がすぐに読めて便利だな」と感じています。

ソーシャルブックマークの最大の特徴

ソーシャルブックマークの最大の特徴は、欲しい情報、信頼性のある情報、新しい情報をすぐに見つけることができる点です。それには、「ある仕込みをしておけば」という前提が必要になります。その仕込みとは、信頼のおけるブックマーカーを登録しておくことです。

ブックマーカーとはソーシャルブックマークを全体に公開して、ブックマークを

誰でも共有して使えるようにしている人のことを指します。**タグの設定**がうまく、情報に敏感な人のソーシャルブックマークを共有することで、よい情報がリアルタイムに近い形で入るようになります。

最近ではlivedoorのようにポータルのトップページにソーシャルブックマークされた人気ページを表示しているぐらいですから、SMOが無視できない状態になっています。

SMOを行う上で大切なこと

SMOで一番重要なことは、**訪問者が読みたくなるようなコンテンツを提供する**ことです。特に定期更新型のブログを運用している方にとって、アクセスを集める重要な窓口になりますので、**読んでみて満足のいくコンテンツ、思わず読みたくなるようなタイトル、ブログのリピーターになってもらう仕掛け**などを提供することで、多くのアクセスを見込めるようになります。

> **注意！ ソーシャルブックマークの利用**
>
> 自作自演の被リンク獲得のためにソーシャルブックマークが使われるのは本来の使い方ではありません。将来的に検索エンジン側も何らかの対策をする可能性が高いです。しかし、本書執筆時（2008年2月時点）では、被リンク効果のすぐに出るソーシャルブックマークサービスもあり、**アフィリエイターの間でも人気の被リンク獲得テクニック**になっています。

❶SEO専門のソーシャルニュースサイト

ソーシャルブックマークサービスは、専門性の高いものが増えてきています。

SEOに関しても例外ではなく、**SEO Bookmark**というソーシャルブックマークサービスが存在します。もしあなたが有益な最新のSEO関連情報が欲しいなら、このSEO Bookmarkで紹介されている記事は非常に参考になると思います。

最新情報は**ブログ検索**で探すのが今までの情報収集テクニックだったのですが、現状ブログ検索の検索結果に自動記事作成投稿ツールなどを使ったアフィリエイト用のスパムブログが多く、ほとんど意味をなしていません。

そんな状況の中、このような専門性のある確かな情報を効率よく読めるサービスは今後ますます注目されるはずです。

SEO Bookmarkの特徴としては、次の点が挙げられます。

❶国内初のSEO専門ソーシャルブックマークサイト
❷国内の注目すべき有益な検索エンジン関連のニュースやブログ記事が読める

❸SEO系ブログを持っている人は、投稿すればアクセスが集まる可能性大（SMO対策）

SEO関連情報を得たい人と情報発信することで技術をアピールしたいSEO業者との利害も一致します。

- SEO Bookmark
  URL http://www.seo-bookmark.net/

ネットショップ業者がブログサービスを展開しているように、今後専門サイトを運用している人がこのような専門性の高いソーシャルブックマークサービスを続々とオープンする可能性は高いと思います。

以上のことから、インターネットのスキルレベルの高い層は、

- 過去の情報や普遍的な情報はYahoo!検索、Googleなどの検索エンジンで調べる
- 注目すべき有益な最新情報の収集はソーシャルブックマークで行う

という情報収集の方法に変化していくことでしょう。

COLUMN

SEOとSMOではページにたどり着くまでの過程が異なる！

SEOは**検索エンジン最適化**、SMOは**ソーシャルメディア最適化**と呼ばれますが、ページにたどり着くまでの過程が次のように少々異なります。

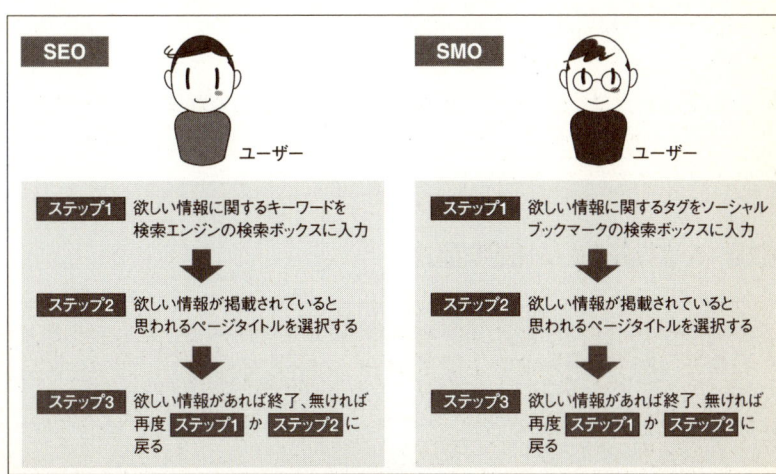

▲SEOとSMOのページにたどり着くまでの過程

SMOの場合、先にソーシャルブックマークを公開している人の中で有益な情報のみをブックマークしている**ソーシャルブックマーカー**を見つけてブックマークを共有しておきます。するとより有益な情報のみから選択肢を絞り込む形になりますので、欲しい情報に行き着く時間と精度が一気に高まります。

また、SMOならではの訪問方法として、次のような過程があります。

SMOのほかのステップ

ユーザー

ステップ1 ソーシャルブックマークの話題のエントリーを見る

↓

ステップ2 気になったタイトルのページを選択する

↓

ステップ3 欲しい情報があれば終了、無ければ再度 ステップ1 か ステップ2 に戻る

▲ SMOのページにたどり着くまでの別の過程

ここでいう**話題のエントリー**とはソーシャルブックマークのトップページに並んでいるブックマークされた人数による順位のことです。

人気のある記事はそれだけ注目されている記事ということになりますので、一度**話題のエントリー**に掲載されるとその記事への閲覧者が加速度的に増えるのです。

またこれらの注目記事から**今、話題になっている事柄**もわかります。これらの注目記事は**顧客満足度を高めるためのヒント**としてビジネスにも活用できるのです。

❷Seesaaブログは初期設定でソーシャルブックマークボタンを設置できる

　Seesaaブログに初期設定の状態で記事ごとにソーシャルブックマークに登録するためのアイコンボタンが設置されました。初期設定で設置されるブックマークアイコンは、Yahoo!ブックマーク、livedoorクリップ、はてなブックマークの3種類です。ブログ管理画面から、次の手順でアクセスすると、合計20種類のブックマークからアイコンボタンを選択できるようになっています。

設定 → ブログ設定 → ブックマーク

 ソーシャルブックマークに登録されるにはコンテンツの質とスピードが命！

自作自演で被リンク獲得のためにソーシャルブックマークを使うという考え方でなく、ブログ運営者と訪問者の信頼関係を築くためにSMO対策をすることが大切です。SMOを意識することで「有益なコンテンツとは何なのか」ということを再確認できます。

08 時間軸を考えた被リンク増加テクニック

Part 1　Part 2　Part 3　Part 4

　以前は被リンクを増やせば増やすだけ上位表示ができたのですが、今では急激な被リンクの増加は検索エンジンからペナルティを受ける場合があります。

　たとえば、1日に数アクセスしかないサイトに、1日に1,000ものリンクがいきなり増えたとしたら、不自然です。

　しかし、このサイトに1日当たり10,000アクセスあれば、1日に1,000リンク増えてもおかしくはないわけです。要はバランスが大事だということです。

　一般的に、被リンクは自然な形で増えるものなのです。

新規で作ったサイトの理想的な被リンクの増やし方

　SEO業者が販売するツールで「1日に数千の被リンクを供給します」というようなものがあります。しかし、このようなサービスを新規に作ったブログに使うことはお薦めできません。

　理由はこのようなツールを利用する人は「楽をして、SEO対策をしよう」という人が多いわけですから、いくら被リンクをゆっくり増やす機能があったとしてもそのような制限を取り払ってしまうことでしょう。ですからこのようなツールを利用するのではなく、あなた自身が被リンクの獲得をコントロールできる形をとるほうが効果的なSEOを施すことができるのです。

　それでは、新規サイトの自然な被リンクの増え方とはどのような形なのでしょうか？　次ページの図を見てください。

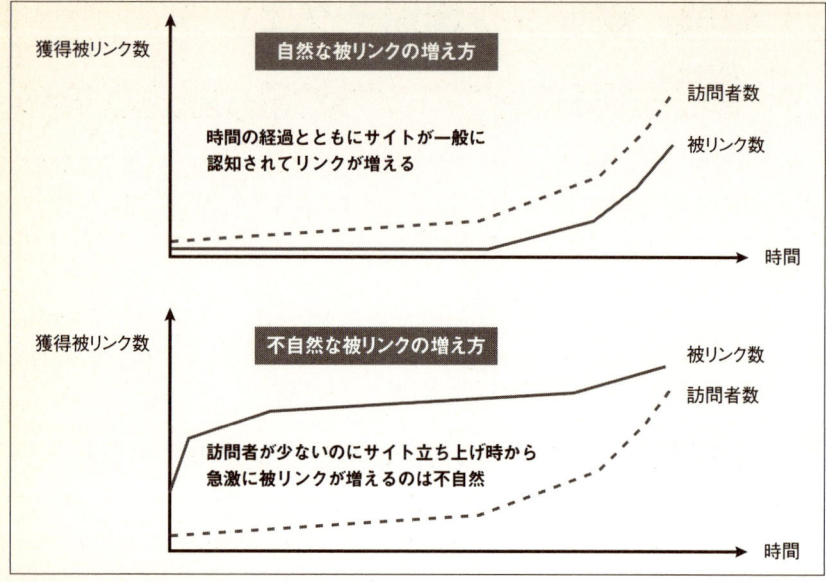

▲新規サイトの被リンクの増え方の例

被リンク数と訪問者数からわかること

　上の図を比較した場合に、下のグラフの被リンクの増え方は、やはり「不自然」と言わざるを得ません。その理由はサイト訪問者を上回る被リンク数の獲得数です。

　自然なのは上のグラフのようにサイトに人気が出るまでは、アクセス数も被リンク数もほとんど増えない時期が数ヶ月あり、認知度が上がった時点で訪問者数も被リンク数も増えるというパターンです。

　以上の点から、筆者が開催するセミナーでは、

作ったばかりのブログを焦って上位表示させないでください

と常々言っています。被リンク獲得には時間軸を考慮する必要があり、上位表示を焦ったために過剰な被リンク獲得に走ってしまうことが実際にあるのです。

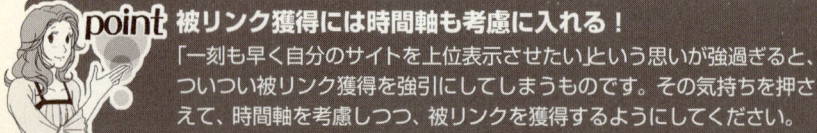

point 被リンク獲得には時間軸も考慮に入れる！
「一刻も早く自分のサイトを上位表示させたいという思いが強過ぎると、ついつい被リンク獲得を強引にしてしまうものです。その気持ちを押さえて、時間軸を考慮しつつ、被リンクを獲得するようにしてください。

09 被リンク元のIPアドレスの分散

IPアドレスとは、インターネットの世界でサーバなどのデータを送受信する機器ごとに割り当てられている次のような番号のことです。

> **IPアドレスの例**
> 190.165.0.1

被リンク元のサーバのIPアドレスの分散は今後の検索エンジンの動向を推測している面もあるのですが、「今から意識しておくことで、今後の検索エンジンの動向にも対応できる」と考えてここで解説することにしました。

被リンク元のサイトやブログのIPアドレスの分散

被リンク元のサイトやブログのIPアドレスの分散という考え方は**自作自演での被リンクサイトの増殖**により発生しました。これは、サブドメイン形式でも同様で、同じブログサービスからばかりの被リンクならば不自然だという考えにもとづいています。

たとえば、あなたがSeesaaブログでブログを運用し、あなたのブログへのリンクがSeesaaブログからばかりだったら、かなり「不自然」ですよね。

Seesaaブログはサブドメイン形式でひとつのアカウントで100個のブログが一元管理できるので、Seesaaブログ同士だけで自作自演のリンクを張ることが簡単なわけです。しかし、簡単にできることはスパムテクニックにもなりやすく、SEOスパムとして利用されたことがありました。

SEO対策とSMO対策を合わせて行う

しかし、ブログの場合、数日前以降の過去の記事を対象とするSEO対策とともに、**有益な最新情報を発信してアクセスを増やすSMO対策**とを併用するべきでしょう。05で解説した、

❶ 定期的に更新を続けるブログを作成する
❷ テーマを絞ったブログを定期的に更新し、記事数を増やす
❸ テーマを絞った記事数の少ないブログを作成する

の中の❶と❷のブログは、SMO対策に意識を多めにし、訪問者にとって有益なコンテンツの発信を主体にします。

特に❷のテーマを絞った専門性の高いブログでは、専門性のある濃いコンテンツを提供することで、そのテーマに興味を持つファンの人が増え、ブログ自体の信頼性をアップさせることを念頭に入れて運営するとよいでしょう。

「量産ブログの活用法」を振り返る

結果的に、❷のブログは検索エンジンからの評価も高まりSEO的にも効果を発揮すると思いますので、単なる自作自演ではなく、05の「量産ブログの活用法（数字はこの図で解説したブログのタイプを表す）」の図でも記述したように、

- 信頼性のあるブログが有機的に結びついているサイト群の構築を目指すこと

　　　　　　　　　　このことが……

- あらゆる検索ニーズに対する受け皿を作ることになり、結果的にメインサイトのアクセスアップと成約率アップに貢献する

ということになります。

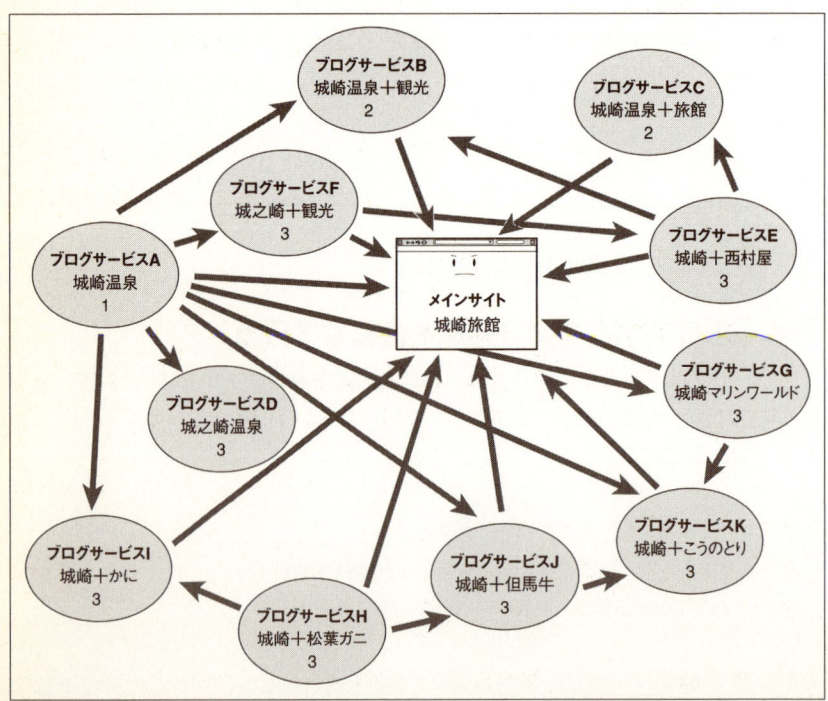

▲第8章の05で紹介した量産ブログの活用法（数字は05で解説したブログのタイプを表す）

ブログサービスA～K

　そして注目していただきたいのが、前ページの図にもあるブログサービスA～Kです。この図では、全てのブログを異なるブログサービス、またはレンタルサーバで運用することを前提にしています。

　その理由は先に解説した通り、自作自演の被リンク獲得行為が増えたために同じブログサービス同士のリンクや、同じIPアドレスにある同一ドメインで異なるサブドメイン、異なるドメイン同士のリンクを検索エンジンが評価しない方向にあるからです。

例1 ～ 例3 でわかること

- 例1 abc.xyz.com　ghi.xyz.com　plm.xyz.com
- 例2 www.xyz.com　www.yhn.com
- 例3 abc.seesaa.net　rfb.seesaa.net　dfw.seesaa.net

　例1 と 例2 のドメインが同じサーバ内で運用されている場合、ドメイン間のリンクは評価されない傾向にあります。もちろん 例3 のSeesaaブログ同士のリンクも評価されるリンク数が以前より大幅に減っています。

　ですから今後新規にサイトやブログを立ち上げるときは、以前から構築しているサイトやブログのIPアドレスと重複しないように、利用する無料ブログサービスを分散させることをお薦めします。

point　サイト群の構築に使う無料ブログやサーバはできるだけ異なるサービスを使う！
お金をかけない誰でもできる自作自演の被リンクは効果がなくなる傾向にあります。専門性の高い情報を異なる無料ブログやサーバで発信しましょう。

10 リンク構造最適化

Part 1　**Part 2**　Part 3　Part 4

　サイトやブログを複数管理していくことは、今後のネットビジネスにおいて必要不可欠になります。
　今までは予算の都合で同一サーバに異なるドメインでサイト運営することも多かったと思いますが、検索エンジンは同じIPアドレスのサーバ＝同じ運営者と見なす傾向になります。ですから複数サイトを運用するとき、それぞれのサイト、ブログがそれぞれ独立していることを検索エンジンにアピールするのであれば、IPアドレスを分散する必要がでてくるのです。

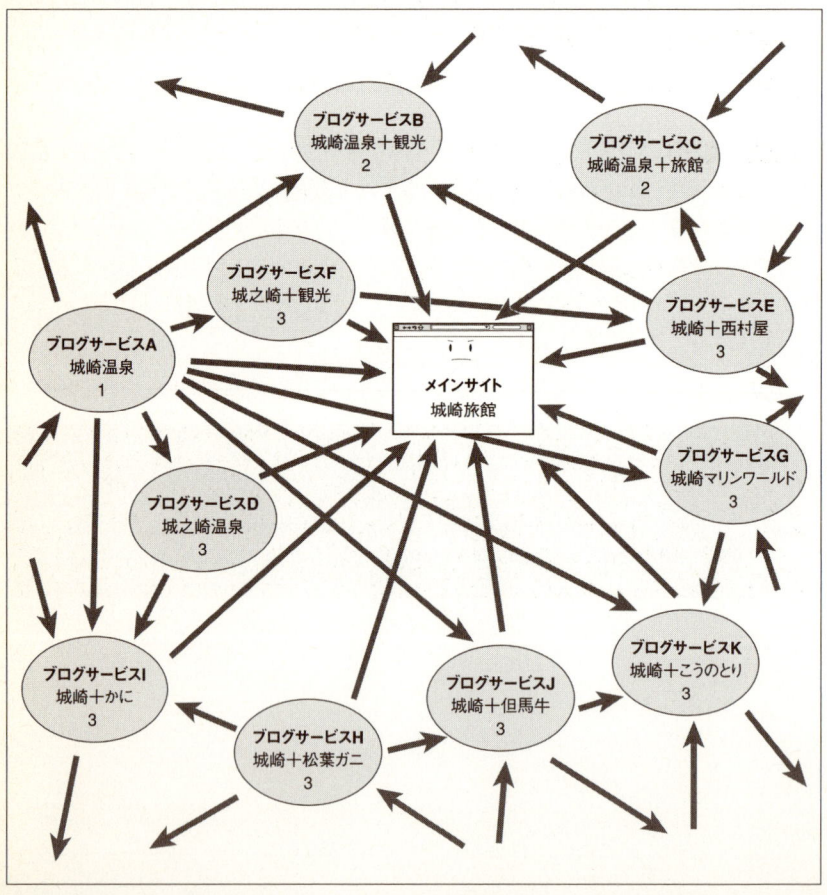

▲リンク構造のイメージ図

サイト群を構築するときのポイント

　前ページの図はひとつのメインサイトを中心にブログ群を構築したイメージ図ですが、周りを囲むブログ群にも外部から矢印が出たり入ったりしています。

　これは、**サイト群を構築したときにサイト群の中だけでリンクが完結するのは不自然である**という考え方にもとづくものです。

　よいサイトにリンクを張ることで、あなたのブログの評価も上がるのです。アフィリエイトリンクばかり張っているブログの検索順位が下がっているのもうなずけます。

サイト群だけのリンクで終わらせない！
第三者のブログやサイト、ソーシャルブックマークとのリンクも行い全体的なバランスをとりましょう。

Part 2

Chapter 9

無料ブログのトラフィック誘導対策

無料ブログSEO対策からSMM（ソーシャルメディアマーケティング）へ

本章では、第三者のサイトからトラフィックを誘導するためのテクニックを解説します。コメント、トラックバックを使った無料ブログSEO対策テクニックから、ソーシャルブックマークを意識したSMMまでを紹介します。

SEO、無料ブログ SEO と SMM（ソーシャルメディアマーケティング）

Part 1　**Part 2**　Part 3　Part 4

　第8章でSMO対策に関することにも少し触れましたが、本章ではブログ運営の目的をコメント、トラックバックなどからブログにトラフィックを誘導するためだけの対策から、SMM（ソーシャルメディアマーケティング）と呼ばれるソーシャルメディアブックマーク、Q&Aコミュニティ、掲示板などのソーシャルな媒体（公の媒体）を活用したトラフィックの増加に視点を当てていきます。

　そして、 SEO対策 　 無料ブログSEO対策 　 SMM 　の違いを明確に解説します。

SEO対策の目的

　前章までの解説でSEO対策が、サイト内のテキスト情報やリンク構造による**内部要因**と第三者からのリンクを評価する**外部要因**で成り立っていることを理解していただけたと思います。しかし、SEO対策用のリンク広告やリンクツールが販売されている現状を考えると、決して全ての検索結果が公正に評価されているわけではありません。ですから、SEO対策で一番望ましい状態としては、自然に第三者からのリンクが運営サイトに集まってくる状態だと言えるでしょう。

復習 SEO対策をする前に考えておくこと

　復習となりますが、SEO対策をする前にまず考えておきたいことは、次の流れを決めておくことです。

❶ 誰に向けて情報発信をするのか？

❷ 訪問者に伝えたいことは何か？

❸ 訪問者に情報を伝えたあとにどうしたいのか？

❹ ❸のアクションをとるための具体案を作る

❺ 商品、サービスの成約につなげる

▲ SEO対策をする前に考えておくべきフロー

ある程度記事の内容を絞っておかないと「あれも書きたい、これも書きたい」ということになりブログの全体像や運営の主旨がぼやけてしまい、情報過多となっているネットユーザーからの信頼を得ることが難しくなります。

🐾 SEO対策の手順

SEO対策は次の手順で行います。

❶ 販売するサービス／商品、ターゲットを決定する
▼
❷ 適切なキーワードを選択する
▼
❸ 運営サイトの順位のチェックと競合サイトを調査する
▼
❹ サイトの修正とコンテンツの修正／追加をする
▼
❺ 被リンク獲得のために関連キーワードにもとづいた複数のブログを構築する
▼
❻ 修正した結果を評価する
▼
❼ ❶から❻を繰り返す

▲ SEO対策の手順

🐾 検索結果で1位になることが最終目的ではない

まず、販売する商品なりサービスがあって、その商品が成約するためにどのようなSEO施策をとるかを考えるわけです。SEOの目的は売上を上げる、利益を上げることであって、検索結果で1位になることが最終目的ではないのです。

無料ブログSEO対策によるトラフィック誘導の在り方を問う

　ここでは無料ブログSEO対策の定義を、**トラフィック誘導によるアクセスアップの手法**とします。特に一部のアフィリエイターの方が好んで行うテクニックを挙げてみましょう。

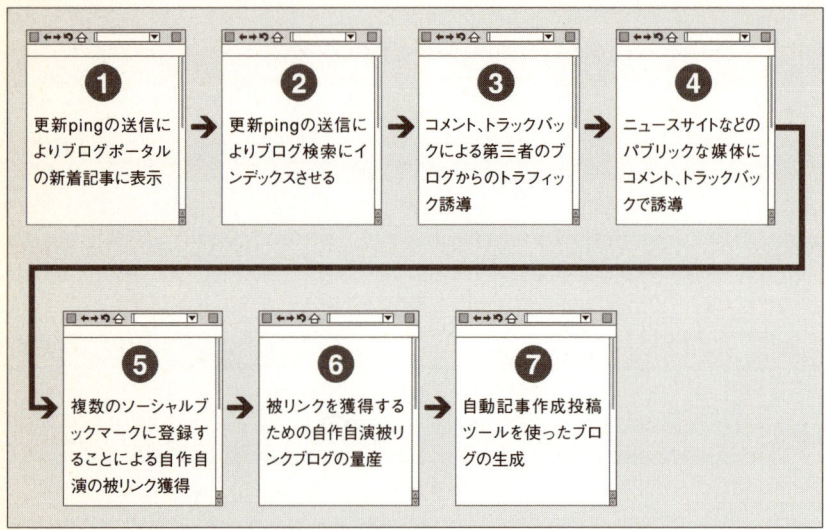

▲一部のアフィリエイターが好んで行うブログSEOテクニック

　これらのテクニックで共通しているのは**自分本意**での施策でしかないことです。つまり、**自分のブログにトラフィックを誘導するためには他人のことは考えない**という方法です。

　アフィリエイト自体は素晴らしい仕組みなのですが、ビジネスマインドが高くない方の参入も多く、無駄なブログの量産、無駄なサーバスペースの浪費、無駄なトラフィックを生んでいる状況です。筆者はいつまでもこのような状況が続くとは考えていません。

　現状では、まともなよいコンテンツを提供しなくても、誰にも共感を呼ばないブログであっても、掲載している検索連動型広告をクリックしてもらうことで報酬は発生します。しかし、検索連動型広告の広告主の立場から見ても、このような状況での広告報酬の支払いは続くべきことではありません。

　今後、ブログ検索でも、ソーシャルブクマークでも自分本位でトラフィック誘導しているユーザーに対しては何らかの制裁や制限がかかる仕組みができてくると思います。

無料ブログのトラフィック誘導対策｜無料ブログSEO対策からSMM（ソーシャルメディアマーケティング）へ

SMMのススメ

今までお伝えしたことから、トラフィックの誘導によるブログのアクセスアップには、情報発信側と第三者が共存共栄する**SMM**の手法を使うことを筆者はお薦めしています。

SMMの世界では無料ブログSEO対策と比較して、アクセスアップのためのアプローチの方法が全く異なります。

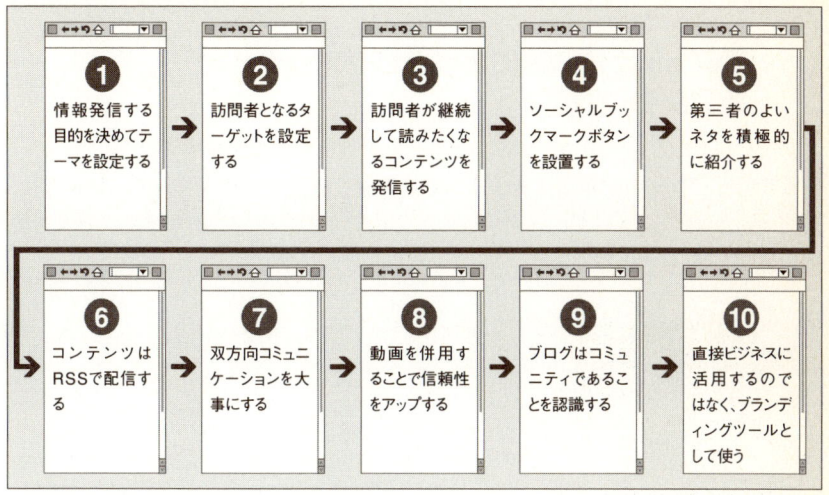

▲ SMMを利用したアクセスアップのためのアプローチ手法

つまり、**情報発信をすることそのものが目的**となります。その目的は訪問者との信頼関係の構築であったり、ブログを発信することで専門性をアピールしブランディングすることにあります。たとえば、「コンセントがついた車両の紹介」などは、車両情報という鉄道ファンの視点をビジネスマンの視点に変えることで価値が出てきます。

アフィリエイターのための最新情報、ある芸能人のファンブログ、SEO最新情報などのような**継続性、専門性**があり、かつ**既存の競合があまりないテーマ**もしくは**既存の競合よりもよい情報発信ができるテーマ**で勝負すると成功する確率は高くなります。

すでに存在するテーマでも切り口を変えるなどして、より専門性を高めることにより、後発でもファンを獲得することができます。

SMMは、自分自身が情報発信して、第三者も巻き込んで評価してもらうことで多くのユーザーに向けてブログの認知度を広げていく手法なのです。

> **point** 同じブログでもアクセスアップの対策方法には3種類ある！
>
> ウェブ検索から集客するSEO対策、トラフィック誘導を自分から仕掛ける無料ブログSEO対策、コミュニティを作る感覚のブログ運営でトラフィックの誘導を図るSMM、この三者の違いを認識してください。

02 トラフィック誘導による無料ブログSEO対策テクニック

Part 1　**Part 2**　Part 3　Part 4

　ブログ独自のSEO対策として有効なトラフィックの誘導テクニックについて解説します。

更新pingの送信によりブログポータルの新着記事に表示

　ping（ピン）というのは、ブログ記事を更新したときの更新情報のことです。
　一般的にブログの記事を更新すると更新情報を各ブログサービスや、ブログ村、BlogPeopleなどのブログポータルサイトに送信する仕組みがあります、それを更新pingの送信と呼んでいます。

> **COLUMN**
>
> #### pingの設定
>
> 　pingの設定は各無料ブログの設定画面で修正することができます。一度に多くのpingを送信すれば、それだけ多くのサイトに記事の更新情報を送ることができ露出の度合いも上がります。しかし、数十箇所も一度にping送信をすると、ping送信の時間が膨大にかかりますので、通常は10箇所ぐらいまでにとどめておくのがよいでしょう。通常は無料ブログの初期設定で設定されているpingの設定だけで十分です。

🐾 無料ブログSEO対策テクニック1
更新pingの送信によりブログ検索エンジンにインデックス

　更新pingは、Yahoo!検索、Googleのブログ検索エンジンにも送信することができ、pingの受付がブログ検索側で正常に行われると、更新した記事がブログ検索エンジンにインデックスされます。
　ブログ検索エンジンのインデックスはpingを送信すると必ず行われるものではなく、オリジナリティのない記事であったり、同じブログから短時間のうちに何度も更新されると受けつけない場合もあります。

🐾 無料ブログSEO対策テクニック2
コメント、トラックバックによる第三者のブログからのトラフィック誘導

　コメント、トラックバックによるトラフィック誘導はブログが普及した頃からあるテクニックのひとつです。以前はウェブ検索用のSEO対策にも効果があったのですが、多数のブログサービスがリンクタグの後ろにnofollowタグを追加するよ

うになり、PageRankのデータの継承を行えないようにしています。

また、同一のIPアドレスからの被リンクの評価をほとんどしなくなったことから、同一のブログサービスからのコメントやトラックバックによる被リンク効果がなくなってしまいました。

しかし、コミュニケーションを図るために両機能を使うのはお薦めです。他人に迷惑がかからぬよう、大人のブログ運営をして欲しいものです。

無料ブログSEO対策テクニック3
ニュースサイトなどのパブリックな媒体にコメントやトラックバックで誘導

Yahoo!ニュースや、livedoorニュース、その他ニュースサイトの中には記事ごとにブログに読者を誘導する仕組みがあります。Yahoo!ニュースの場合は、Yahoo!ニュースの記事のURLのリンクを張り、ブログ記事を更新すると、Yahoo!ニュース記事中のこの話題に関するブログにリンクが張られる可能性があります。

話題にのぼるニュースは、Yahoo!ニュースからのリンクがあるだけでトラフィックを誘導できますが、ニュース記事は契約の関係で一定期間経つと削除されることが多いですので、ウェブ検索用のSEO対策にはなりません。

トラフィックの誘導をするだけでは意味がなく、**訪問者は誰なのか、訪問者に何を提供するのか**について考えないとキャッシュポイントにつながりにくいのです。

COLUMN
livedoorニュースの場合

livedoorニュースの場合は、提携ニュースによってトラックバックを打てるものがあります。livedoorニュースと関連のあるブログ記事を書いた場合は、ニュース記事にトラックバックを打って、トラフィックの誘導をするとよいでしょう。

注意！
自動記事作成投稿ツールを使ったブログの生成

ブログ検索が使いものにならなくなった理由に、自動記事作成投稿ツールの出現を挙げることができます。一度に1,000ブログの更新を毎日1記事ずつ更新していくようなツールとサーバも提供されています。これらのツールを使う場合のトラフィック誘導の方法は、更新pingの送信によるブログサービスやブログポータル、ブログ検索からのアクセスがほとんどです。
ですから1日に1,000ブログ合計で200アクセスしかないという状況も起こるのです。

point
自分本意のトラフィック誘導は続かない！
自分のブログにトラフィックを誘導することだけを考えていると、いつかペナルティというしっぺ返しがくる可能性があります。

03 ソーシャルな環境がブログ健全化をもたらす

Part 1　**Part 2**　Part 3　Part 4

🐾 筆者がブログを使っていた2003年ころの話

　元々ブログというのは双方向性のコミュニケーションができるツールとして登場しました。筆者自身も2003年12月からlivedoorブログを利用して、ブログを使いはじめました。

　当時はlivedoor株式を所有していたこともあり、「livedoor使用感日記」というブログを運営しており、livedoorのサービスを実際に使っては、ブログでサービスの内容や感想をアップするということを続けていました。

　また、ホリエモンブームの追い風もあり、2003～2005年はlivedoor応援ブログ仲間ができるぐらいで、SNSの代わりにブログ同士でコミュニケーションをとり合っている状況でした。当時のアクセス数は5,000PVから20,000PVでしたが、2005年後半までは特にSEO対策をしていたわけでもなく、ブログのコメントとクチコミ効果でブログの認知度が増え、リピーターの訪問者が増えていたと思います。

🐾 2005年ころから現在までの話

　しかし、ブログ＝アフィリエイトのツールのように考えられるようになった2005年ごろからブログを情報発信の目的ではなく、単なるアフィリエイト目的で運営する人が爆発的に増えてきました。

　筆者もインフォトップブログというブログサービスの運営メンバーに入っていますのでわかるのですが、アフィリイエターの中には、**トラフィックを誘導するためには手段を選ばない人**が存在します。

　そのような方は、トラフィックエクスチェンジのようなトラフィックを誘導するためだけのサイトを利用し、ブログサーバに多大な負荷をかけることに対して何のためらいもありません。このような自分本位のブログ運営者が増えてしまったために、投稿記事とは全く関係のない迷惑コメントを送りつけるコメントスパムやツールを使って自動的に迷惑トラックバックを打つトラックバックスパムが現在でも横行しています。そのためにブログ本来の双方向性というメリットを自ら閉じてしまう運営者もいるのです。

🐾 各社のスパムブログへの対応

　もちろん、検索サービス提供会社もブログ運営会社もこれらの迷惑行為に対する改善策は打っています。たとえば、自動コメントツールや自動トラックバックツールが使えないような仕組みに改善してきています。

今後、徐々にではありますが、スパム行為も減ってくると思いますので、無料ブログ本来の機能を活かしたブログを今から運営することは、タイミング的にもよいと言えます。

ソーシャルブックマークの活用の流れ

人気ソーシャルブックマークのひとつlivedoorクリップのトップページをみてください。

▲ livedoorクリップ

livedoorクリップにはブックマークされた人気ページが一覧で並んでいるのですが、**マイクリップ**（ユーザーのブックマーク）、**ウォッチリスト**（ほかのlivedoorクリップのブックマーカーのブックマークの一覧を見ることができる）に注目してください。

マイクリップは通常ブラウザで行っているブックマークの作業をウェブ上で行っているだけなのですが、**ウォッチリスト**は違います。

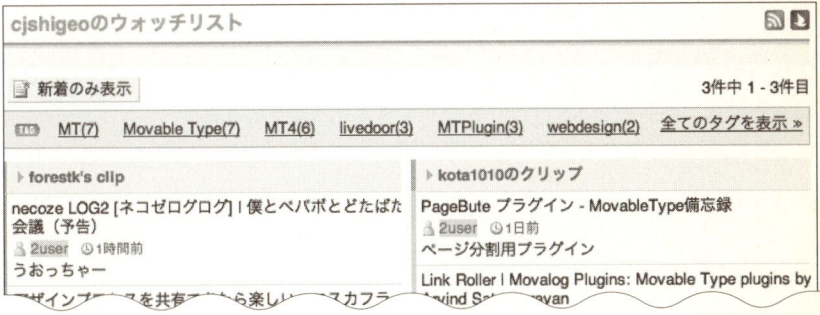

▲ livedoorクリップのウォッチリスト

上の画像は、筆者が登録しているウォッチリスト（2人）のブックマーク一覧です。2人とも各ブックマークの記事の**タグ**をわかりやすく設定していることもあり、有益な情報を収集するときは、彼らのブックマーク情報をタグで検索し、必要な情報を引っ張ってきています。

このように、ブックマーカー自身も情報発信者となっていることがソーシャルブックマークの特徴です。どのようなページが注目されているのかというだけではなく、それをタグで情報を整理し、発信していることになるのです。

🐾 livedoorクリップの出現がソーシャルブックマークの考え方を変えた!

　ソーシャルブックマークは、ソーシャルブックマークサービスの登録ユーザーがブックマークした一覧をほかのユーザーも見ることができる便利な仕組みです。たとえば、livedoorが提供するブックマークサービスのlivedoorクリップでは、livedoorポータルのトップページに注目ブックマーク記事として掲載されています。

　livedoorクリップで新着注目記事タイトルを閲覧できるので、livedoorをブラウザのホームページにしている人も多いことでしょう。また、RSSリーダーか、RSS対応メーラーに登録しておくだけで、わざわざlivedoorクリップに飛ぶことなく、最速で興味を持った記事を見ることができます。

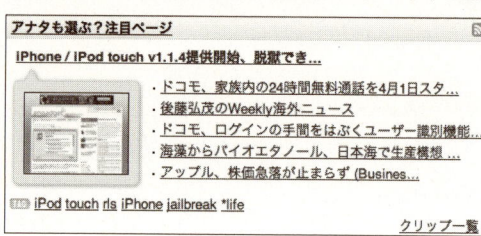

▲livedoorトップページに掲載されているlivedoorクリップのコーナー

COLUMN 筆者のlivedoorクリップの活用方法

　筆者は、所有しているiPhone関連の情報を扱った記事を探すのに非常に重宝しています。日本でiPhoneを使うための情報をlivedoorクリップで収集しています。

🐕 ブログアクセスアップのためのソーシャルブックマークの活用術

　ソーシャルブックマークの概要はわかっていただけたと思いますので、どのようにしてブログのアクセスアップに利用していくかを説明しましょう。

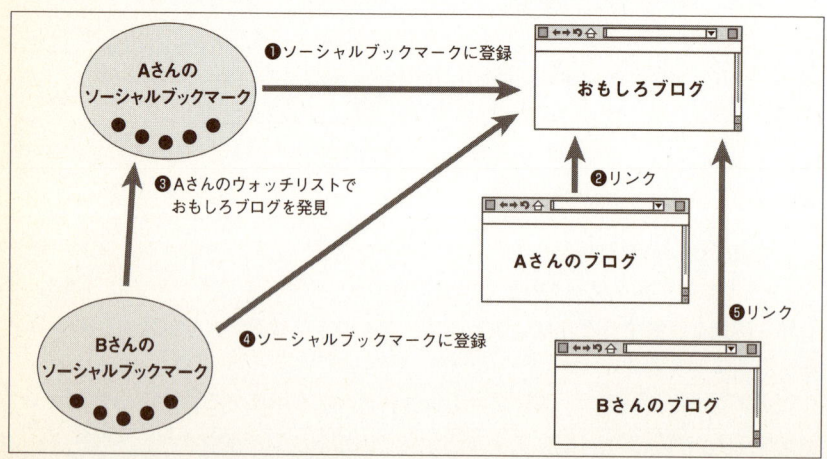

▲livedoorクリップから閲覧者とリンクが増えるイメージ図

前ページの図を見てわかるように、livedoorクリップの最大の特徴は**ウォッチリスト**です。

左ページ下の図の場合、Bさんはウォッチリストに登録してるAさんのlivedoorクリップのブックマークで**おもしろブログ**を見つけます。そして、Bさんもおもしろブログをブックマークし、2人はおもしろブログを各々のブログからリンクをしています。

小さい円はウォッチリストをしている人を表しているのですが、仮にAさんのブックマークをウォッチリストしている人が10人いて、その10人のウォッチリストもそれぞれ10人いるとすると、**10人×10人＝100人**に影響力を持つことになります。これはブログからの閲覧ではなくブックマークサイトからの閲覧なので、ブックマークが簡単に行えることから起こる現象です。

🐾 アクセスアップ効果がある被ブックマーク

つまり、ソーシャルブックマークでのアクセスアップを狙うなら、このようなウォッチリストを多く持っているブックマーカーに記事をブックマークしてもらうことが効果的です。livedoorクリップの場合、日記ページの5位まではlivedoorトップページで記事タイトルを紹介されますので、集客効果は抜群です。

クチコミがクチコミを呼びやすいのがソーシャルブックマークサービスの特徴ですので、あなたが得意とする専門性のあるソーシャルブックマークサービスには必ず参加しておくとよいでしょう。

たとえばSEO専門のソーシャルブックマーク **SEO bookmark** もそのひとつです。このソーシャルサービスの中で注目を集めることができれば、今からでもSEOに関するブランディングが可能です。

SEO bookmarkもトップページに注目の記事が投票順に並んでいますので、サイトユーザーが「有益だ」と感じたページが一目瞭然になっています。

よい情報を共有しながらあなたの運用ブログで積極的に紹介することで、あなたにとっても、紹介されたページ運営者にとっても、利益になるのです。

▲ SEO bookmark
URL http://www.seo-bookmark.net/

point

ソーシャルサービスでは不正はできない雰囲気がある！
正直に情報発信をするブログ／サイトだけが信頼を得て、多くの読者を獲得できます。

04 ソーシャルサービスを使って SMMを実施する

Part 1　**Part 2**　Part 3　Part 4

　03でソーシャルサービスを使ったアクセスアップの意味がわかっていただけたと思います。お金を得るためにブログを書くのがSEO対策だとすると、ブログを書いたら結果的にお金を得ているのがSMMと言ってもよいでしょう。情報発信することで情報を得る、この感覚を大事にしてください。

SMMテクニック1
情報発信する目的を決めてテーマを設定

　ブログを立ち上げる際に一番悩むのがテーマの決定です。

　そして**最新情報、有益情報、継続情報**を訪問者に提供できることが基本になります。しかし、興味もなく専門でない分野のブログを作るのは非常に難しいことです。

　ですので、好きな分野のとき、専門性を打ち出したほうが訪問者属性が絞りやすくなり、あとで商品やサービスの提供がしやすくなります。

SMMテクニック2　訪問者のターゲット設定

　テーマが決まったら誰に対してブログを書くのかを決めて、ターゲットを絞り込んでください。

　たとえば、SEOに関するブログを書くのであれば、次の2つで書き方は全く違うでしょう。

- 初心者向けに書くのか
- ウェブマスター向けに書くのか

　どういった訪問者に喜んでもらうのかを考えなければいけません。

SMMテクニック3
訪問者が継続して読みたくなるコンテンツを発信

　ブログは単に一方通行の情報を流すだけでなく、

- 訪問者からコメントをもらう
- 記事を第三者のブログで紹介してもらう

　といった読者とコミュニケーションをとるツールです。

ですからガチガチに固めたような文章が毎日続くと読み手としても肩がこってしまうでしょうし、あまりにフランクな言い回しだと信頼度が少なくなるでしょう。

ときには読み手に質問を投げかけるなど、相手からの反応が出やすい質問や文章を書くのもよいと思います。

SMMテクニック4
ソーシャルブックマークボタンの設置

ソーシャルブックマークの**クチコミ伝達性**については03で説明しました。ですから記事ごとにソーシャルブックマークのボタンを配置し、ユーザーに対して常にブックマークを促すことが、アクセスアップにつながります。

SMMテクニック5
第三者のよいネタを積極的に紹介

ブログでは自分のオリジナルネタを発信していくだけではなく、関連する情報で「これはいいな！」と思ったものは積極的にリンクして紹介することが望ましいです。

そうすることにより、リンク先のブログ運営者とコミュニケーションを図ることができ、またリンク先の相手もあなたがリンクをしていることに気付くはずです。そして、何らかの形で返事をもらえる可能性があります。

コミュニケーションをとるということは、お互いに持ちつ持たれつで感謝し合いながら運営していくことです。紹介されたら、「紹介しよう」と思う気持ちが大事なのです。

SMMテクニック6
コンテンツはRSSで配信

ブログ自体は標準でRSS配信になっています。現在はRSS登録はIE7、Firefox、SafariなどのRSS対応ブラウザのほか、RSS対応メーラーでも読めるものが登場しています。RSSは使いはじめると便利な機能ですので、必ずRSS登録を促すボタンを設置するようにしましょう。

SMMテクニック7
双方向コミュニケーションを大事にする

ブログでのコミュニケーションは、「面倒だ」と感じるかもしれませんが、信頼性のアップとファン化する可能性を考えると無視できないものです。ときには手厳しいコメントなどが書き込まれることもありますが、それも受け入れて対処することで、さらにブログの信頼度が増すのです。

SMMテクニック8
動画を併用することでブログの信頼性をアップ

　ブログであまり活用されていないのが記事と動画の併用です。面白い動画やノウハウ的な動画をブラウザ上で見るケースもあるでしょうし、iPodなどにダウンロードして見たいものもあると思います。テキストと動画の併用はまだまだ少ないので、今から開始すれば話題になる可能性も大きいでしょう。

SMMテクニック9
ブログはコミュニティであることを認識する

　ブログは運営者が長であるコミュニティと考えるとわかりやすいでしょう。ブログに集まる訪問者は運営者のファンでもあるのです。訪問者と運営者同士のつながりだけでなく、訪問者同士のつながりも期待できます。人のつながりが積極的に増えるブログはユーザーから人気を得やすいのです。

SMMテクニック10
直接ビジネスに活用するのではなく、ブランディングツールとして使う

　SMMを意識したブログは、直接ビジネスの成約に持っていくのではなく、相手からの反応を待つようなスタンスで運営するのがよいでしょう。売り込みはせず、それとなくリンクを貼っておくにとどめ、興味のある人だけがリンクをたどるという形が理想的です。

　情報発信を続けることによるブランディングの効果のほうが得るものは大きいです。特に専門性を前面に押し出したブログの運営者は、その道のプロであると認知されることのほうがブログの運営価値は高いと思います。

point　SMMはブログ運営者と訪問者のコミュニケーションを目的とした仕組み
情報発信の楽しさを体感することで継続的な情報発信が可能となります。

YouTube＆ポッドキャスト／ビデオポッドキャスト対策テクニック

　動画コンテンツは、インターネット上での集客において、非常に重要な要素を占めるようになってきました。
　また、ポッドキャスト／ビデオポッドキャストといったiPodを利用した集客術も企業や自治体を中心に利用されはじめてきています。
　第3部では、そうしたYouTubeやポッドキャスト／ビデオポッドキャストを利用したアクセスアップテクニックを解説します。

人のココロを動かす技

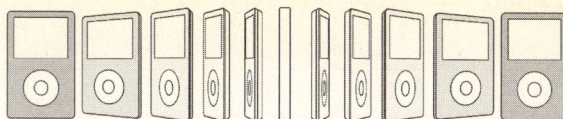

Part **3**

Chapter **10**

YouTube最適化（YTO）テクニック

本章では、動画共有サイトとして全世界で標準的に使われているYouTubeの最適化によるアクセスアップとYouTubeの効果的な活用法について解説します。

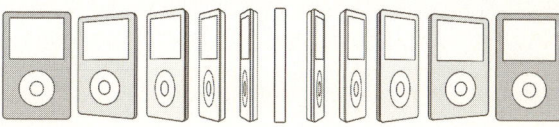

YouTubeで何ができる？

Part 1　Part 2　**Part 3**　Part 4

YouTube[※1]では、次の3つのことが可能です。

- 動画をYouTubeに投稿
- 投稿されたYouTube動画の閲覧
- 投稿されたYouTube動画の検索

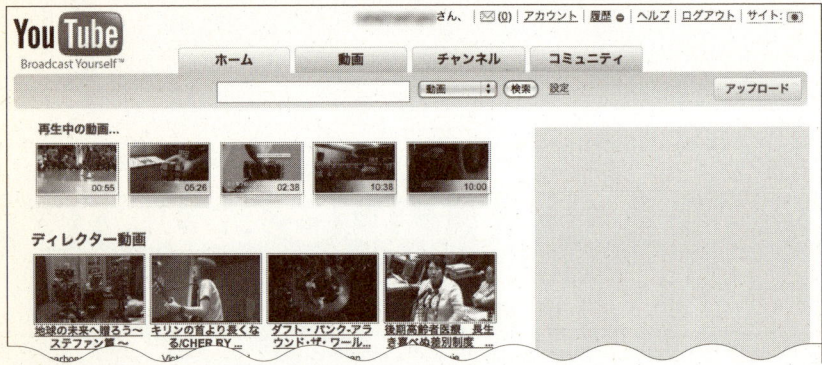

▲YouTube

YouTubeの利用者とは？

　YouTube利用者は、投稿された動画を見るだけの方が多いのですが、これは非常にもったいないことです。

　というのも、（画質や作品の質などを気にしなければ）YouTubeに動画を投稿することは、誰でも簡単にできるからです。こんな便利なサービスを見るだけで終わってしまってはいけません。

> ### COLUMN
> #### YouTubeへの動画アップロード
> 　　ビデオカメラやデジタルカメラで録画したものをアップロードする方法が基本です。もし動画の編集を行わずに録画したものをそのままアップロードするなら、**携帯電話のムービー機能**と**メール送信機能**を使ってもよいでしょう。「11桁の数字@mms.youtube.com」に携帯電話で録画したムービーを添付してメールするだけでアップロードできます。

※1　URL http://jp.youtube.com/

YouTubeをお薦めする理由❶
アクセスアップの効果を期待できる

　なぜ、YouTubeで動画投稿することをお薦めするかと言うと、インターネットを使った情報発信のひとつの手段としてYouTubeを使うことで、単に集客の道具がひとつ増えるだけでなく、

> メインサイトやほかのブログと有機的にリンクすることで
> アクセスアップの効果を期待できるから

です。
　特に第13章で紹介するビデオポッドキャスト番組をすでに公開しているならば、同じ内容の番組をYouTubeにも公開することで、より多くの人にアクセスしてもらう機会を増やすことができるのです。

YouTubeをお薦めする理由❷
独自チャンネルを公開して、RSS配信ができる

　YouTubeでは登録IDごとにチャンネルを持つことができます。つまり、あなたのIDをあなた自身のチャンネルとして公開することができるのです。

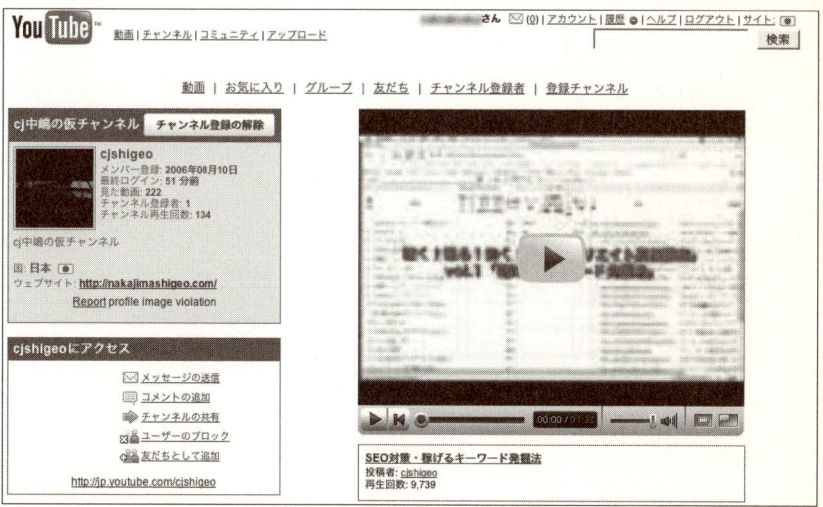

▲ YouTubeのチャンネル

　まとめると次のことが可能です。

- プロフィールの公開（画像とテキスト）
- 運営サイトのURLとのリンク
- チャンネル専用ウェブページの公開（GoogleのPageRankもつく）
- チャンネルのRSSフィードを公開

つまり、投稿するYouTube動画はIDごと（チャンネルごと）に整理して公開することで、 チャンネル＝番組 という形でRSS配信することができるのです。

RSS配信した情報を、Firefox、Safari、IE7などのRSS対応ブラウザでRSS登録してもらうことで、単なるページごとの［お気に入り登録］から番組（サイト）ごとの［お気に入り登録］となり、更新されたエピソード（記事）のタイトルもブラウザ上で確認できるようになります。

RSSはまだまだ認知度が低いですが、［お気に入り登録］できるので、便利であることに間違いはありません。情報発信者側がRSS登録の啓蒙活動をしながら、ユーザーへのリーチ率を高める努力を行うことで効果が上がります。

point

YouTubeは見るだけではもったいない！
YouTubeは動画で簡単に情報発信できる素晴らしいツールです。情報の発信者側で使い倒しましょう。

YouTube動画の閲覧

ここでは動画の閲覧の方法について解説します。

動画を探す方法は検索する方法と人気の動画から見る方法の2種類あります。

YouTubeで動画を発信するには、まずYouTube動画の閲覧方法を理解しなくてはなりません。ここでは、検索方法と閲覧方法について解説します。

動画を検索する

実際に動画を検索してみましょう。

動画を検索して、見てみる

1 キーワードを検索ボックスに入力する

見たい動画のキーワードを思い浮かべて検索ボックスに入力します。次にプルダウンメニューから動画かチャンネル（ID別の動画群）のどちらで検索するかを選択して、[検索] ボタンをクリックします。

2 検索一覧でリンクを選ぶ

すると検索結果が一覧で表示されます。この中から動画タイトルをクリックします。

3 動画を見る

すると動画の再生が始まります（画像の下のバーが左端から右端に移動し、終わると動画の再生は終了する）。選択した動画が希望する内容でなかった場合、表示される関連動画またはこのユーザーのほかの動画をたどっていきます。このようにYouTubeのよいところは選択した動画が希望する動画でなかった場合でも関連性のある動画を自動的にYouTubeが提案してくれるところです。YouTubeがこれだけ人気が出たのも、この関連動画機能によるYouTubeサーフィンができる部分が大きいと思います。

タグを確認する

動画に設定されているタグを確認してみましょう。

タグを確認する

1 タグを確認する

YouTubeは動画投稿時にタグという「動画を表したり説明したりする単語」を指定することで、目的の動画にたどりやすくする機能を備えています。
「この動画について」の左横にある右向き三角をクリックするとタグが表示されます。このタグに入力されたキーワードは、関連動画を表示するときの検索キーワードとなります。

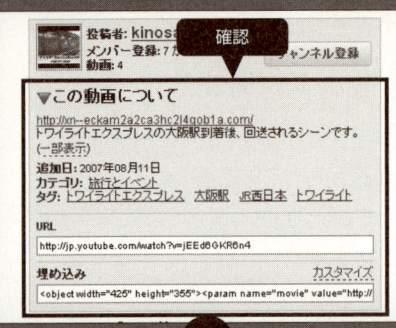

2 ブラウザのURLに直接入力する

直接、ブラウザに検索のURLを入力するときは、下のように入力すると、検索結果を表示させることができます。

| 動画の検索 | http://jp.youtube.com/results?search_query= キーワード |
| 関連動画の検索 | http://jp.youtube.com/results?search=related&search_query= キーワード |

人気の動画を見る

テレビを見るときにチャンネルを変えながら気に入った番組を探すことがあると思います。YouTubeの動画でも特に目的の動画がなくてもテレビのチャンネルを変える感覚で、人気の動画を探すことができます。そのときに使うメニューは動画から選択できます。

試してみる

人気の動画を見る

1 動画メニューを表示する

[動画]タブをクリックします。

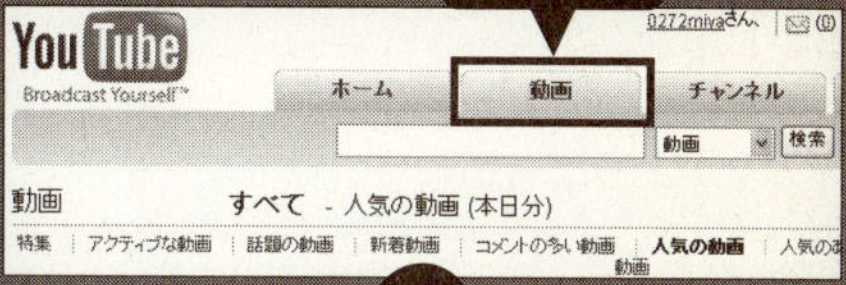

クリック

3 「新着動画（本日分）」が表示される

動画メニューの下記の項目には、次のように項目ごとに 動画が分けられています。

- 特集
- アクティブな動画
- 話題の動画
- 新着動画
- コメントの多い動画
- 人気の動画
- 人気のあった動画

- お気に入り登録の多い動画
- 評価の高い動画

また、本日分、今週、今月、全期間などと期間を選択することができますので、任意の期間で人気の動画を選択できます。

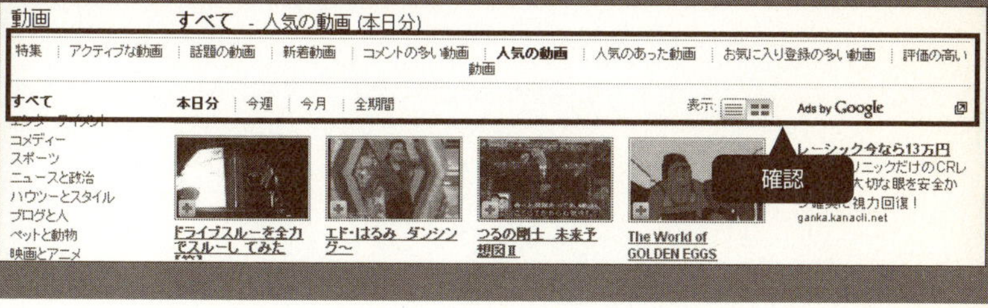

お気に入りのYouTube動画をあなたのブログに掲載する

あなたのブログやサイトに、YouTube動画を掲載します。

ブログやサイトに動画のリンクを張る

1 カスタマイズをクリックする

埋め込み欄のソースをそのままコピー＆ペーストしてもリンクを張ることはできますが、ここでは、「カスタマイズ」をクリックします。

2 「関連する動画を含めるか」などの設定をする

すると下の「埋め込み」欄の下に「関連する動画を含めるか」などが設定できるボックスが表示されますので、ここで設定をして、ソースをコピーし、ブログやサイトに貼り付けます。

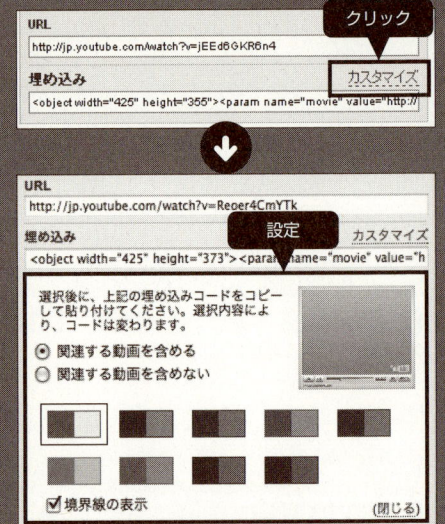

注意！
nofollow タグ

あなたのブログにYouTube動画を掲載することで、YouTube動画ページからあなたが掲載したブログページにリンクが張られます。しかし、nofollowタグ[※1]がついているためGoogleのPageRankに反映されません。

◀YouTube動画ページからのリンク表示画面

point
YouTubeでは欲しい動画を簡単に見ることができる

YouTubeの関連動画機能は関連した動画を探すのに便利です。

※1　nofollowタグがついていると、PageRankの値がリンク先に付与されません。

03 チャンネル登録を使いこなす

YouTubeのタブには、ホーム、動画、チャンネル、コミュニティの4つが用意されています。

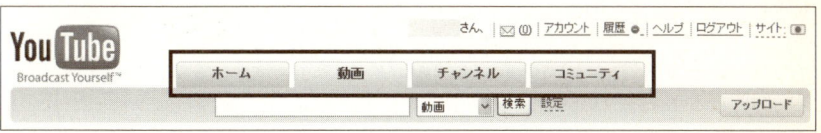

▲YouTubeのタブ

チャンネルは、YouTubeのIDごとに動画をまとめたものです。たとえば、あなたのIDで登録した動画は**チャンネル**という形でまとめて公開できるのです。

`チャンネルのURL` http://jp.youtube.com/user/YouTubeのユーザーID

チャンネルの各運営者のページには、チャンネル登録者も表示されます。つまり、同じテーマの動画を扱うチャンネル登録者同士でコミュニティを形成することも可能なのです。

さらにYouTubeには、コミュニケーションを促進する工夫がなされていて、チャンネル運営者にメッセージを送る機能やコメントを追加する機能があります。動画配信者にメッセージやコメントを残しておけば、YouTubeユーザー同士でコミュニケーションをとることができます。

▲チャンネルページのメニュー

筆者自身もSEOセミナー動画というチャンネルを運営しています。

ぜひチャンネル登録をしてユーザーとコミュニケーションを積極的にとってください。実際にチャンネルでコミュニケーションをとるとYouTubeの活用シーンが一気に広がります。

動画配信だけではなく視聴者とコミュニケーションを積極的にとることで、YouTube動画の閲覧者である見込み客との接触が可能となるのです。

YouTubeに自分だけのチャンネルを登録する

YouTubeにオリジナルのチャンネルを登録する方法は2つあります。

ひとつはYouTubeの検索ボックスでキーワードやユーザーIDを入力して動画を探し、気に入った動画があったときに**チャンネル登録**のボタンをクリックしてYouTube上でチャンネル登録した番組を見る方法です。

もうひとつはRSSリーダーにチャンネルを登録して、RSS対応ブラウザ／メーラーやRSSリーダーからYouTubeの番組を見る方法です。

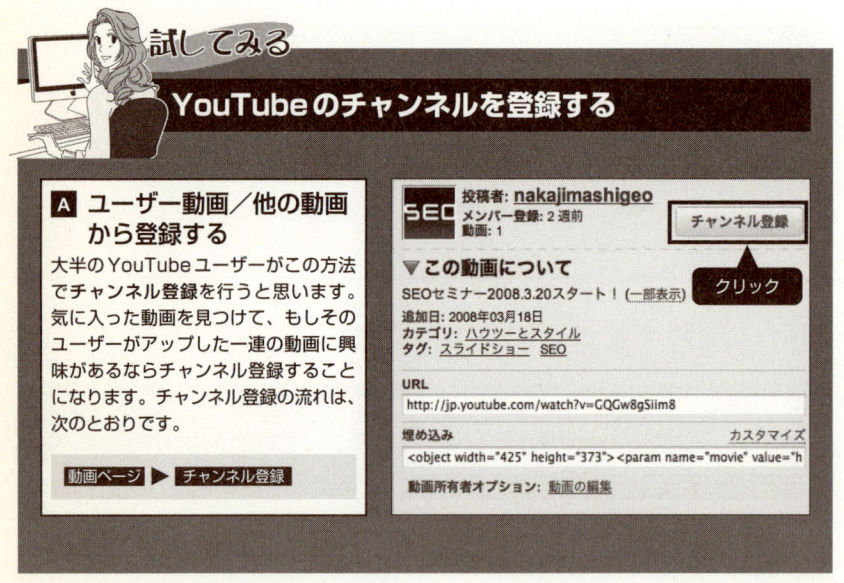

B チャンネルページから登録する

このほかにも、[チャンネル] タブをクリックして、検索ボックスにキーワードを入力し、右のリストボックスから [チャンネル] を選択して [検索] ボタンをクリックすると、キーワードに合致したチャンネルが表示されます。それをクリックすると専用ページが開くので、そこで [チャンネル登録] ボタンをクリックするとチャンネルに登録できます。YouTube 上の大半のチャンネル登録が、これらの2つの方法で行われます。

チャンネルページ ▶ チャンネル登録

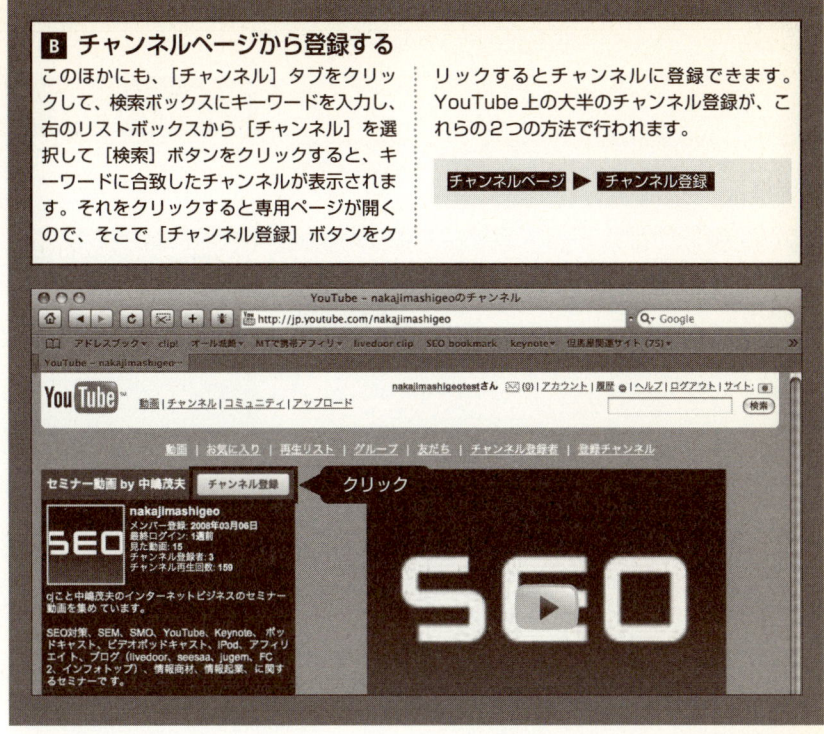

RSS で YouTube チャンネルを登録

一方、YouTube には動画配信ユーザーごとに RSS フィードを作成する機能があります。YouTube の特定のユーザーの RSS フィードを取得することによって、YouTube にアクセスすることなく、**RSS 対応ブラウザ**、**RSS リーダー**、**RSS 対応メーラー**を使って YouTube チャンネルの動画の更新状況を確認することができます。

- RSS 対応ブラウザ　Firefox、Safari、IE7、Opera など
- RSS リーダー　livedoor リーダー、はてな RSS、goo RSS リーダーなど
- RSS 対応メーラー　Apple メール、Thunderbird など

YouTube のチャンネルの更新情報を RSS の形で登録することにより、お気に入りのチャンネルの更新情報をすぐに確認できます。

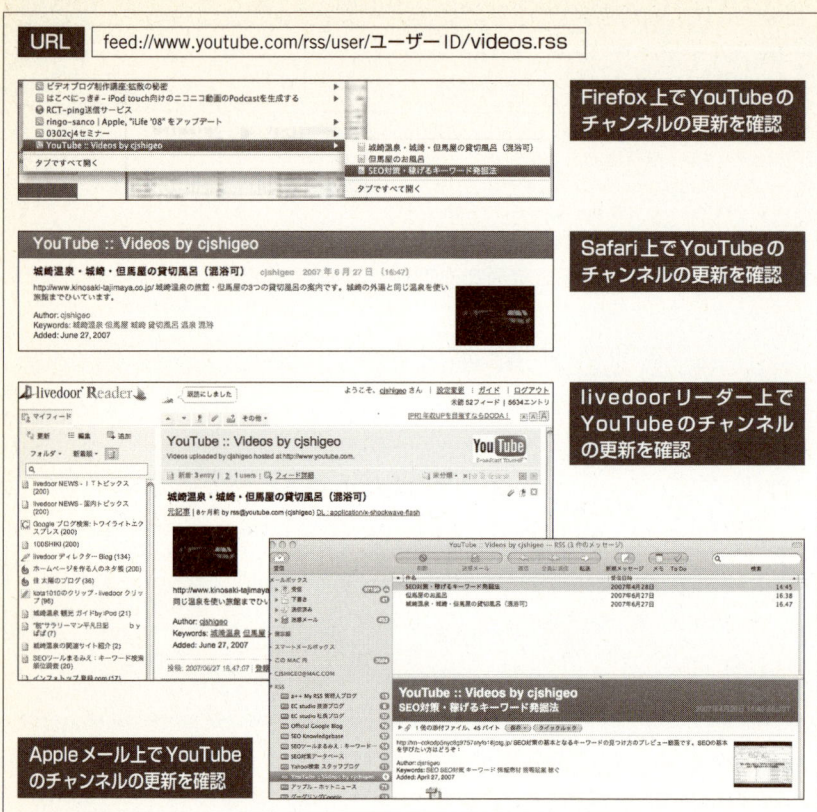

▲各RSS対応ブラウザ／RSS対応メーラー／RSSリーダーごとのチャンネルの更新の確認

　自分に合ったRSS対応ブラウザやRSSリーダ、RSS対応メーラーを選択することで、登録した多くのYouTubeチャンネルの更新状況を効率よく管理することができます。

COLUMN RSS

RSSとはReally Simple Syndicationの頭文字をとったもので、XMLという形式を使って、サイトの更新情報を知ることができる機能のことです。

point YouTubeのチャンネル登録はYouTubeとRSSで！

YouTubeのチャンネル登録は閲覧者にとって便利な機能です。気に入ったチャンネルがあれば積極的に登録してチャンネルの運営者とコミュニケーションをとってみましょう。

YouTube動画を自分の ブログに貼り付ける

Part 1　Part 2　**Part 3**　Part 4

　YouTubeの動画閲覧が簡単なことは、ここまでの説明でわかったと思います。しかし、YouTubeの凄いところはそれだけではありません。

　YouTube動画を貼り付けて、商品を紹介しているブログを見たことはありませんか？

　YouTubeの動画は投稿者だけが使えるのではなく、YouTubeにアクセスできる誰もが共有して使うことができることが、大きな特徴です。動画投稿の共有オプションで埋め込みを許可された動画は、ブログやサイトに自由に貼り付けることができます。

▲YouTube動画のURL、埋め込み、カスタマイズ

YouTube動画の閲覧部分をチェック！

　YouTube動画の閲覧部分には次のようにURL、埋め込み、カスタマイズという項目が用意されています。

- **URL**　表示されている動画のURL
- **埋め込み**　表示されている動画を自分のサイトやブログに表示させたい場合のhtmlタグ
- **カスタマイズ**　ツールバーの色やプレイヤーの境界線の表示を指定

　自分のブログにYouTube動画を貼り付ける場合は、埋め込みのhtmlタグをコピーし、記事の投稿画面にペーストして記事を投稿するだけです。

試してみる

無料ブログにYouTube動画を貼る

1 埋め込みソースをコピーする

カスタマイズをクリックして、好みの設定をして、ソースをコピーします。

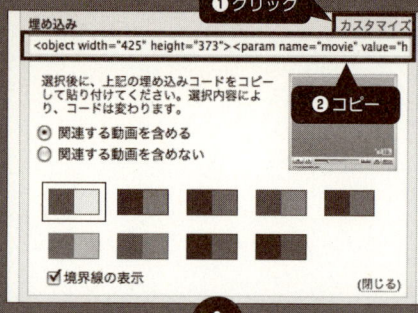

❶クリック
❷コピー

2 ブログの記事にペーストする

コピーしたソースをブログの記事にペーストします。

ペースト

```
<object width="425" height="373"><param name="movie"
value="http://www.youtube.com/v/Reoer4CmYTk&border=1"></param><param name="wmode"
value="transparent"></param><embed src="http://www.youtube.com/v/Reoer4CmYTk&border=1"
type="application/x-shockwave-flash" wmode="transparent" width="425"
height="373"></embed></object>
トワイライトエクスプレスの珍しい回送動画。
和歌山発運転のための回送です。
```

3 ブログの記事を確認する

記事をアップロードすると、YouTubeの動画がブログに貼りこまれていることを確認できます。

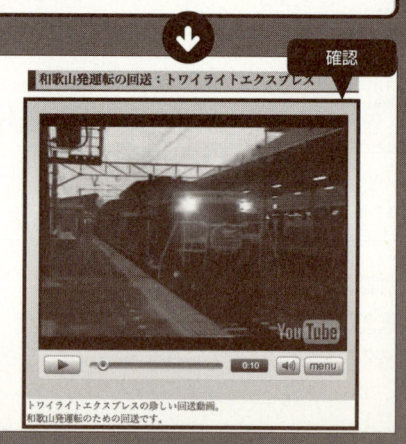

確認

Chapter 10
YouTube最適化(YTO)テクニック

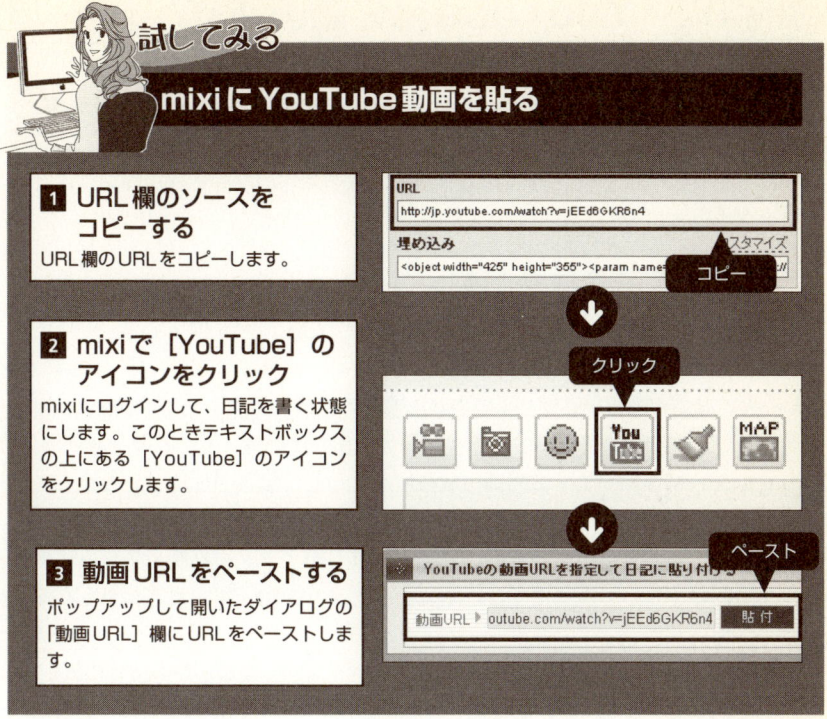

このように、投稿されたYouTube動画は不特定多数によって伝播していく可能性を秘めています。楽しい動画、面白い動画、マニアックな動画など、特徴があればあるほど、多くの人に紹介してもらえる可能性があるのです。

point YouTube動画を使ってYahoo!カテゴリ登録！
YouTube動画を使って他人と違う目線でまとめることで立派な情報ブログができあがります。たとえば、競走馬のYouTube動画を集めたブログなどもYahoo!カテゴリに登録されています。

YouTube用の動画作成

Part 1　**Part 2**　Part 3　Part 4

04で紹介したように、YouTubeの動画閲覧や動画の貼り付ける作業は、とても簡単です。

 肝心の動画の作成方法

それでは、肝心の動画の作成はどうやって行えばよいのでしょうか？

読者の多くが「難しい」「複雑」「私にはできない」と思っているかもしれません。

しかし、動画の利点は必ずしも**自身が出演して音声を発信する必要がない**ことです。たとえば、**撮影した写真をスライドショー化して動画にし、音楽を加えたり、プレゼンテーションソフトの動画作成機能を利用して動画を作成したりする**ことで、クオリティの高い動画を作成できます。

もちろん容姿に自信のある方は、自身のブランディング力を高めるために自ら動画に出演し、自らの声で語りかけるほうがファンも増えて、集客効果もあるでしょう。

「動画の作成が難しい」と判断して何もしないことが一番もったいないことです。できることからやってみることで、インターネットを使った情報発信の可能性が一段と広がります。

 携帯電話のムービー機能で録画し投稿

一番簡単な動画の作成方法は、携帯電話のムービー撮影機能を使うことです。動画のファイル形式が携帯電話用の**.3gp**というファイル形式になり、画質や音声が粗くなるのが欠点ですが、「気軽に動画を作成したい」という要望を満たした動画作成法です。

次ページから実際に、携帯電話からYouTubeに動画を投稿できるように設定してみましょう。

Chapter 10
YouTube最適化（YTO）テクニック

試してみる

携帯電話からYouTubeに動画をアップロードする

1 ユーザー設定をする
URL http://jp.youtube.com/my_profile_mobileにアクセスして［ユーザー設定を行う］ボタンをクリックします。

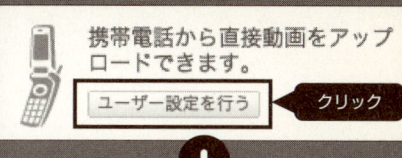
携帯電話から直接動画をアップロードできます。

2 プロフィールを作成する Ⓐ
［モバイルプロフィールを作成］ボタンをクリックします。

かんたんアップロード＆共有！
モバイルプロフィールを作成して始めてみましょう。

3 プロフィールを作成する Ⓑ
モバイルプロフィール名を入力して、通知欄のチェックボックスにチェックを入れ、［プロフィールを保存］ボタンをクリックします。

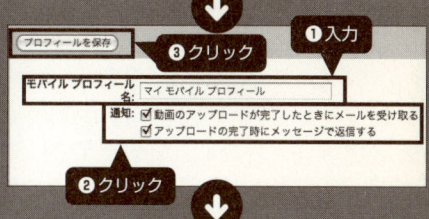

4 メールアドレスをコピーする
すると「メール」欄にメールアドレスが表示されます。これが、携帯電話からYouTubeに投稿するためのメールアドレスです。この「11桁の数字@mms.youtube.com」に携帯電話で録画したムービーを添付してメールするだけでYouTubeへの動画の投稿が完了します。

このとき、メールのタイトルがYouTubeの動画タイトルになります。メールのタイトルを入れない場合は、「携帯電話からの動画 （数字.3gp）」という動画タイトルになります。あとからタイトルを動画の編集から変更することもできます。

263

注意！初期設定では、ブロードキャストの公開設定は非公開

初期設定の状態では、ブロードキャストオプションの公開設定が**非公開**になっています。ですので、動画編集画面から**公開**設定にする必要があります。これらの作業を完了すると右のような動画で表示されます。

▲携帯電話からの投稿動画

パソコンで録画する

　MacintoshやWindowsのウェブカメラ内蔵のパソコンなら、直接ハードディスクに動画を取り込むことができます。もちろんUSB接続など外部接続によるウェブカメラを使ってもOKです。動画編集ソフトとしては、WindowsにはWindowsムービーメーカーが、MacintoshにはiMovieがそれぞれ無料で付属しています。

　iMovieの最新バージョンiMovie '08にはYouTubeに直接アップロードする機能がついていますので、YouTubeの投稿方法がわからなくてもiMovieだけでアップロードできてしまいます。WindowsとMacintoshでの動画の取り込みの手順は次の通りです。

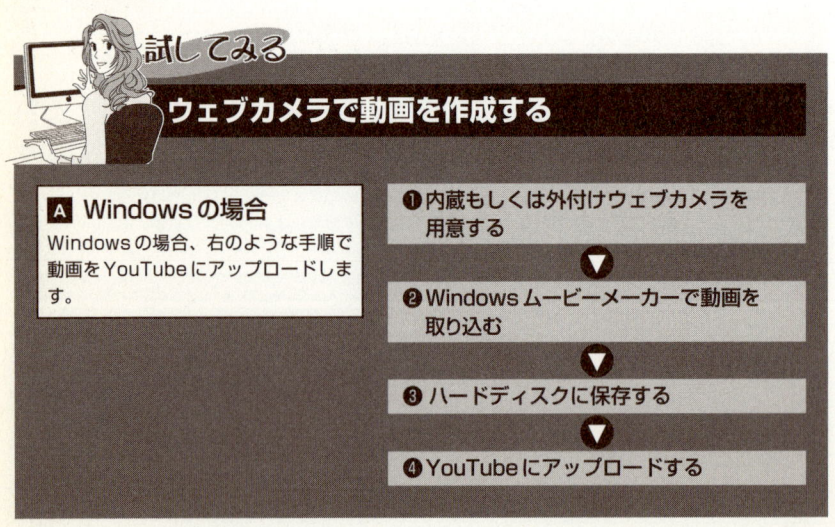

試してみる　ウェブカメラで動画を作成する

A Windowsの場合
Windowsの場合、右のような手順で動画をYouTubeにアップロードします。

❶ 内蔵もしくは外付けウェブカメラを用意する
▼
❷ Windowsムービーメーカーで動画を取り込む
▼
❸ ハードディスクに保存する
▼
❹ YouTubeにアップロードする

Chapter 10 YouTube最適化（YTO）テクニック

B Macintoshの場合	❶ Macintoshに内蔵のウェブカメラ（iSight）で撮影する
Macintoshの場合、右のような手順で動画をYouTubeにアップロードします。	▼
	❷ iMovieで動画取り込みYouTubeに直接アップロードする

COLUMN
WindowsやMacintoshのソフトウェアには動画取り込みの機能がある

ムービーメーカーもiMovieも取り込んだ動画を簡単に編集する機能を備えています。動画のタイトルやクレジットなど文字の挿入、動画の切り貼りはもちろん、動画の間の切り替え部分に効果を挿入することにより簡単に本格的な動画を作ることができます。

動画に効果音や音楽を追加するとさらに動画のクオリティがアップします。ムービーメーカーには様々な効果音が用意されていますし、**著作権フリー**（著作権の無いもの）の音楽もインターネット上で公開されていますので利用するとよいでしょう。

Macintoshの場合は効果音や動画用の音楽や楽器ごとのフレーズが何百とあらかじめ用意されています。Garageband（ガレージバンド）という音楽作成ソフトを使ってiMovie用の音楽を自前で用意することもできます。

注意！
動画の著作権について

インターネット上で公開したり第三者に配付したりする動画には、録画する映像も含め必ず**著作権フリーの素材**を使ってください。歌手のCDを動画のバックに流れる音楽として使ったり、テレビを録画したりして、動画の素材として使うことは著作権法違反となります。インターネット上には著作権法違反の動画も数多くアップロードされていますが、絶対に使わないようにしてください。

プレゼンテーション用ソフトウェアから ムービーファイルを作成する

　WindowsのPowerPoint（パワーポイント）やMacintoshのKeynote（キーノート）などのプレゼンテーション用ソフトウェアで作成したファイルから動画ファイルを作成する方法もあります。

　ただし、PowerPointから直接動画ファイルに書き出すには別途有料のソフトウェアや動画書き出しサービスを使う必要があります。

　一方、Keynoteの場合、最初からQuickTime、フラッシュ、iPod用などの動画ファイルの書き出し機能がついていますので、簡単に動画などを作成することができます。

試してみる　プレゼンテーション用ソフトウェアから動画を作成する

A　Windowsの場合
Windowsの場合、有料ソフトを利用して、動画を作成する必要があります。

❶ PowerPointで動画作成用のコンテンツを用意する
▼
❷ 別途有料ソフトで動画化する
▼
❸ ハードディスクに保存する
▼
❹ YouTubeにアップロードする

B　Macintoshの場合
Keynoteは音声を追加することもできますし、プレゼンテーション中の画像の切り替えのタイミングなどを全て記録することも可能で、音声付きの動画が簡単に作成できます。

❶ Keynoteで動画作成用のコンテンツを用意する
▼
❷ 動画化する
▼
❸ ハードディスクに保存する
▼
❹ YouTubeにアップロードする

画像整理ソフトウェアからスライドショーを作成する

Macintoshでは写真整理ソフトのiPhoto（アイフォト）のスライドショー機能を使うだけで簡単に動画ファイルを作成することができます。

Windows Vistaでは写真整理ソフトウェアのフォトギャラリーと動画編集ソフトウェアのムービーメーカーを使って写真のスライドショーを簡単に作成できます。

ビデオ撮影はテクニックもいることから素人の撮影ではなかなかクオリティの高い映像を撮影することは難しいのですが、写真のスライドショーは静止画をいろいろなパターンで動かしたり表示させたりするだけですので、写真が上手く撮れているとクオリティの高いスライドショーに仕上げることができます。

また、スライドショーの動画には、Windowsならムービーメーカーで効果音をつけたり、MacintoshならGarageband[※1]で音楽や効果音を加えたりすることができます。

試してみる　画像整理ソフトウェアから動画を作成する

A Windowsの場合

Windows Vistaの場合、付属のWindowsフォトギャラリーなどを使って動画作成用の画像を準備し、動画を作成することができます。著作権フリーの音楽は第12章の02「無料音楽ファイルを探す」を参照してください。

1. フォトギャラリーの画像を動画用に整理する
   ▼
2. ムービーメーカーで動画化する
   ▼
3. ハードディスクに保存する
   ▼
4. YouTubeにアップロードする

2 Macintoshの場合

Macintoshの場合、動画と音楽の両方をスムーズに作成することができます。

1. iMovieでスライドショーを作成する
   ▼
2. Garagebandで音楽を作成する
   ▼
3. ハードディスクに保存する
   ▼
4. YouTubeにアップロードする

※1　URL http://www.apple.com/jp/ilife/garageband/

COLUMN ビデオカメラやデジタルカメラで録画し、パソコンに取り込む

ビデオカメラやデジタルカメラの動画も、Windowsの**ムービーメーカー**、Macintoshの**iMovie**を使えば簡単に取り込みや編集ができます。ただし、**HD（高精細）**形式の動画はiMovieとWindows VistaのHome PremiumおよびUltimateバージョンのムービーメーカーのみの対応となりますので注意が必要です。

注意！動画のファイル形式に注意！

ムービーメーカーとiMovieで保存される動画のファイル形式は異なることに注意してください。YouTubeはあらゆる動画のファイル形式のアップロードが可能になっていますので問題ないのですが、後述するビデオポッドキャスト配信を使って、iPod（アイポッド）やWALKMAN（ウォークマン）といった動画の閲覧可能なミュージックプレーヤーでの視聴を想定する場合は、動画のファイル形式に注意する必要があります。各携帯プレイヤーは、次のような動画拡張子に対応しています。

デバイス名	拡張子				
iPod	.mp4	.m4v	.mov	.3gp	
WALKMAN	.mp4	.m4v	.wmv	.mov	.3gp

▲iPod、WALKMANの対応動画ファイル形式

デバイス名	拡張子					
ムービーメーカー	.wmv					
iMovie	.mp4	.m4v	.mov	.avi	.flv	.3gp
Keynote	.mov					

▲ムービーメーカー、iMovie、Keynoteの動画ファイル保存形式

iPodとWALKMANの2ブランドで日本の携帯型音楽プレイヤーのシェアのほとんどを占めています。これらの機種に対応する動画ファイル形式にしておくと、より多くの人に動画を見てもらえることになります。

動画作成は作成方法とファイル形式を確認！
YouTubeはあらゆる動画ファイルの形式に対応し、様々な方法で作成した動画をアップロードできます。また、ミュージックプレーヤー対応のファイル形式にも対応できるようにしておきましょう。

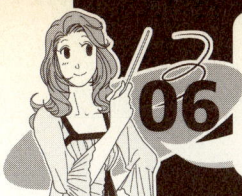

06 YouTubeに動画を投稿する

Part 1 Part 2 Part 3 Part 4

YouTubeに動画をアップするときに重要な部分は、**動画タイトル**です。動画自体にキーワードは含まれていません。そのためYouTube検索で投稿した動画が検索されるには、動画を表す**タイトル**や**説明文**、**タグ**のテキストを最適化する必要があるのです。

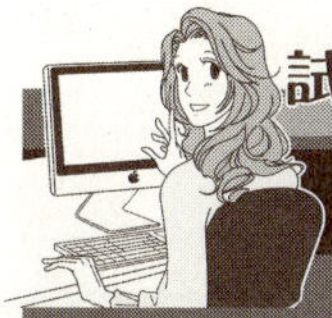

試してみる

アップロードした動画の情報テキストを最適化する

1 アカウント登録する

YouTubeにアクセスして、「メンバー登録」のリンクをクリックします。

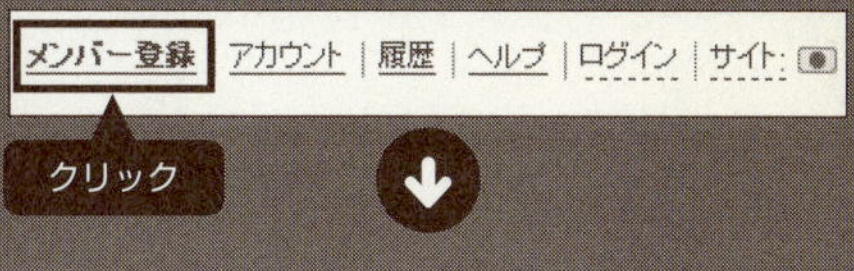

2 必要事項を入力する

アカウントタイプやメールアドレスなどを入力して、[メンバー登録] ボタンをクリックします。

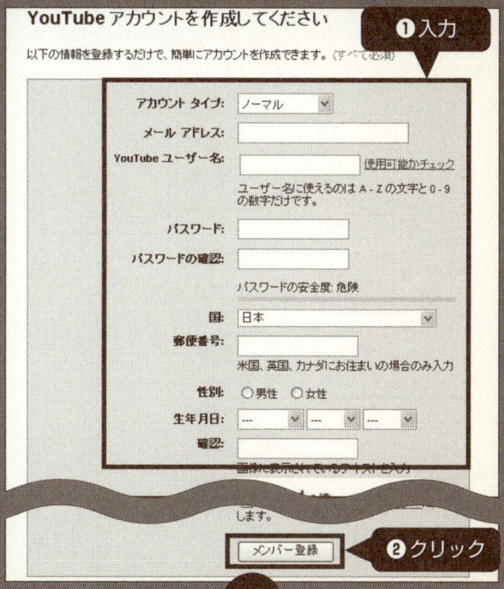

3 メールを確認する

右の画面になったら、登録したメールアドレスを確認します。

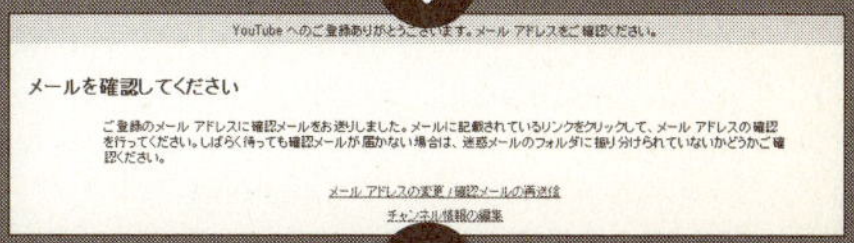

4 メールアドレスを確認する

メーラーを開き、メールにある、「ようこそYouTubeへ」というタイトルを開き、「メールアドレス確認」のリンクをクリックします。

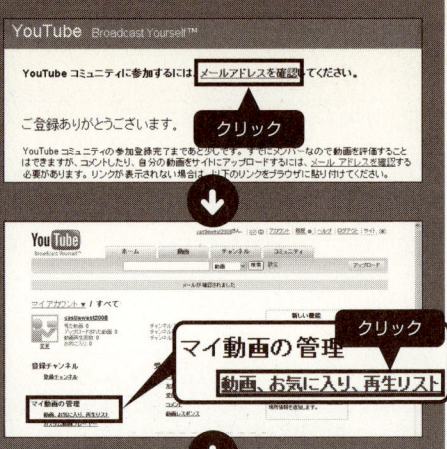

5 マイアカウントのページが開く

マイアカウントのページが開くので、そこで「動画、お気に入り、再生リスト」をクリックします。

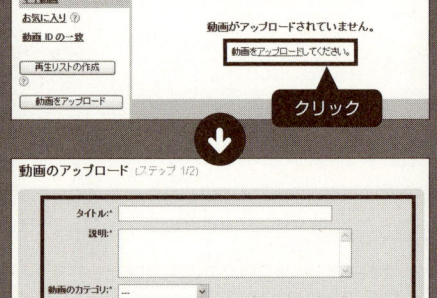

6 動画のアップロード画面になる

すると動画のアップロードができる画面になります。「アップロード」をクリックします。

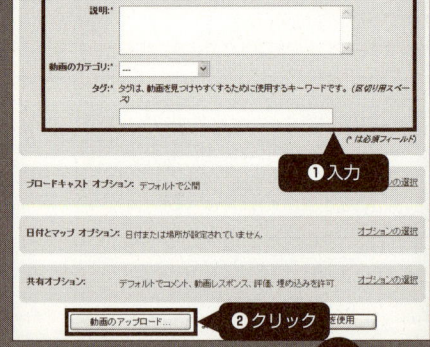

7 動画をアップロードする❶

- **動画のタイトル**
  ここでは、検索エンジンにヒットしやすいよう、動画を端的に表すキーワードを含めたタイトルを入れます。

- **説明**
  動画の説明文を入力します。メインサイトへのリンクURLは必ず入れましょう。

  カテゴリ
  エンターテイメント
  コメディー
  スポーツ
  ニュースと政治
  ハウツーとスタイル
  ブログと人
  ペットと動物
  映画とアニメ
  音楽
  科学と技術
  教育
  自動車と乗り物
  旅行とイベント

- **カテゴリ**
  用意されているカテゴリから選択します。アップロードする動画に合致したカテゴリを選択してください。

- **タグ**
  タグは重要です。それは、ユーザーがタグの情報を元に動画を見つけるケースが多いからです。必須のものなので、必ず入力しましょう。

- **オプション**
  次ページのコラムを参照してください。

各項目の設定ができたら、[画像のアップロード] ボタンをクリックします。

Chapter 10
YouTube 最適化（YTO）テクニック

COLUMN

オプション

オプションでは、次の項目を設定できます。

- **ブロードキャストオプション**
  公開動画の公開／非公開を設定できます。
- **日付とマップオプション**
  録画日やGoogleマップで撮影場所情報を登録できます。
- **共有オプション**
  コメント、コメントの投稿、動画レスポンス、評価、埋め込み、シンジケーションを設定できます。

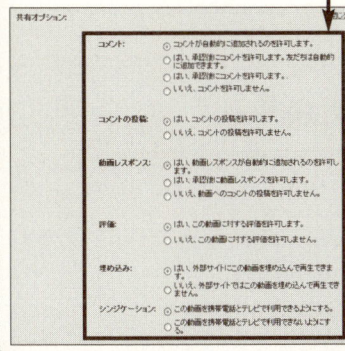

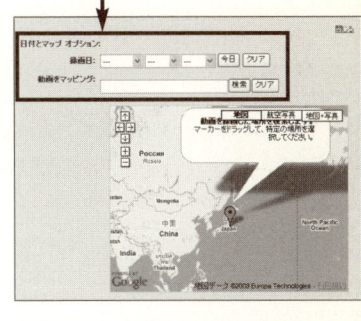

8 動画をアップロードする ❷

［参照］ボタンをクリックして、パソコンに保存した動画を選択し、［動画のアップロード］ボタンをクリックします。

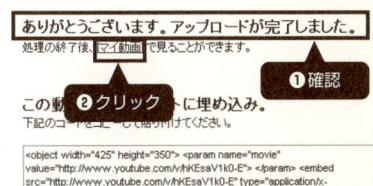

9 アップロード完了

アップロードが完了すると右の画面になります。動画の確認は「マイ動画」でチェックできます。またブログなどに動画を貼り込む際に必要なタグも生成されていますので、とても便利です。

マイ動画を確認する
マイ動画の画面では、動画の確認、削除、動画情報の編集をすることができます。

 動画タイトルの重要性

先の「試してみる」の **7** にもでてきましたが、動画タイトルにYouTube検索の上位表示を狙うキーワードを含めることが重要です。動画の内容を表現したキャッチーなタイトルをつけると検索されたときにクリックされやすくなります。

注意！
YouTube投稿でスパムは御法度！

タイトルには動画と関係無いキーワードや表現を含めないでください。理由は動画の閲覧者が動画の下の**フラグ**から**スパム報告**（迷惑行為の報告）をYouTubeへ簡単に行うことができるからです（スパム報告をするにはYouTubeアカウントかGoogleアカウントにログインする必要がある）。

迷惑動画は第三者からの報告により削除されます。YouTubeでスパム行為をしてアクセスを稼ごうという考えは捨ててください。

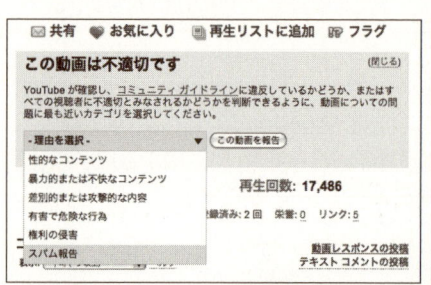

▲コミュニティガイドラインの違反報告画面

説明の重要性

先の「試してみる」の**7**にもでてきましたが、説明文にはテキストだけでなく、リンク先のURLを入れることで**リンク**を張ることができます。つまり投稿したYouTubeの動画からあなたの運営サイトに誘導することができるのです。

動画の中に問い合わせ電話番号やサイトのURLを表示させるのも効果的ですが、リンクによるサイトの誘導も効果がありますのでこの機能を使わない手はありません。

サイト誘導目的の動画投稿は禁止！

メインサイトに誘導するためだけの内容のない動画の投稿は迷惑行為です。訪問者にとって利益になる動画を提供することで、メインサイトに誘導できる可能性が高くなるのです。

 タグの重要性

先の「試してみる」の**7**にもでてきましたが、タグはYouTubeが関連動画を表示するときに利用する情報です。動画の内容を表したキーワードでタグ付けすることにより、YouTubeの利用者の利便性も向上します。

関連のないタグは付けない！

動画と関係ないタグを付けることは迷惑行為となりますのでやめましょう。

動画作成は作成方法とファイル形式を確認！

YouTubeはあらゆる動画ファイルの形式に対応し、様々な方法で作成した動画をアップロードできます。ミュージックプレーヤー対応のファイル形式にも対応しておきましょう。

07 チャンネルであなたの番組を作成する

YouTubeではアカウントIDごとに**チャンネル**という機能を与えられます。そしてひとつのIDに対してテーマを決めて動画を投稿することで、あたかも**テレビ局**のようにチャンネルを運営することができます。

サイトの運営同様、ひとつのIDに対してできるだけテーマを絞って動画の投稿をするほうが訪問者の層も絞り込まれて「どのような人が動画を閲覧しているのか？」ということを推測できるようになります。訪問者が誰なのかがわかれば、その訪問者に対して利益になる情報や商品を紹介すると成約してもらえる可能性が高くなるのです。

誰でもチャンネル登録が可能！

YouTubeのID登録をした人は誰でもチャンネル登録できます。そして動画投稿者はチャンネル登録者を確認することができ、YouTubeを介して**メッセージの送信**もできます。つまり、YouTubeを使ったコミュニケーションをとることができるのです。

動画のテーマがバラバラだとチャンネル登録はされにくいのですが、テーマを決めておくことがチャンネル登録者の増加につながるのです。

YouTube上のあなたの動画ホームページ

チャンネル機能はYouTube上のあなたの動画ホームページです。簡単なカスタマイズ機能がついていますので、背景画像やカラーを変更することで、自分好みの動画ホームページに仕上げることができます。

ひとつのIDで動画のテーマを統一！
チャンネル機能はYouTube上でひとつの番組を作ることと同じです。テーマを絞って動画を投稿しましょう。

RSSでYouTube番組を宣伝する

「RSS機能の使い方が今イチわからない」という人もいると思います。

簡単に考えれば、「更新情報付きのお気に入り登録の仕組み」と考えるとわかりやすいと思います。YouTubeのチャンネルにもRSSフィード（更新情報の配信）を提供する仕組みがありますので、すでにメールマガジンやサイトを運用しているなら、RSSフィードのURLを紹介し、RSSブラウザの［お気に入り］に登録してもらうことで、YouTubeチャンネルのリピーターになってもらえる可能性が増します。

 チャンネルのRSSフィードを作成する

チャンネルのRSSフィードは次のように作成することができます。

- チャンネルのRSSフィード
  URL feed://www.youtube.com/rss/user/ユーザーID/videos.rss

たとえば、ユーザー名が「nakajimashigeo」であれば、

URL feed://www.youtube.com/rss/user/nakajimashigeo/videos.rss

というRSSフィードをメールマガジンで紹介すれば、IE7、Firefox、SafariなどのRSS対応ブラウザで更新情報付きのお気に入り登録が可能になるのです。

 既存のRSSリーダーで登録する

また、既存のRSSリーダーでももちろん登録することができます。あなたのIDのチャンネルをiGoogleに追加するボタンを作る場合は、ボタン画像のリンク先を、

URL http://fusion.google.com/add?feedurl=http://www.youtube.com/rss/user/ユーザーID/videos.rss

とするだけです。

今後、IE7の普及とともにRSS対応ブラウザのシェアが増えると予想されます。RSS対応ブラウザで更新情報付きのRSSを［お気に入り］に登録をしてもらうことを視野に入れておきましょう。

ユーザー側とすれば気に入っているサイトや動画チャンネルをいちいちブログやYouTubeを訪問しなくてもRSS対応ブラウザやRSSリーダー上で「更新されているかどうか」を確認することができます。これは最新情報を常に発信する必要がある分野のブログを運営している場合、非常に便利です。

注意！
更新は定期的に！

定期的な更新をしていないとユーザーから「更新をサボっている」とみなされてしまい、RSS登録をしてもらう意味がなくなりますので、注意が必要です。

COLUMN

YouTube動画をiTunesに登録し、iPodで楽しむ！

YouTubeはストリーミング放送で楽しむのが基本ですが、パソコンやiPodにダウンロードして楽しむサービスも登場しています。**ListPod**というサービスでは、気に入ったYouTube動画を**マイリスト**と呼ばれるカテゴリごとに整理し、マイリストのRSS（URL）をiTunesにドラッグ＆ドロップするだけで、マイリストの動画をiTunesに登録し、パソコンやiPodに自動的にダウンロードすることができます。

自分が整理したYouTube動画のマイリストをiTunesに登録するだけでなく、ほかのユーザーのマイリストをiTunesに登録できるので、YouTube動画の整理がうまいユーザーのマイリストをiTunesに登録し、自分の好みの動画を視聴することができます。

ListPodは**YouTube動画版ソーシャルブックマーク**と言えます。

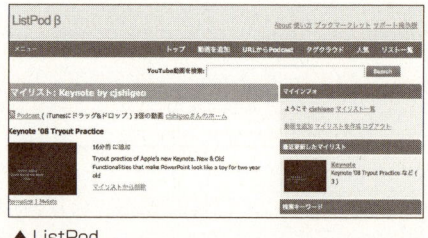

▲ ListPod
URL http://listpod.tv/

point
ユーザーにRSS登録してもらう意味を確認！

チャンネルをRSS登録したユーザーは、登録したYouTubeチャンネルに訪問することなく、更新されているかどうかを確認できます。

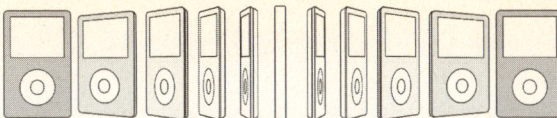

Part **3**

Chapter **11**

iTunes 最適化テクニック

本章では、iTunes、iPod、WALKMAN、Media Manager for WALKMAN、Seesaaブログを使ったアクセスアップテクニックについて解説します。

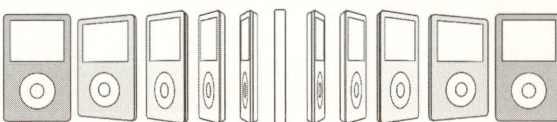

01 なぜiTunesが凄いのか？

Part 1　Part 2　**Part 3**　Part 4

iTunesはiPodを持っている人なら必ず使っている、アップル社から無料で提供されているソフトウェアです。

- iTunesダウンロードページ（無料）
  URL http://www.apple.com/jp/itunes/download/

iTunesは音楽ソフトだと思っている方がほとんどだと思いますが、実は**音声や動画、PDF用のRSSリーダー**でもあるのです。

例 携帯電話から動画をアップロードし、iTunesに登録する

　　　　携帯電話からSeesaaブログに投稿した動画付きの記事をiTunesに登録するとします。そのブログの動画が更新されたあとに、iTunesを起動すると新しい動画が自動的にダウンロードされます（初期設定による）。
つまり、iTunesに動画ブログ、音声ブログの登録を促すだけで、あとはブログの更新情報と更新動画や音声をiTunesのRSS機能がダウンロードしてくれるのです。とても便利です。

▲iTunesに登録した動画記事が更新されると、登録したiTunesの情報も更新される

COLUMN　ポッドキャスト、ビデオポッドキャストとは？

　　　音声ブログなどで**音声をRSS配信**することを**ポッドキャスト**、動画ブログなどで**動画をRSS配信**することを**ビデオポッドキャスト**と呼びます。

Chapter 11
iTunes 最適化テクニック

注意！
RSSフィードの仕様はRSS2.0で！

ポッドキャストやビデオポッドキャストのRSS配信に使うRSSフィードは、RSS2.0の仕様であることが必須です。RSS2.0は、次のように記述されます。

```
<?xml version="1.0" encoding="UTF-8"?>
<rss version="2.0">
<channel>
<title>（ビデオ）ポッドキャストの番組名</title>
<link>（ビデオ）ポッドキャストの番組URL</link>
<description>（ビデオ）ポッドキャストの説明</description>
<language>ja</language>
<item>
<title>音声・動画のタイトル</title>
<description>音声・動画の説明</description>
<pubDate>音声・動画の配信日時</pubDate>
<enclosure url="音声・動画のURL" length="音声・動画のファイルサイズ" type="音声・動画のMIMEタイプ" />
</item>
</channel>
</rss>
```

たとえば、<enclosure ～/>の部分は、次のようになります。

```
 MP3音声   <enclosure url="http://xxx.xxx.xxx/xxx.mp3" length="xxx"
           type="audio/mpeg" />
 MPEG-4動画 <enclosure url="http://xxx.xxx.xxx/xxx.mp4" length="xxx"
           type="video/mp4" />
 QuickTime動画 <enclosure url="http://xxx.xxx.xxx/xxx.mov" length="xxx"
           type="video/quicktime" />
```

もちろんこれらの動画や音声はiPodで視聴できますので、iPod nanoやiPod classic、iPod touch、iPhoneでも動画を見ることができます。活用シーンとしては、ブログでセミナー動画のプレビュー版をアップし、PCやiPodで視聴してもらうことが考えられます。そのほかにも無料英語音声セミナーやDVDのプレビュー版のアップなど、プロモーションの活用方法は様々です。海外の会社ではBMWが積極的に魅力的な車のプロモーション動画を定期的に配信しています。

point iTunesの凄さ

国内ではiPodユーザーが劇的に増えてきています。当然、ポッドキャストへの注目も高く、新しいマーケティングメディアとして非常に有望です。

02 RSS配信の仕組みが注目されているワケ

メールマガジンを配信している方ならわかると思いますが、最近迷惑メールの増加に対してYahoo!メール、Gmailなどの各無料メールサービスのスパムメール（迷惑メール）対策がより一層厳しくなってきています。そのため、メールマガジンの通常のメールフォルダへの到達率が著しく下がってきています。つまり、

> 読みたいメールマガジンが迷惑フォルダに入ってしまい読めない

という事態も起こっているのです。

RSS配信

この問題を回避するための方法がRSS配信です。メールマガジンが各登録ユーザーへメールを直接配信する仕組みであるのに対し、RSS配信は、IE7やFirefox、SafariなどのRSS対応ブラウザ、livedoorリーダーなどのRSSリーダー、AppleメールやThunderbirdなどのRSS対応メーラーを使って、ユーザー側からメールマガジンの更新情報を読む形になります。

プッシュ型マーケティングとプル型マーケティング

メールマガジンがメールを直接ユーザーに届けるPush（プッシュ）型に対し、RSS配信はユーザーが閲覧しに来るのを待つPull（プル）型のマーケティング手法になります。

どちらも一長一短がありますので、メールマガジンとメールマガジンのバックナンバーのRSS配信の両者を利用することで、それぞれのメリットやデメリットを補完し合い、メールマガジン読者の取りこぼしを減らすことができます。

メールマガジンのバックナンバーを音声、動画、PDFで配信

iTunesへの登録は登録したいポッドキャストのRSSフィードを入力するか、RSSフィードのリンクボタンをiTunesのPodcastメニューにドラッグ＆ドロップするだけで完了します。

Chapter 11
iTunes最適化テクニック

iTunesへの登録をユーザーに促すことで、より確実にユーザーのもとに情報を配信することができるようになるのです。

例 あらかじめシナリオを考えたステップメールのようにメールマガジンを配信

ステップメールはメールマガジン配信の仕組みをあらかじめシナリオを数通から数百通まで作っておき、メールマガジンの登録があればその時点から、登録後すぐに1通目を配信、何日後の何時に2通目を配信、というように登録後から経過した任意の日時に配信する仕組みのことです。

最近ではDRM（ダイレクト・レスポンス・マーケティング）のひとつとして利用されることが多いですが、これをiTunesの仕組みを使って手動で配信する方法です。

たとえば、iTunesでのRSS配信数が3回あるとします。

- 1回目 挨拶の動画
- 2回目 販売予告と商品説明の動画
- 3回目 予約販売の申込み案内PDF

実際には10回ぐらいの配信でRSS配信の登録者に楽しんでもらえる有益な情報を配信し、配信者と登録者の信頼関係を作ってから商品の販売を行う手順となります。

この例では、最初の2回の動画で挨拶、商品の説明、販売日の案内を行い、3回目の販売にはPDFファイルで配信し、FAXや電話で注文してもらうか、配信するPDFファイルに注文フォームのURLのリンクを入れて、ウェブからの注文を受け付けます。

メールマガジンの場合、意図したFAXの注文フォームを作成するのは難しいのですが、PDFフォーマットであれば簡単に作成できるのが利点です。

このようにiTunesを使うと、音声、動画、PDFという異なるファイル形式のデータを配信し、プロモーションを行うことができます。

point iTunesのRSSリーダー

iTunesのRSSリーダーの機能をフル活用しましょう。

Seesaaブログから iTunes、iPodに動画、音声データを移動

Part 1　Part 2　**Part 3**　Part 4

　Seesaaブログではパソコンに保存された音声や動画をブログ投稿管理画面からアップロードすることができます。また、ムービー機能付きの携帯電話であれば、ムービーを録画後、メールに添付してブログに投稿するだけで簡単にアップロードできてしまいます。下のブログはYahoo!対策に関して無料で流した音声セミナーのブログです。Seesaaブログのテンプレートを使って作成しています。

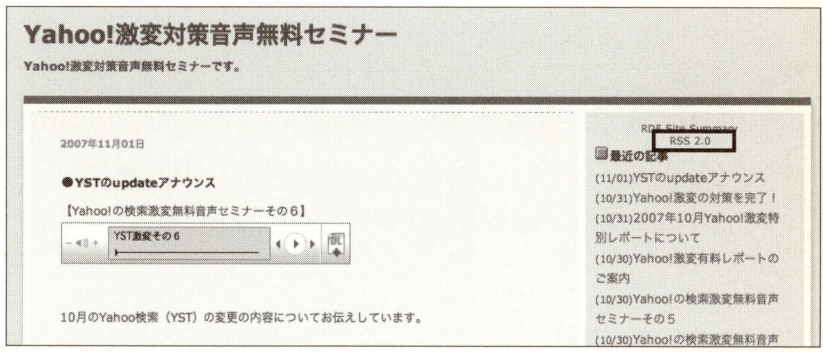

▲ Seesaaブログで音声配信をした例

試してみる

音声をSeesaaブログにアップし、iPodやiTunesで視聴できるようにする

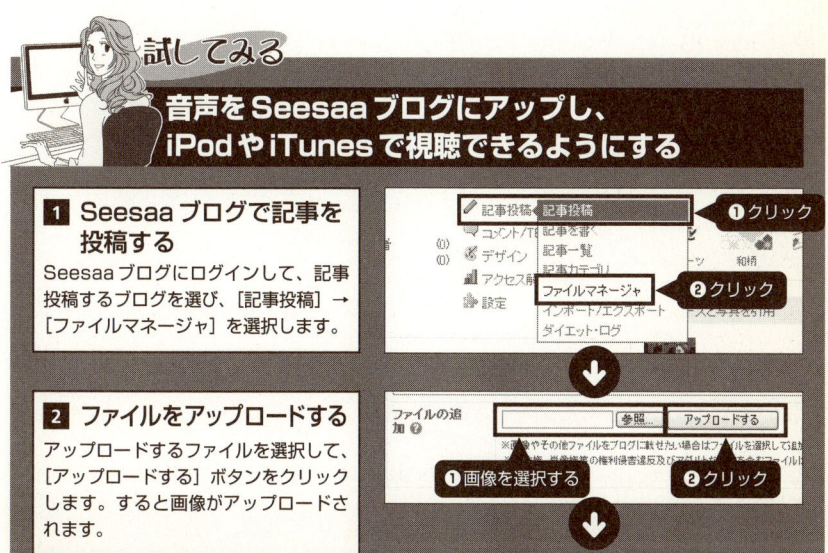

1 Seesaaブログで記事を投稿する
Seesaaブログにログインして、記事投稿するブログを選び、[記事投稿] → [ファイルマネージャ] を選択します。

2 ファイルをアップロードする
アップロードするファイルを選択して、[アップロードする] ボタンをクリックします。すると画像がアップロードされます。

283

3 HTMLタグをコピーする

HTMLタグをコピーするには、再度 1 の手順でアクセスし、ファイル欄で「HTMLタグのコピー」から[元画]ボタンをクリックします。コピーをしたら、記事投稿画面に移動して記事にペーストし、適宜文字を追加して投稿すれば完了です。

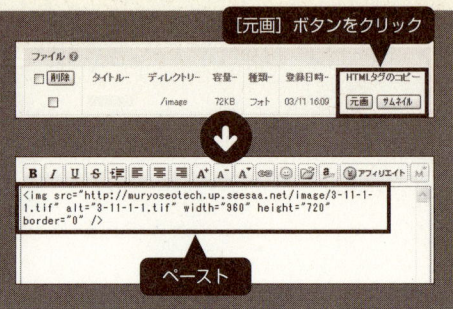

動画や音声をiTunesからダウンロードする

1 Podcastメニューを選択する

アップロードされた動画や音声をiTunesにダウンロードする方法です。まず、iTunesを起動し、Podcastメニューを選択します。

2 iTunesにドラッグ＆ドロップする

次に右図のSeesaaブログの右サイドメニュー上部の「RDF Site Summary RSS2.0」をドラッグし、iTunesにドロップすればダウンロードが自動的にはじまり、ブログ自体もiTunesに登録されます。
登録されたブログに音声や動画、PDFが追加された場合は、iTunesを立ち上げてPodcastメニューに移動し、[更新]ボタンをクリックするだけで確認できます。
iPodへのダウンロードはiTunesとiPodをつなぐだけで自動的にはじまります。あとは完了するのを待つだけです。

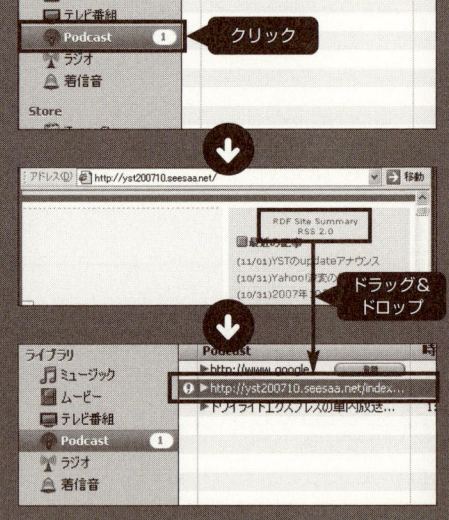

point　Seesaaブログを音声、動画ブログとして活用する！

Seesaaブログを利用した音声／動画ブログを作成してみましょう。

iPodから メインサイトや店舗に誘導する

iPodにダウンロードされた音声や動画から、商品やサービスの販売をする場合を考えてみましょう。

ブログの場合

ブログの場合は音声や動画に加えて文字情報があり、リンク機能を使って販売サイトに誘導することができます。03で紹介している「Seesaaブログで音声配信をした例」のサイトも、実は電子書籍の販売サイトに誘導して効果を上げた例です。

iPodの場合

一方iPodの場合、音声や動画からリンクを飛ばしてサイトに誘導することはできません。ですから、拡張音声ポッドキャストを使い、スライドショーを加えて**販売ページのURLを記載**したり、動画のキャプションで**販売ページのURLを記載**して、販売ページに誘導したりする方法が考えられます。

小売店舗に誘導する

しかし、iPodが一番威力を発揮するのは、**小売店舗への誘導**です。iPodは携帯電話と同様に持ち運びできるデバイスです。iPodの動画を見ながらお店の案内を確認し、動画が終了すると**店の割引クーポンが表示される**という使い方もできます。

> **point** **iPodユーザーへのアプローチ**
> iPodはインターネットへの誘導よりも小売店舗への誘導に向いています。

05 iTunes Storeから メインサイトに誘導する

Part 1　Part 2　**Part 3**　Part 4

　iPodは、ネット販売サイトへの誘導は不得手です。
　iTunesの場合、次の形式で保存すると、音声の場合はスライドショーの下に、動画の場合は動画の下に、リンクを貼り付けることができ、販売サイトに誘導することができます。

- 拡張ポッドキャスト形式
- 拡張ビデオポッドキャスト形式

▲iTunesでビデオポッドキャストを視聴

動画や音声画像にリンクボタンをつける
iTunesからインターネットに誘導するには拡張ポッドキャスト、拡張ビデオポッドキャストの形式で保存する必要があります。

Media Manager for WALKMANにも注目！

携帯型のデジタルミュージックプレーヤーでは、iPodがダントツの人気を誇ります。一方、SONYのWALKMANはワンセグ機能をつけた機種などを投入し、シェアの巻き返しを図っています。

WALKMANの特徴

ほかの日本のメーカーがWindows Media形式のデータしか扱っていないのに対し、WALKMANはMPEG-4やQuickTimeなどの動画形式にも対応し、ビデオポッドキャストの配信に対応しています。

特に動画対応のWALKMANに付属しているMedia Managerというソフトウェアは、ビデオポッドキャストに対応し、ビデオポッドキャスト番組を登録するだけで、WALKMANに転送し、番組の動画を視聴することが可能になっています。

今後、動画対応のWALKMANの普及でビデオポッドキャストに注目が集まる可能性が大いにあります。

- WALKMAN
  URL http://www.walkman.sony.co.jp/

> **point Media Manager for WALKMANの
> ビデオポッドキャスト機能に注目！**
> iPod、WALKMANというビデオミュージックプレーヤーの両雄がビデオポッドキャスト対応になったことで、ハード面での対応は完了したと思います。

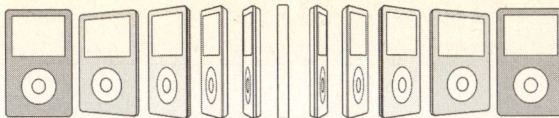

Part **3**

Chapter **12**

ポッドキャスト（音声ブログ）対策テクニック

本章では、ポッドキャストと呼ばれる音声ブログの活用法について解説します。音声ブログサービスを提供しているブログサービス、アクセスアップのために登録すべきポッドキャストポータルの紹介をします。

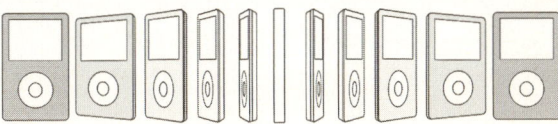

01 音声録音の方法と無料ポッドキャストサービス

Part 1　Part 2　**Part 3**　Part 4

　ポッドキャスト（ポッドキャスティングとも呼ばれる）は、もともとiPod（アイポッド）とBroadcasting（ブロードキャスティング）を合わせた造語と言われています。

　ブログで利用されていたRSS配信の仕組みをアグリゲーターと呼ばれるポッドキャスト専用のRSSリーダーを使って番組の登録を行い、iPodなどの携帯型デジタルミュージックプレーヤーにデータを入れて持ち歩きながら聴くようになったのが起源とされています。

　実際、ブログという言葉はすでに一般語となり、ブログ＝日記という認識になっています。ブログが文字情報や画像を扱うツールなのに対し、**ポッドキャストはブログの機能に音声が加わったにすぎません**。ところが、音声を扱うというだけで食わず嫌いのごとく、「私にはポッドキャストは無理！」と勘違いしてしまう人が続出しています。

　現在、音声や動画ほどサイト訪問者に直接的に訴える手段はほかにありません。ですから無料サービスを利用した集客方法で一番効果のある方法が、**音声や動画を使ったコンテンツ**と言ってもよいでしょう。ここでは次表にあるような、ポッドキャストが簡単に利用できるサービス（無料ブログサービス）を紹介します。それぞれ特徴がありますので、自分に合ったサービスを探してみてください。

サービス名	URL	アップロード可能な動画ファイル形式	アップロードの1ファイルサイズの上限	1つのIDあたりのファイル容量	携帯電話からのアップロード	携帯電話からのアップロードにかかるコスト
ケロログ	http://www.voiceblog.jp/	.mp3、.m4a、.pdf	20MB	1GB	携帯電話からの投稿可能	無料
Caspee	http://caspeee.jp/	.mp3	10MB	500MB	携帯電話向けの配信	無料
Seesaaブログ	http://blog.seesaa.jp/	.mp3、.m4a、.pdf	25MB	2GB	携帯電話からの投稿可能	無料
ココログ	http://www.cocolog-nifty.com/	.mp3、.wav、.pdf	40MB	2GB～10GB	有料プランが充実	月額0円～950円
らじろぐ	http://radilog.jp/	.mp3	10MB	1GB	インターネット生放送も可能	無料
さくらのブログ	http://www.sakura.ne.jp/blog/	.mp3、.m4a、.pdf	25MB	300MB～20GB	レンタルサーバの付随サービス	月額125円～4,500円（レンタルサーバ代金）
So-net blog	http://blog.so-net.ne.jp/	.mp3、.m4a、.pdf	5MB	1GB	1ブログあたり1GBの容量	無料

▲ポッドキャストサービス一覧

タイプ別！お薦めポッドキャストブログ

タイプ1　音声の録音でよい場合

音声の音質や編集にはこだわらず、音声の録音でよい場合は、携帯電話から投稿できるケロログがお薦めです。

タイプ2　インターネットラジオを運営したい場合

生放送のようにインターネットでラジオ局を運営したい方は、らじろぐで決りです。

タイプ3　長い音声をアップロードしたい場合

ひとつの音声につき30分以上の音声ファイルをアップロードすることが多い人にはココログがお薦めです。

タイプ4　たまにポッドキャストをアップロードしたい場合

ブログが主体で、たまにポッドキャストも使いたいという人には、ブログサービスが充実したSeesaaブログ、So-net blogがお薦めです。

携帯電話からケロログに投稿

ケロログのような音声専用のブログは、携帯電話からの投稿が可能です。携帯電話での録音機能を使えば録音した音声がそのままアップロードされますので、その場で録音してライブ感を出すなど、気軽に音声配信したいときに適しています。

ボイスブログ登録後の確認メールに携帯電話録音用の「録音先電話番号・ID・パスワード」が記載されていますので、次の流れでポッドキャストを投稿することができます。

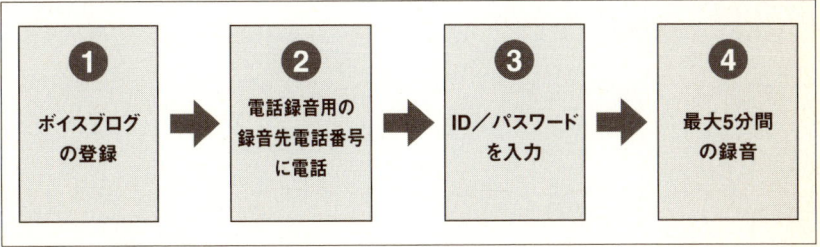

▲ボイスブログのポッドキャスト配信の流れ

音声のタイトルや文字の追加／修正は、パソコンから管理画面にログインして行います。

ボイスレコーダーで録音してSeesaaブログに投稿

　パソコンと相性の良い録音機器と言えばボイスレコーダーです。現在はUSB端子付きのものも多数販売されていますので、それを使えば録音後そのままパソコンのUSB端子につないでボイスレコーダーの音声データをパソコンに保存できます。ボイスレコーダーは誰でも簡単に扱えるので、録音機器の中でも便利なツールの代表格です。

　Seesaaブログに音声ファイルをアップロードする方法は、次のとおりです。

> ・記事投稿 ➡ ファイルマネージャ ➡ ファイルの追加

Seesaaブログの特徴

　Seesaaブログの特徴のひとつにファイルの種類に関する制限を設けていないことが挙げられます。音声であれば、Windows Media形式、QuickTime形式、MPEG-4形式、MP3形式、携帯電話の3GP形式など種類は問いません。

> **注意！**
> **音声ファイルの拡張子**
>
> 　拡張子は、次のような携帯デジタルミュージックプレーヤーのシェアの大半を占めるiPod、WALKMANの音声ファイル形式に合わせておくとよいでしょう。
>
> ・MP3形式（.mp3）、MPEG-4形式（.mp4／.m4a）

　ファイルマネージャに音声ファイルが保存できたら、ファイルマネージャに保存した音声を記事投稿時に貼り付けます。手順は次の「試してみる」のとおりです。

音声ファイルをSeesaaブログに貼る

1 html文をコピーする

貼り付ける音声ファイルを一覧から選択し、[コピー]ボタンをクリックして、音声ファイルのhtml文をコピーします。

2 html文をペーストする

記事を書く ➡ 内容 の順に移動して、音声プレーヤーを貼り付けたい位置にカーソルを当て、コピーしたhtml文をペーストします。

COLUMN

Macintoshの場合

Macintoshの場合は、ボタンが出てきませんので、右の図のように、貼り付けたい音声ファイルの「HTMLタグのコピー」の箇所をドラッグして選択し、コピーしたあと記事投稿時に**ペースト**します。

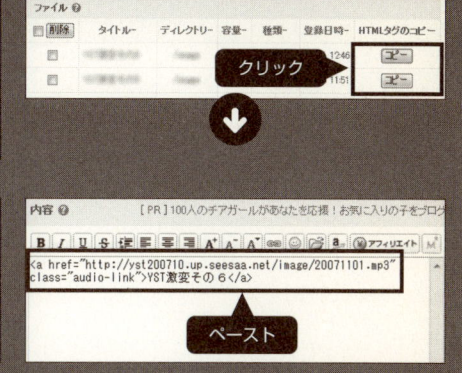

▲ Macintoshでのファイルマネージャ

パソコンの内蔵マイクで録音して無料ブログに投稿

　パソコン内蔵マイクや外部マイクを使ってパソコンのハードディスクに直接録音すれば、あとはブログにその音声をアップロードするだけです。マイクの性能がよければ、音質の劣化が少ない良い音で録音できます。

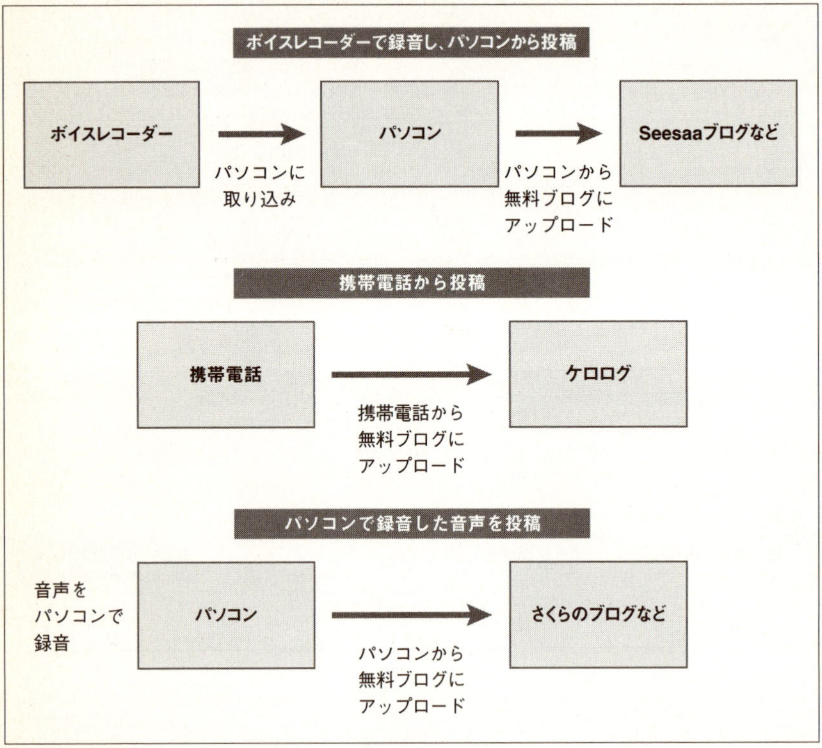

```
             ボイスレコーダーで録音し、パソコンから投稿

  ボイスレコーダー  →    パソコン    →   Seesaaブログなど
                 パソコンに        パソコンから
                 取り込み          無料ブログに
                                   アップロード

                 携帯電話から投稿

    携帯電話    →    ケロログ
            携帯電話から
            無料ブログに
            アップロード

             パソコンで録音した音声を投稿

  音声を
  パソコンで    パソコン    →    さくらのブログなど
  録音
                 パソコンから
                 無料ブログに
                 アップロード
```

▲Seesaaブログ／ケロログ／さくらのブログで音声配信をする例

録画方法を選ぼう！

　前述したとおり、大きく分けて3種類の音声の録音方法がありますが、あなたにあった録音方法を使ってください。**音質重視**なのか、**手軽さ重視**なのかを決めれば自ずと録音方法は決まってきます。

point　音声録音は継続できる方法で始めよう！
音声録音形式は、今後ブログを続けていく用途にあったものを選択しましょう。

音声に効果音や音楽を加える

Part 1　Part 2　**Part 3**　Part 4

音声に音楽や効果音を加えるだけでプロ顔負けのラジオ番組に変身します。録音した音声の前後に音楽を加えるだけで、立派なラジオ番組ができあがります。

ネットde悠々倶楽部・対談音声の場合
（URL http://yu2club.seesaa.net/）

「ネットde悠々倶楽部・対談音声」のブログにアップロードしている音声は、無料で世界中のユーザーと通話できるSkype（スカイプ）を使って録音し、アフィリエイトに関するノウハウを無料対談音声として配信しているものです。双方のインターネット環境とパソコン環境が整えば電話よりも良い音質で録音することができます。

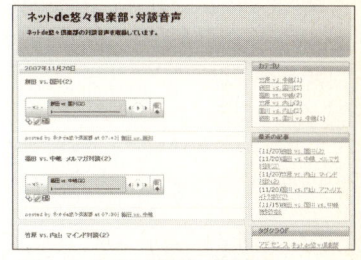

▲ネットde悠々倶楽部・対談音声

Garagebandを利用する場合

Macintoshに付属のソフトGaragebandには、はじめから**著作権フリーのポッドキャスト用の音楽**が数百種類も用意されています。音楽ができなくても、音声に合いそうな音楽を探し、管理画面にドラッグ＆ドロップして加えるだけで、簡単に音楽付きの音声ファイルを作成できます。

▲Gragebandの作業画面

> **注意！**
> **GaragebandのWindows対応について**
>
> 残念ながらGaragebandのWindowsバージョンは発売されておりません。

 ## Audacityを利用して、音声を編集する
（Windows&Macintoshで編集可能）

「Windowsでは音声の編集が難しいのかぁ」というとそうではありません。今は、ポッドキャスター用の音楽配信サイトなども充実しています。Windowsユーザーの場合、音声の編集ソフトには無料のAudacity（オーダシティ）を利用しましょう。

このソフトウェアはWindows版、Macintosh版の両方が用意されています。直感的に音声の編集ができる使いやすいソフトウェアなのですが、保存するファイルが.wav形式となっているのが欠点です。

ポッドキャスト用の.mp3形式のファイルに変換するには別途無料のLAME MP3 encoderを利用するかiTunesを利用します。

iPodを使い慣れた人はiTunesを利用するほうがわかりやすいでしょう。

サイト	URL
Audacity本家サイト	http://audacity.sourceforge.net/
Audacity窓の杜	http://www.forest.impress.co.jp/lib/pic/music/soundedit/audacity.html
LAME MP3 encoder	http://lame.sourceforge.net/
iTunes	http://www.apple.com/jp/itunes/download/

▲ Audacityのダウンロードサイト

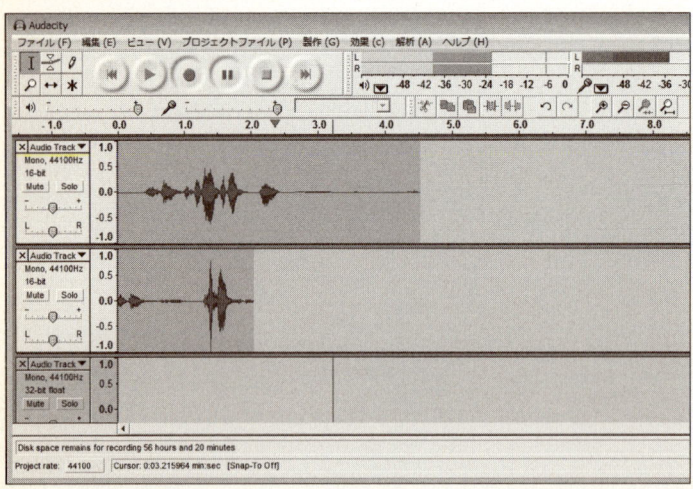

▲ Audacityの作業画面

試してみる

Audacityの作業画面を見てみる

1 録音の開始と終了

Audacityの作業画面は非常にシンプルです。赤色の[録音]ボタンをクリックすると録音が始まり、黄色の[ストップ]ボタンをクリックすると録音は終了します。

2 録音した音声を聴く

録音した音声を聴く場合は、緑色の[再生]ボタンをクリックすると確認できます。[録音]ボタンをクリックする度に新しいトラックが自動的に生成され、音声を重ねて録音することができます。

3 音声の上に音楽を被せる

音声の上に音楽を被せる場合は、音楽ファイルをAudacityの画面にドラッグ&ドロップするか、[プロジェクトファイル]メニューから[オーディオの取り込み]を選択して、[音楽ファイルを選択し開く]ダイアログで音楽ファイルをAudacityに取り込みます。それぞれのファイルの時間のタイミングをずらす場合は、タイムシフトツールを使って編集します。

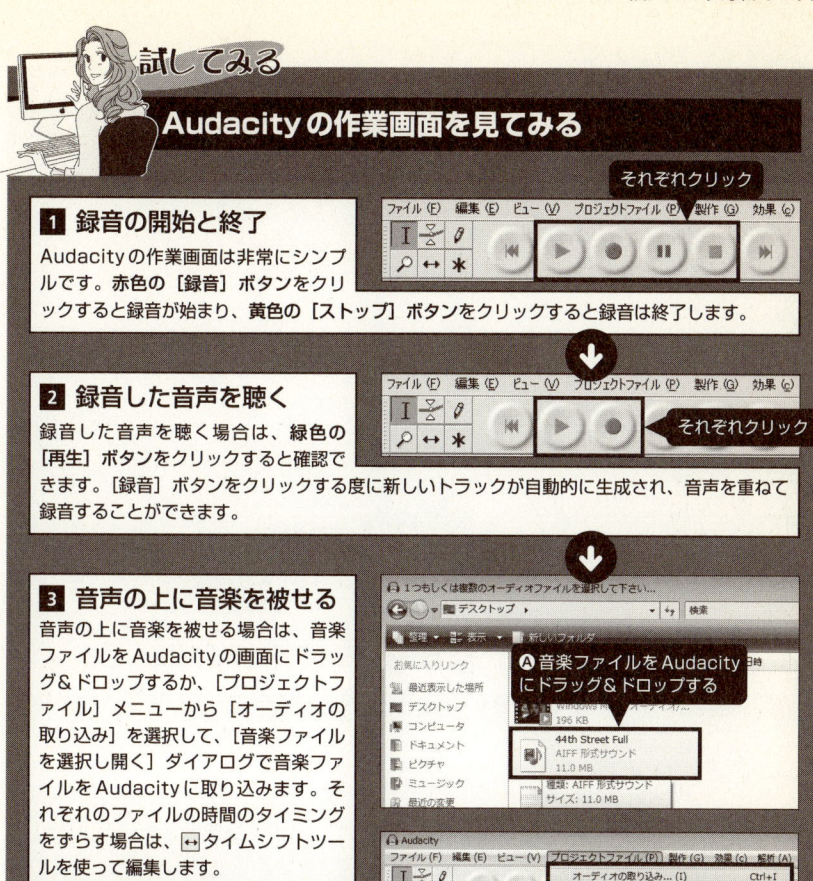

それぞれクリック

それぞれクリック

Ⓐ 音楽ファイルをAudacityにドラッグ&ドロップする

Ⓑ [プロジェクトファイル]メニューから[オーディオの取り込み]を選択する

試してみる ファイルをMP3形式／WAV形式で保存する

A MP3形式で保存する
音声と音楽のタイミングを合わせたらAudacity形式でファイルを保存した後に、ポッドキャストで使えるファイル形式に変換します。LAME MP3 encoderをインストールしている場合は、[ファイル]メニューから[MP3ファイルの書き出し]を選択します。

B WAV形式で保存する
LAME MP3 encoderを使わずiTunesでMP3ファイルに変換する場合は、[ファイル]メニューから[別名で書き出しWAV]を選択して、WAVファイルで保存した後、iTunesで音声ファイル形式の変換を行います。

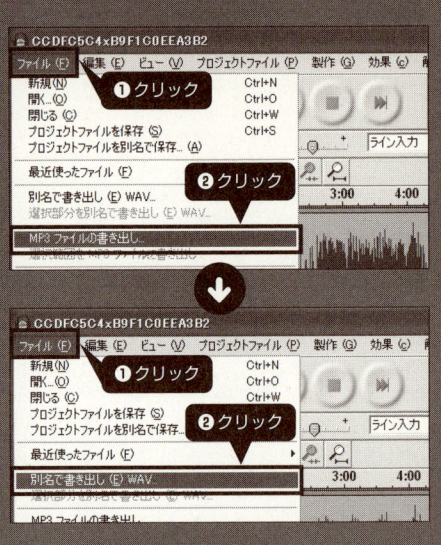

試してみる ファイルをMP3形式に変換する

1 iTunesを起動する
iTunesを起動し、[編集]メニューから[設定]を選択します。

2 設定画面で変換の設定をする
設定画面を表示した後、[詳細]タブ→[インポート]タブ→[MP3エンコーダ]の順にクリック＆選択して、変換の設定をします。

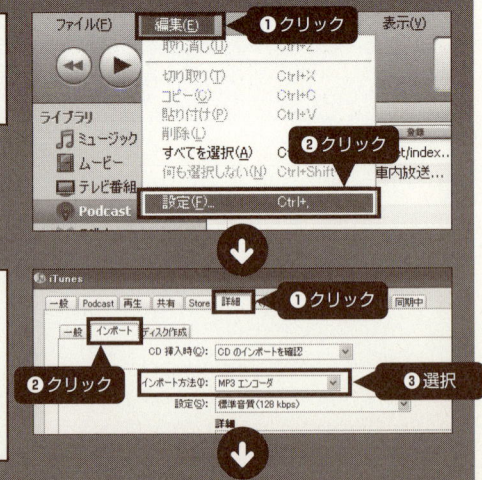

Chapter 12
ポッドキャスト（音声ブログ）対策テクニック

音声の編集の方法については筆者のサイトでも解説していますので参考にしてみてください。

- ポッドキャスト、ビデオポッドキャストビジネス活用法
  URL http://podcast110.biz/

 ## 無料の音楽ファイルを探す

Windowsには、著作権フリーで使える音楽の素材集が付属していません。ですので、インターネット上で探すことになります。検索するときは「ポッドキャスト＋音楽＋無料＋素材」で調べてみると見つかりやすいです。

サイト	URL
icaster	http://icaster.jp/
MUSIC CUBE	http://musiccube.hp.infoseek.co.jp/
音の葉っぱ。	http://www.geocities.jp/spaceeg/
SampleSwap.org	http://sampleswap.org/

▲インターネット上にある著作権フリーの音楽素材集サイト

注意！
著作権フリーで使える音楽

著作権フリーでも、利用条件は提供サイトによって異なりますので、必ず利用規約を読んでください。最近は**クリエイティブ・コモンズ**という方式を使って著作権のルールを決めている事例も増えています。

- クリエイティブ・コモンズ・ジャパン
  URL http://www.creativecommons.jp/

実は、クリエイティブ・コモンズの仕組みを使ってあなたの著作物を配付し、その見返りとして著作者のサイトにリンクを提供してもらえば、被リンクを集めるためにも活用できます。リンクを張ってもらうことはSEO的にも効果がありますので、写真、動画、音楽などを配付できる人は挑戦してみるとよいでしょう。

point
音声に効果音や音楽を加える
オリジナリティのある音声ファイルにするため、積極的に音楽を利用しましょう。

効果的に音声を活用するテクニック

ブログを既に使っている人は、記事の投稿時に画像やYouTube動画を貼り付けたりしていると思います。画像/動画は、視覚的効果で目に留まりやすく、文字だけの記事よりも訪問者のブログの滞在時間が長くなる傾向があります。

音声の活用方法

それでは、音声の場合はどのような活用が考えられるのでしょうか？

ブログ記事の信頼性アップ

音声の強みは、ブログ運営者の声を直接訪問者に届くことでブログの信頼性が高まることにあります。

ユーザーの声として、信頼性をアップする

また、お客様の声として商品やサービスの感想をアップすると、その商品の優れている点をアピールできます。

例 ラジオショッピング

宣伝広告の活用として参考になるのはラジオショッピングの放送です。どのような声や音で視聴者を惹き付けているかがわかるでしょう。ポッドキャスト配信では、パソコンとiPodの2種類のパターンによって発信方法を区別する必要があります。たとえば、パソコン、iTunes用の音声には拡張ポッドキャスト方式で画像のスライドショーをアップし、画像ごとにリンクを貼り付けて興味のある画像の詳細をサイトで解説するという方法もあります。

例 iPodに向いている商材は？

iPodでの音声配信で一番向いているのは、語学教材に代表される音声教材です。iPodは通勤中やドライブ中にも聴くことができる便利なプレーヤーですので、iPodの活用シーンを活かしたサービスを提供することができます。その結果、視聴者を増やし、見込み客を獲得することができるでしょう。動きながらでも楽しめるのは音声商材の特権です。

point 音声の特徴を活かす！

ラジオがなくならない理由を考え、音声の特徴を活かした情報発信をしてみましょう。

04 ポッドキャストを効果的に宣伝する方法

Part 3

　ポッドキャストの宣伝方法は基本的にはブログと同じです。ブログ同様にpingの送信でBlogPeople、にほんブログ村などのブログポータルサイトに新着記事に掲載させたり、Yahoo!ブログ検索、Googleブログ検索などのブログ検索にインデックスさせたり、といったことで番組の露出を増やします。

 ポッドキャストポータルに登録し番組の露出をアップ！

　ポッドキャストもブログと同じく、番組の更新情報をポッドキャストポータルサイトにpingを送信することができます。多くのポッドキャスト検索サイトに登録することで、新着情報に掲載されることになり、番組の露出度を増やすことができます。

サイト	URL
Yahoo!ポッドキャスト	http://podcast.yahoo.co.jp/
Podfeed	http://www.podcastjuice.jp/howtoregistry/
PODCAST navi	http://www.podcastnavi.com/
ポッドキャストランキング	http://podcastrank.jp/
castella	http://www.castella.jp/
peedee.jp	http://www.peedee.jp/
mixPod	http://www.mixpod.jp/

▲ポッドキャストポータルサイトの一覧

 iTunes Storeにポッドキャスト番組を登録！

　iPodを持っている人の多くは、iTunes Storeにお世話になっていると思います。
　iTunes Storeは国内外の音楽を1曲単位で購入できるダウンロード型の音楽配信サイトです。すでに、CDやDVDの売上金額をiTunes Store、Mora、着うたフルなどの音楽ダウンロード販売金額が超えてしまい、音楽業界はCD販売からダウンロード販売へとシフトしている状況です。

 iTunes Storeの検索エンジンにヒットさせよう！

　iTunes StoreにはメニューにPodcastsが用意され、iTunes Storeのトップページにも人気ポッドキャスト番組のランキングとバナー画像が掲載されています。

そして、iTunes Storeの右上にある**iTunes Storeを検索**という検索ボックスから検索すると、ポッドキャスト番組が検索結果として表示されます。

つまり、iTunes Storeで音楽の検索をする人は、検索結果としてポッドキャスト番組を目にする機会が多いのです。

筆者のポッドキャスト番組もiTunes Storeに登録されていますので、「中嶋茂夫」と検索すると筆者の番組が検索結果として表示されます。

▲iTunes Storeトップページのポッドキャストランキング

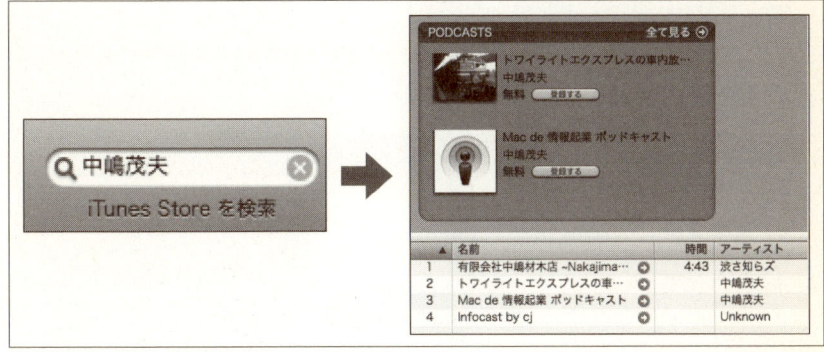

▲iTunes Storeで「中嶋茂夫」と入力して検索すると、iTunes Storeの検索結果に筆者のポッドキャストが表示される

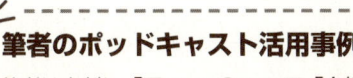

筆者のポッドキャスト活用事例

筆者は名刺に「**iTunes Storeで「中嶋茂夫」で検索！**」と印刷されたものを用意し、**iPodを持っている人**に向けてアピールしています。公式サイトやブログ、著書の案内も名刺に印刷していますが、iTunes Storeに自分のポッドキャスト番組が**音楽アルバムの配信と同様の扱いで登録**できることを知っている人はほとんどいませんので、音楽アルバムタイトルと筆者のポッドキャスト番組が並んで表示されることにビックリされます。

以上のことからiTunes Storeにあなたが配信しているポッドキャストを**番組配信者として登録**しない手はありません。

試してみる

Seesaaブログから iTunes Store に登録する準備をする

1 プロフィールを登録する

Seesaaブログで運用しているポッドキャストを iTunes Store に登録する前に、Seesaaブログの管理画面で iTunes Store で掲載されるプロフィールデータを作成します。

Seesaaブログの管理画面から、[設定]→[ポッドキャスト]を選択し、iTunes Store 登録用のポッドキャストのプロフィールデータを作成します。

COLUMN

iTunes Storeで表示されるポッドキャストのタイトル

iTunes Store で表示される**ポッドキャストのタイトル**は**ブログタイトル**と同じになりますので、iTunes Store にプロフィールデータを送信する前にブログタイトルを決定しておきましょう。

2 ポッドキャスト用画像を登録する

ここで登録する画像は iTunes Store 内のカバー画像となるほか、iTunes で再生したり、iPodで再生したりするときのカバー画像となります。

3 [アーティスト]に名前を入力する

iTunes Store で入力した名前で検索すると登録したポッドキャスト番組が表示されます。iTunesの一覧のアーティスト欄にもここで入力した名前が表示されます。

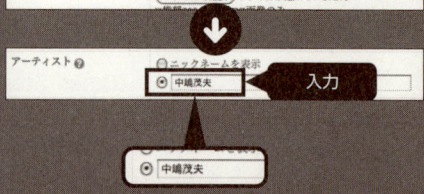

Chapter 12
ポッドキャスト（音声ブログ）対策テクニック

4 説明文を入力する
説明文はエピソードの説明箇所に反映されますので、できるだけ短い文字数でまとめましょう。

5 ［詳細］欄にポッドキャストの内容を入力する
入力した内容はiTunes StoreのPODCAST説明に表示されると同時に、iTunes Store検索にも説明文で入力したポッドキャストタイトルのキーワードが反映されます。タイトルのキーワード選びには注意しましょう。

6 ［検索キーワード］欄にキーワードを入力する
検索用キーワードにiTunes Store検索でヒットさせたいキーワードを入力します。

7 名前やメールアドレスを入力する
配信者の情報には公開するときのみ「名前」「メールアドレス」を入力します。

8 ジャンルを設定する
ジャンルにはポッドキャストのジャンルを設定します。iTunes Store、PodcastsカテゴリのFEATURED BOXというメニューで分けられますので、番組に適したジャンルを設定し、［保存］ボタンをクリックすれば登録は完了です。

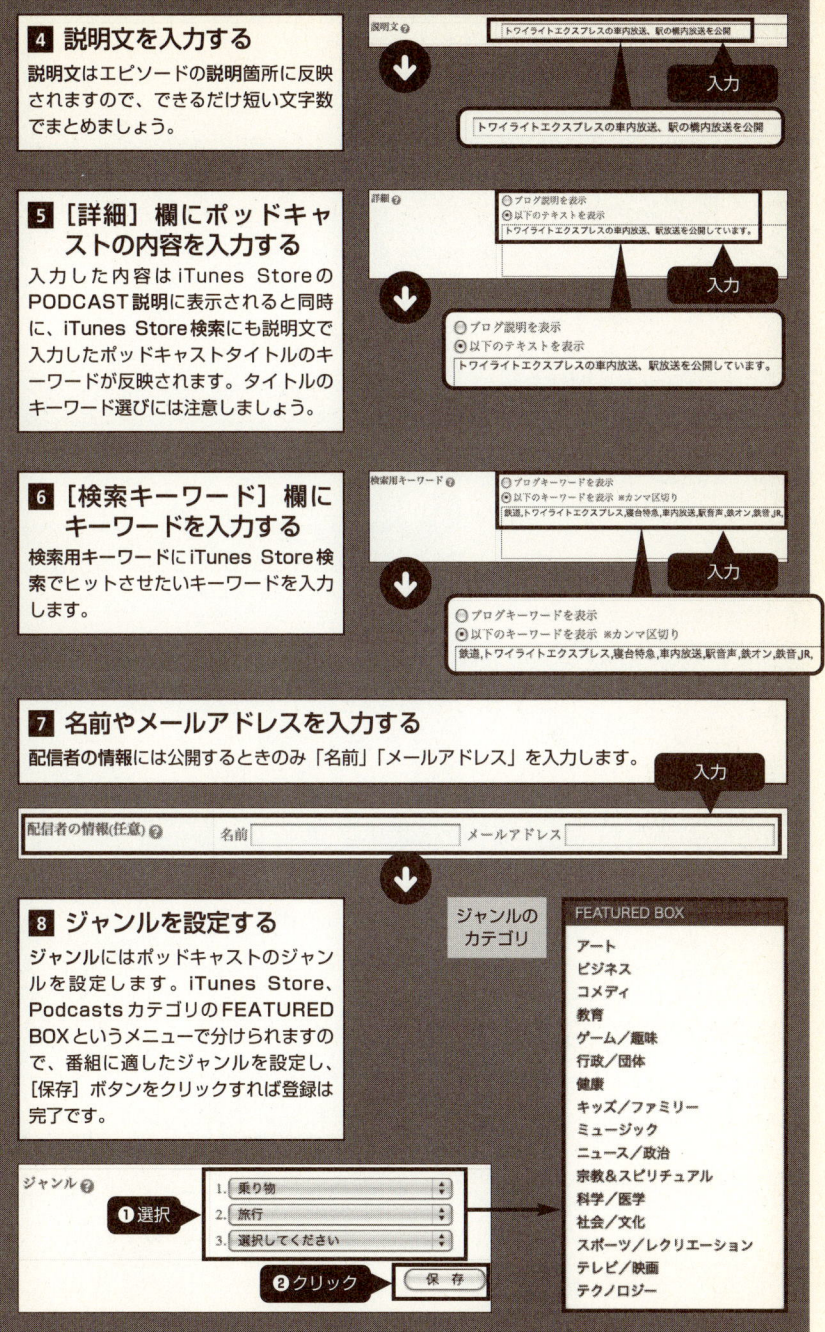

これでSeesaaブログからiTunes Storeに登録する準備は整いました。
次に、iTunes Storeに番組として登録してみましょう。

試してみる　iTunes Storeに番組として登録する

1 ポッドキャストのRSS2.0のURLを登録する

Seesaaブログ側の設定が完了したので、次はiTunesから登録するポッドキャストのRSS2.0のURLを送信して登録します。RSS2.0のURLは、

URL http://Seesaaブログのホスト名.seesaa.net/index20.rdf

となります。
iTunesを起動したら左側のメニューから[iTunes Store]を選択します。
左上の[iTunes STORE]メニューから[Podcasts]をクリックします。

2 [Podcastを公開する]をクリック

左下の[LEARN MORE]メニューから[Podcastを公開する]をクリックします。

3 RSS2.0のファイルを入力する

[PodcastフィードURL]の入力フォームに登録したいポッドキャストのRSS2.0のファイルを入力し、[続ける]ボタンをクリックします。

4 認証をする

AppleID、パスワードを入力し[続ける]ボタンをクリックします。

注意！ Apple ID

Apple IDを持っていない場合は左下の[アカウント作成]ボタンをクリックしてApple IDを作成してください。

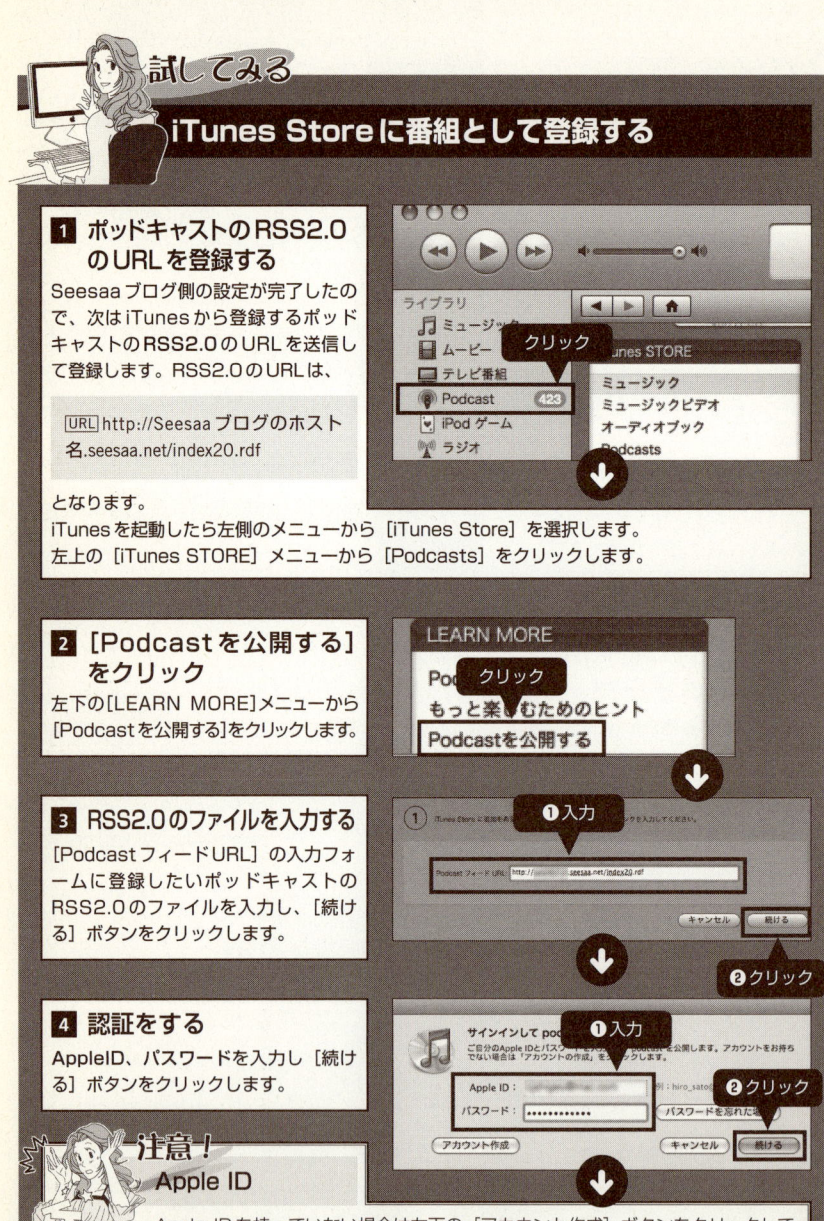

Chapter 12 ポッドキャスト（音声ブログ）対策テクニック

5 内容を確認する

名前、作家、簡単な説明、説明を確認し、カテゴリとサブカテゴリを選択したあと、[送信] ボタンをクリックすれば、登録は完了です。

6 Appleからのメールを確認する

Appleより、

> Dear Podcast Owner
> Your podcast feed, [RSS2.0 の RSS フィード] was successfully added and is now under review. Sincerely, The iTunes Store Team

というメールが Apple ID 取得時に登録したメールアドレスに届きます。特に登録に関する規約違反などをしていなければ、数日以内にあなたのポッドキャストが iTunes Store に登録され、iTunes Store 検索にヒットするようになります。

登録完了後、ポッドキャスト番組は iTunes Store で次のように表示されます。

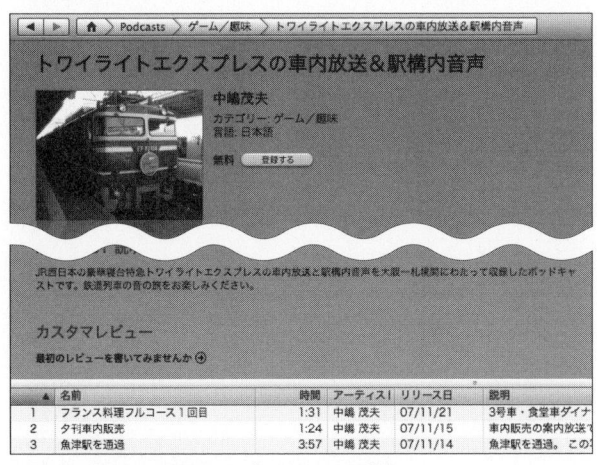

▲iTunes Store に登録されたポッドキャスト番組

point 宣伝の仕組みを理解する

ポッドキャストを宣伝する仕組みを最大限に活用しましょう。

COLUMN

ポッドキャストを使ったクロスメディア

ポッドキャストを使ったサービスは、2007年から続々と増えてきています。ここでは、そのほんの1例をご紹介しましょう。

● ラジオ局のポッドキャスト番組制作サービス

ポッドキャストを利用して、サイトへのアクセスを集める試みは、企業にも広がってきています。J-WAVE[※1]では、ラジオ番組で培ったノウハウを活かし、独自のポッドキャスト番組制作サービスを展開しています。

● 英会話学校のポッドキャスト戦略

英会話のECC[※2]では、ポッドキャストコンテンツを販売し、ユーザーの獲得に乗り出しています。

● 町おこしをポッドキャストで！

神戸市[※3]では、動物園の魅力やイベント情報を市のサイトからポッドキャスト発信しています。

● フィットネスポッドキャスト

海外では、ポッドキャストを聞きながら健康になれる「フィットネス・ポッドキャスティング」[※4]というサービスがはじまっています。ポッドキャストを聞きながらエクササイズができるという点は、面白い試みだと思います。

※1 URL http://www.j-wavei.jp
※2 URL http://www.eccweblesson.com/podcast/
※3 URL http://kouhou.city.kobe.jp/pod/
※4 URL http://www.marinaonline.com/new/index.php

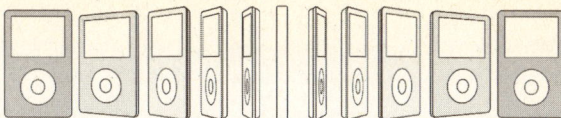

Part 3

Chapter 13

ビデオポッドキャスト（動画ブログ）対策テクニック

本章では、動画を使ったブログであるビデオポッドキャストをYouTubeとは異なる視点で解説します。ビデオポッドキャストを使った効果的なプロモーション手法もこの章で解説します。

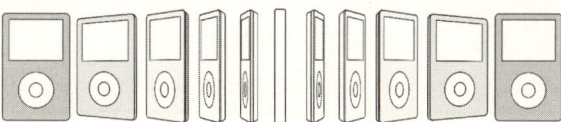

YouTubeとビデオポッドキャストの動画配信の違いとは？

01

Part 1　Part 2　**Part 3**　Part 4

　YouTubeもビデオポッドキャストも**動画**を扱うことは同じです。ビデオポッドキャストにの場合、ポッドキャストの配信方法で動画を配信する形になります。

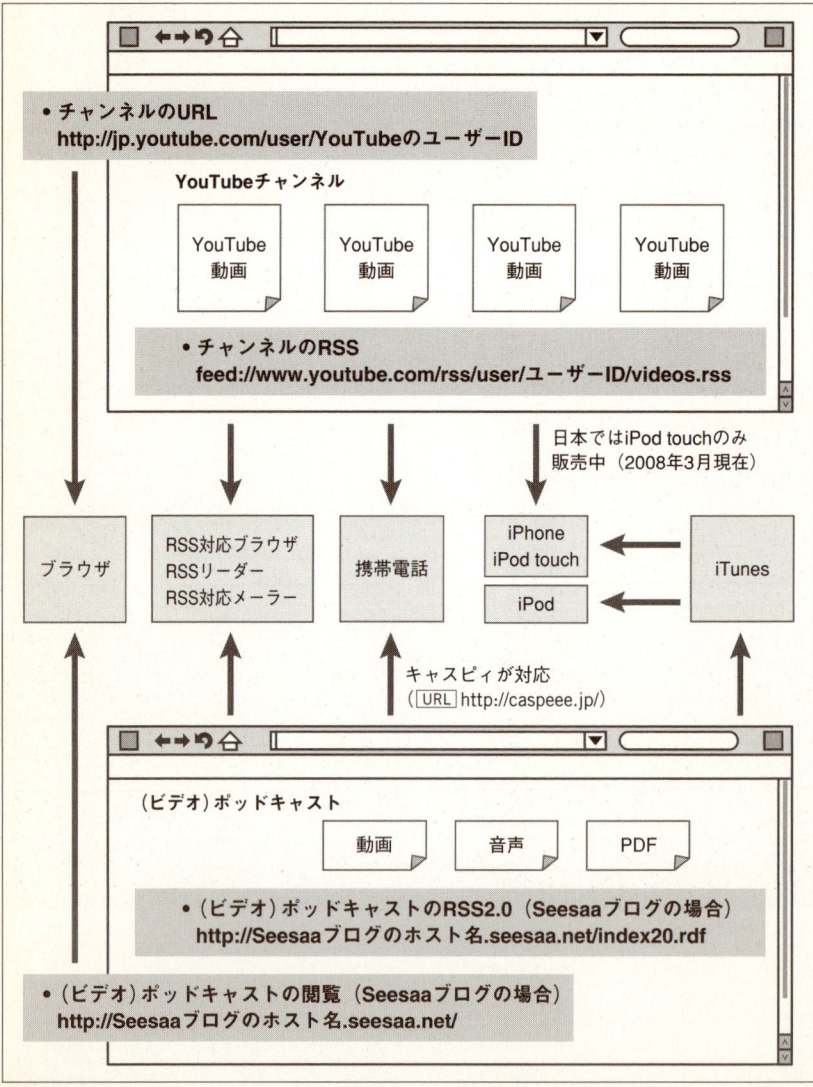

▲ YouTubeとビデオポッドキャストのイメージ図

前ページの図の通り、どちらの動画配信もブラウザによるブログやチャンネルのURLからの閲覧が基本となっています。特にYouTube動画はYouTubeサーフィンという言葉もあるように、関連動画を次々と見てしまう仕組みになっていますので、いかにユーザーにチャンネル登録をしてもらうか、ということが動画視聴のリピーターになってもらう上で重要なポイントになります。

ほかのインターネット媒体を運営している方は、ブログやメールマガジン、SNSを使って、RSS対応ブラウザやRSSリーダーでRSS登録することを薦めることで、リピーターを増やすことができます。

登場が待たれる、キラー携帯電話「iPhone」

iPodシリーズの中のiPod touch、iPhone（2008年3月時点では日本未発売）は、無線LANを使ってYouTubeを直接見る機能も追加されていますので、動画にメインサイトのURLや問い合わせ先などを掲載することが、今後当たり前になってくるでしょう。

一方、アメリカやヨーロッパの一部で販売されているiPhoneは携帯電話、iPod、カメラ、ウェブブラウザなどの機能を備えており、日本で発売されればヒットすることが予想されています。

iPod touchやiPhoneはYouTubeもビデオポッドキャストも簡単に楽しむことができますので、動画を利用したマーケティングを行う場合に無視できない端末となる可能性を大いに秘めています。

異なる点1 ビデオポッドキャストはダウンロード、YouTubeはストリーミング

それでは、YouTubeとビデオポッドキャストの大きな違いは何でしょうか？
それは、

> 動画を自由にパソコンや携帯プレーヤーに
> ダウンロードできるかできないか

にあります。

YouTubeがストリーミング再生の文化であるのに対し、ビデオポッドキャストはダウンロードの文化です。つまり、YouTubeはブロードバンドかiモードにつながる環境がなければ見ることができないのです。

これは動画をマーケティングに利用する上で非常に大きな意味を持ちます。ダウンロードできる動画は携帯可能な端末に保存すればいつでもどこでも視聴できるのですが、ストリーミングではそうはいきません。活用できるシーンが限定されたも

のになってしまうのです。

検索キーワード	再生方式	利用形態
YouTube	ストリーミング再生	パソコン（インターネット接続）、iモード、iPod touch（無線LANでインターネット接続）など
ビデオポッドキャスト	ダウンロードしてから再生	パソコン、携帯電話、iPod、WALKMANなど

▲ YouTubeとビデオポッドキャスト

異なる点2 ビデオポッドキャストの閲覧は多種多用、YouTubeはパソコンでの閲覧が中心

　先にも述べたように現在のYouTubeユーザーの大半がパソコンからの閲覧であるのに対し、ビデオポッドキャストユーザーはiPodなどの端末にダウンロードして閲覧するユーザー層が存在します。

　パソコンの中でマーケティングを完結するためには、YouTubeからメインサイトに誘導することや、動画の中で問い合わせ先を明記しておくことが必須となります。

　また、現在は携帯電話の各キャリアへの対応を見ると、YouTubeよりもビデオポッドキャストのほうに軍配が上がります。

　YouTubeが2008年3月現在imodeのみ対応となっているのに対し、ビデオポッドキャストは各無料ブログサービスが対応しているキャリアに対応しています（Seesaaブログではボーダフォン3Gには未対応）。

異なる点3 iTunesやMedia Manager for WALKMANに未対応のYouTube

　両者の一番大きな違いとして、無料で配付されiPodユーザー全員が利用しているiTunesで、YouTubeの動画が利用できないことです。

　iPodのヘビーユーザーはiTunesも長時間利用していますし、ダウンロードした無料のビデオポッドキャスト動画をiTunesで管理しています。

　無料でYouTube動画をダウンロードするツールやiPodにダウンロードして保存できるツールもありますが、初期設定の状態ではiPod Touch、iPhoneでのみYouTube動画の閲覧が可能です。

YouTubeの動画を最大限に利用するには？

ですから、YouTube動画は、次の特徴を最大限活用できる形の配信が向いています。

- YouTubeサーファーと呼ばれるユーザーは、別の動画に移動する特徴がある
- 1回の再生でインパクトを感じるものでなければならない
- 動画を［お気に入り］に登録してもらえなければ、2度と見てもらえない可能性がある
- 個々の動画を楽しむ
- 配信した動画にコメントして、コミュニケーションをとる

ユーザーがコメントしやすい問いかけ式の動画や、思わずツッコミを入れたくなるような動画、インパクトのある動画、そしてクオリティの高い動画がユーザーの注意を引くものとなります。

YouTubeマーケティングのキモは関連動画にあり！

YouTubeを見ていて関連動画をクリックしながら次々と違う動画を視聴してしまった経験のある人は多いと思います。これこそがYouTubeの最大の人気であり、マーケティングにYouTubeを使う場合のポイントです。

つまり、視聴者を思わずくぎ付けにしてしまう仕掛けを動画に加えることで、ほかの動画に移ることを回避するわけです。

商品の販売やサービスの販売での利用方法としては、次のようなことが考えられます。

- 最後まで動画を見ると割引の合い言葉を表示
- 商品やサービスを利用することで得られるメリットを解説
- 商品やサービスに関する無料セミナー
- 動画を最後まで見ると割引、特別特典など魅力的なオファーを提供

このときに動画の中でサイトの案内や問い合わせ先、動画の説明部分にメインサイトへのリンクを張っておくことは言うまでもありません。

ビデオポッドキャストとYouTubeの違うところ
ビデオポッドキャストとYouTubeの違いは、ダウンロード方式かストリーミング方式であるかという点です。

02 ビデオポッドキャストを無料ブログで利用する

Part 1　Part 2　**Part 3**　Part 4

　動画を扱うことができる無料ブログサービスとしてはSeesaaブログが有名です。そのほかにもSeesaaブログのブログエンジンを使用した無料ブログサービス（さくらのブログ、So-net blog、sublime blogなど）においても、アップロードできる動画のファイル形式に特に制限がないので利用しやすいと思います。
　ココログも同様にほとんどの動画ファイル形式に対応していますので、ビデオポッドキャストに向いていると言えるでしょう。
　特徴あるサービスとしては、mooom.jpが挙げられます。ビデオマップをブログに貼り付けるVideo Mapといった遊び心のあるサービスを展開しているのが特徴です。

サービス名	URL	アップロード可能な動画ファイル形式	1つのIDあたりのファイル容量	特徴	価格
Seesaaブログ	http://blog.seesaa.jp/	.mp4、.m4a、.3gp、.wmv、.mov、.mpg、.avi	2GB	携帯電話で動画の閲覧が可能	無料
ココログ	http://www.cocolog-nifty.com/	.mp4、.m4a、.3gp、.wmv、.mov、.mpg、.avi	2GB～10GB	有料プランが充実	月額0～950円
さくらのブログ	http://www.sakura.ne.jp/blog/	.mp4、.m4a、.3gp、.wmv、.mov、.mpg、.avi	300MB～20GB	レンタルサーバの付随サービス	月額125～4,500円（レンタルサーバ代金）
So-net blog	http://blog.so-net.ne.jp/	.mp4、.m4a、.3gp、.wmv、.mov、.mpg、.avi	1GB	1ブログあたり1GBの容量	無料
mooom.jp	http://mooom.jp/	.mp4、.m4a、.3gp、.mov、.mpg	3GB	動画専用サービス	無料

▲ビデオポッドキャストサービス一覧

 Seesaaブログ

　ここではブログ管理画面が多くのブログと共通で使えるSeesaaブログの例で解説します。
　第10章で作成した動画をSeesaaブログにアップロードする方法は、第11章の03の事例で説明した手順と同じです。ブログ管理画面で［記事投稿］→［ファイルマネージャ］の順にクリックして、動画をアップロードし、記事の投稿時に、アップロードして作られたhtml文をコピーして、記事の内容にそのhtml文をペーストするだけです。

注意! Seesaaブログでアップロードできるひとつのファイルの大きさ

Seesaaブログではひとつのファイルの大きさが25MBまでと制限されていますので、数分間の動画ファイルに収まるように調整しましょう。

注意! Seesaaブログでポッドキャストを運営するときの注意点

ビデオポッドキャストの運営はファイル形式が異なる以外は、ポッドキャストの運営と同じです。ただし、**Seesaaブログ**を**携帯電話**から閲覧した場合、アップロードした**動画ファイル**を見ることができますが、アップロードした**音声ファイル**を聴くことができません。
つまり、**携帯電話での視聴**を中心に番組を配信したい場合や音声配信をする場合は、**動画配信**にする必要があります。なお、パソコンからアップロードした動画ファイルを携帯電話から閲覧するときは、Seesaaブログ側で自動的に携帯電話用の動画ファイル形式に変換してくれます。

point ビデオポッドキャストを利用すれば手軽に動画をアップロード可能

ビデオポッドキャストはブログに動画をアップロードするだけで、簡単に運営できます。

動画を使った効果的なマーケティングと活用事例

❶ 商品／サービスの案内で利用する

実際に商品を動かしているところや使用前／使用後を続けて見せたり、使用方法の説明を動画で見せたりすることで、文字と画像だけでは伝わりにくかった商品の説明が可能となります。

ソフトウェアの使い方や使用例をビデオポッドキャストで配信しながら、商品の紹介をしていく方法が一般的な使い方です。

動画の効果的な使用方法

効果的な利用方法としては次のような使い方があります。

- 掃除機の使用前／使用後
- ソフトウェアの操作解説
- 洗剤の使用前／使用後
- 走行中の自動車を紹介

❷ 購入者の感想や推薦者の声を動画で配信する

商品やサービスのセールスページで動画を使う例が増えてきていますが、実際に商品やサービスを使っていただいた方からの感想を音声でもらっているネットショップはまだそんなに多くはありません。一方で、テレビ通販では、必ずと言っていいほど利用者の方が実際にテレビ画面に映り、画面の前の人に対して商品の使い心地や良さをアピールしています。

消費者は、販売者が売り込む形よりも実際の商品の利用者の声のほうを重視しますので、テレビ通販の利用者の声はなくてはならない存在です。ビデオポッドキャストで動画を配信する場合も、テレビ通販の参考になる部分をどんどん取り入れていきましょう。

動画の効果的な使用方法

効果的な利用方法としては次のような使い方があります。

- 商品の使用感を音声でもらう
- 推薦者の声を動画でもらう

❸無料セミナーを動画で配信する

　ビデオポッドキャストに向いているコンテンツのひとつに**無料セミナー**があります。いつでも収録できる場所を決めてしまえば配信も容易ですし、編集無しでアップロードすることも可能だからです。

　インターネットで得られる情報はどんどん増えていますが、受け手側にとって必要な情報かどうか、役立つ情報かどうかわかりにくい部分も多いのが実状です。すでにセミナー講演の実績やコンサルティングの実績のある方は、講演の無料バージョンやお試しバージョンを作成し、バックエンド商品である高額セミナーやコンサルティングサービスへの誘導を図ることができます。

　動画配信はファイルサイズが大きくなり、サーバのコスト負担がかかってきますので、PDFのダウンロード＋音声という手もお薦めです。

 **動画の効果的な使用方法**
効果的な利用方法としては次のような使い方があります。

- フロントエンド的なセミナー
- 有料セミナーのプレビュー版

❹CD、DVDのお試し版を配信する

　実際にDVDのプロモーション用にいくつかのDVDのプレビュー版ビデオポッドキャストがiTunes Storeでも紹介されています。今までは、店頭での放映などがないとDVDの試聴はできなかったのですが、ビデオポッドキャストでプレビュー版を配信することにより、広告予算をあまりかけられないタイトルでも一般向けにアピールすることができるようになりました。

　一般向けでは売れないマニアックなDVDタイトルのほうが、ビデオポッドキャストによる宣伝に向いていると思います。

 **動画の効果的な使用方法**
効果的な利用方法としては次のような使い方があります。

DVDのプレビュー版

❺動画付きメールマガジンとして運用

　筆者の知人で、数年前から音声メールマガジンを配信している人がいましたが、メールマガジンからMP3ファイルへのリンクを張って音声を聴いてもらう仕組みだったため、メールマガジン自体がメールソフトの中で埋もれてしまい、ユーザーに読んでもらう機会を失っていたというケースがありました。

　その点、ビデオポッドキャストによるRSS配信とメールマガジンを連動させれば、購読者の読み漏れも減り、動画による信頼度のアップでファンを増やすことができます。

　このように文字だけの配信から動画を使った配信をすると購読者の信頼度は一気に上がります。動画はファイルサイズの関係で数分程度のものを分割する必要がありますので、Tips的なノウハウを何回も配信するのに向いています。

 **動画の効果的な使用方法**

効果的な利用方法としては次のような使い方があります。

- 動画無料セミナー
- 動画メールマガジン

 ## ❻クーポン券の配付

　携帯電話ですでに行われている手法をiPod用にアレンジします。それが、**動画によるクーポン発行**です。

　拡張ポッドキャストによるポッドキャストを利用すれば、**画像をスライドショー**のようにすることができます。たとえば、観光地の飲食店をまとめて紹介した画像スライドショー付きのポッドキャストを作成し、各飲食店の紹介画像ごとにクーポン券をつけるという手法も可能です。

 **動画の効果的な使用方法**

効果的な利用方法としては、次のような施設や店舗で使うとよいでしょう。

- 飲食店
- 旅館／ホテル
- 博物館
- 美術館
- 動物園
- 遊園地

Chapter 13
ビデオポッドキャスト（動画ブログ）対策テクニック

 ❼ 番組の構成のコツ

ビデオポッドキャストをはじめたときに一番悩むことが、**番組の構成**だと思います。継続して番組を視聴してもらうためには、次回のエピソードも視聴したくなるような仕掛けを作る必要があります。

 **構成方法のコツ**

構成方法としては次のようなものがあります。

- 次回のメインの部分を予告編として流すことで次も視聴したくなるようにさせる
- 次回の配信までの課題や問題を出し、解答は次の配信で流す

このほかにもテレビ番組の構成を研究してみると次回も見たくなるようないろいろな仕掛けがあることに気付くと思います。普段テレビを何気なく見ている人も勉強のつもりで、次回も見たくなる仕掛けを探してみてください。

 ビデオポッドキャストの特徴

ビデオポッドキャストは、携帯電話でも閲覧できますので、動画用のクーポン券を発行することも可能です。

たとえば、動画の最後に**合い言葉**などクーポン券代わりになるものを表示させることで、最後まで動画を閲覧してもらうようにする方法などが考えられます。

携帯電話、iPod、WALKMANまで使える**クーポン動画**は、クーポンの発行と同時に**動画による宣伝**もできるのが大きな特徴と言えます。

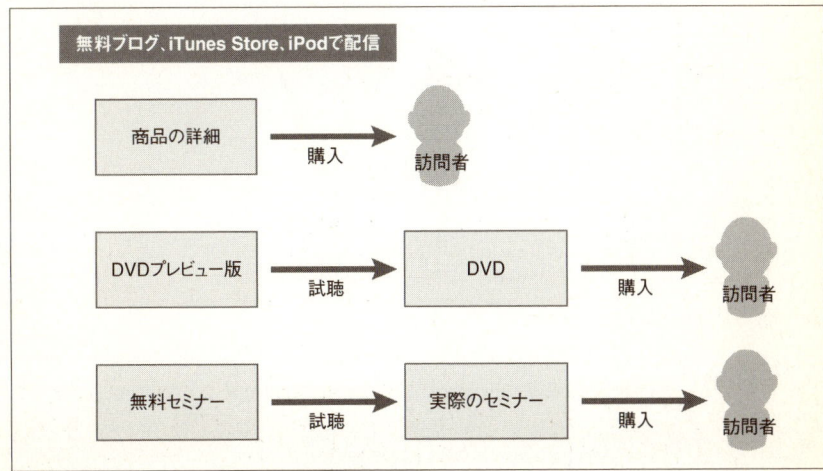

▲ビデオポッドキャストを使ったビジネス活用例

動画を使うと成約率の上がる商品とは？

先ほども例などで触れましたが、動画は動きのあるものをアピールするときや使用前／使用後の違いをアピールしたいときに威力を発揮します。

動画はテレビショッピングのように直接販売するメディアとしても優れていますし、視聴者に向けて直接視覚に訴えることができるため成約率が高くなることが多いのです。

たとえば、文字情報だけでは購入を迷っていた商品であっても、動画の説明で迷っていた部分の説明が明確になれば、成約する可能性がアップするはずです。

Seesaaブログだからできる！制限をかけて動画を配信する方法

Seesaaブログはブログ訪問時に、IDとパスワードという認証を設定することができます。この機能を活用すると、たとえば、社内のみで使う動画共有の仕組みを簡単に構築できます。

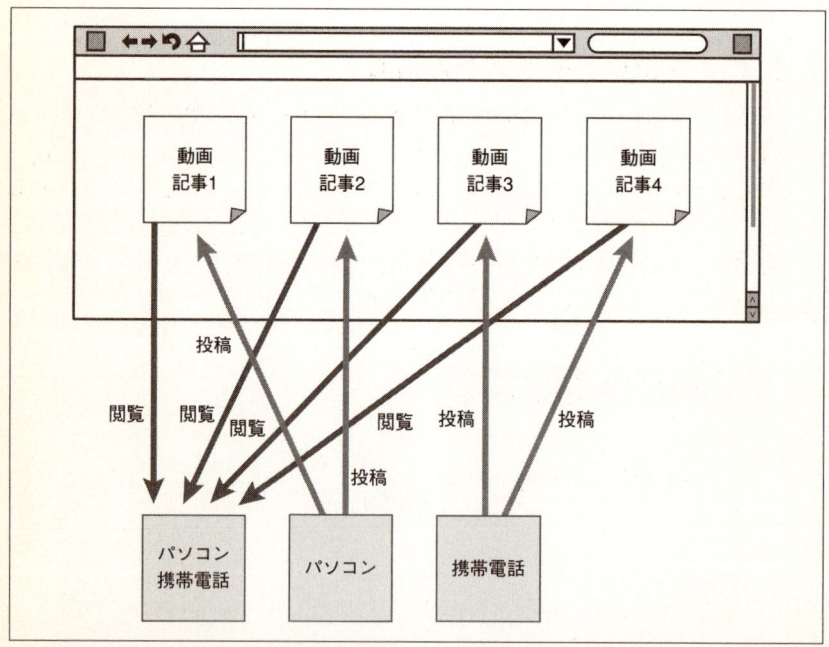

▲ビデオポッドキャストの投稿と閲覧のバリエーション

point　動画は信頼性を増すための最良のツール！
動画はユーザーに対して、購入する商品に対する不安を取り除く、有効なツールと言えます。

メールマガジンと
SNSを使った
集客テクニック

第4部では、メールマガジンとSNS（mixi）に絞った、アクセスアップテクニックについて紹介します。

さらに魅力のあるブログへ

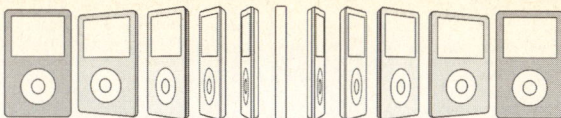

Part **4**

Chapter **14**

メールマガジン集客テクニック

本章では、メールマガジンを使った
SEOと集客テクニックを解説します。

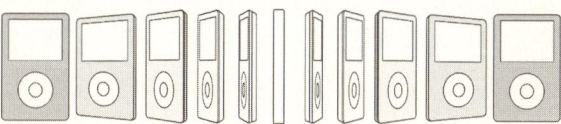

まぐまぐ、Yahoo!メルマガの SEO的利用方法

Part 4

サイト運営者の中にはメールマガジンを発行している方も多いと思います。特にネットショップ運営では、売上金額の8割ぐらいが、リピート客によるメールマガジンからの売上になることが多いです。集客したあとや、はじめて商品を購入した相手に対し、フォローのためにメールマガジンを発行するケースも増えてきています。

無料メールマガジンSEO

まぐまぐ、Yahoo!メルマガなど無料メールマガジン配信スタンドにもSEO対策として使える部分があることをご存知でしょうか？

無料メールマガジンの特徴は、その発行サイト自体の検索エンジンの評価が高いことです。GoogleのPageRankも高いものになっています。

	URL	PageRank
まぐまぐ	http://www.mag2.com/	PageRankはGoogle特有の機能で、ページの重要度を示します (7/10)
Yahoo!メルマガ	http://merumaga.yahoo.co.jp/	PageRankはGoogle特有の機能で、ページの重要度を示します (5/10)

▲まぐまぐ、Yahoo!メルマガのPageRank

上の表を見るとまぐまぐのトップページのPageRankは7、Yahoo!メルマガのトップページのPageRankは5となっています（2008年3月現在）。

両メールマガジンともメールマガジンの発行者サイトへのリンクが張れるようになっています。ですので、ひとつのブログサイトを作るごとに、ひとつのメールマガジンを発行して、ブログの記事を更新した際にメールマガジン用に記事を書き直して配信することもできます。

つまり、作ったコンテンツを最大限に再利用し、ブログやメールマガジンなど複数の媒体に投稿することで、インターネット媒体全体での露出を増やしていく手法です。

❶ メールマガジンの配信記事を書く
❷ 無料メールマガジン配信スタンドのバックナンバー機能を利用して最新記事だけを公開する
❸ メインサイトにはメールマガジンの全てのバックナンバーページを作成する

無料メールマガジンのバックナンバー

無料メールマガジンのバックナンバーページは最新号のみ公開とし、メインサイトにメールマガジンのバックナンバーのカテゴリを作成するだけで、メールマガジンを発行する度にメインサイトのページ数も増え、使われる語彙も増えます。その結果、ロングテール効果が出て、検索エンジンにヒットしやすくなります。

> **注意！**
> **メインサイトとメールマガジンのテーマは統一する！**
>
> 高いPageRankの被リンクを得るためだけに、無料メールマガジン配信スタンドでメールマガジンの発行をしてはいけません。それでは本末転倒です。メールマガジンを発行することでバックナンバーのページが増えて、メインのブログやサイトのSEO対策になります。
> 高いPageRankのページからのリンクは、**おまけでついてくるもの**と考えてください。

ブログを更新できる人はメールマガジンの発行もしやすい

筆者の経験上ですが、ブログを定期的に更新できる人はメールマガジンの発行もしやすいようです。逆にメールマガジンを発行している多くの人は、ブログを書けずに途中で挫折する例が多いです。

これはブログとメールマガジンの配信方法に次のような大きな違いがあるからだと思います。

- ブログを書くときは全ての記事がブログのコンテンツとして残るため、更新の毎に違うネタを記事として書く必要がある
- メールマガジンは配信時に読まれることを前提としているので、必ずしも毎回違うネタを配信する必要はない。つまり一部分のネタを使い回しすることも可能である

メールマガジンの発行のほうがブログを更新するよりも敷居が低くなります。ですので、ブログからはじめた方は、メールマガジンの発行までできるのに対し、メールマガジンの発行からはじめた方は、ブログの更新が苦になり続かなくなる可能性が高くなるのです。

> **point**
> **メールマガジンの配信記事は立派なコンテンツの一部である！**
> メールマガジンのコンテンツをメインのブログやサイトに使わない手はありません。

02 無料メールマガジン配信スタンドでメールマガジンを新規発行

Part 1　Part 2　Part 3　**Part 4**

　無料メールマガジン配信スタンドでメールマガジンを新規発行するときは、メインサイトとの連携が前提となります。というのも、インターネットの世界では、単独で媒体を持つよりも、持っている媒体を最大限に活用するために有機的にリンクし合うことによって、SEO対策にもなり、インターネット上での露出機会も増えるからです。

発行するメールマガジンのテーマ

　発行するメールマガジンのテーマは、メインサイトと関連のあるものにし、相互にリンクし合うような形にしましょう。
　テーマが決まったらメールマガジンの**タイトル決め**と**カテゴリの選択**を行います。

まぐまぐで「温泉」に関するメールマガジンを発行する場合

　たとえば、メインサイトで**全国の温泉旅館を紹介するアフィリエイトサイト**を運営しているとしましょう。その場合、新規発行するメールマガジンも**温泉**がテーマになります。間違ってもアフィリエイト自体をテーマにしないでください。なぜなら、あなたの顧客は温泉旅館を探している人であってアフィリエイトをしたい人ではないからです。
　それでは、まぐまぐのトップページからメールマガジンのカテゴリをチェックしましょう。

試してみる

まぐまぐのメールマガジンのカテゴリをチェックしてみる

1 まぐまぐのサイトにアクセスする
まぐまぐのサイトにアクセスします。
URL http://www.mag2.com/

2 カテゴリを探す

[旅行・おでかけ] カテゴリからサイトと連携できるカテゴリを探します。ひとつずつクリックして PageRank とそのカテゴリのメールマガジン発行部数をチェックします。

まぐまぐではメールマガジン一覧のページで 1 ページに 20 種類のメールマガジンが紹介されています。たとえば、あるカテゴリで 5 つのメールマガジンしか発行されていなければ、カテゴリのトップページでメールマガジンが常に紹介されることになります。カテゴリのトップページからのリンクされることで、安定した PageRank からの被リンクが提供されることになるのです。

実際に各カテゴリの PageRank とメールマガジンの発行数を調査してみてください。

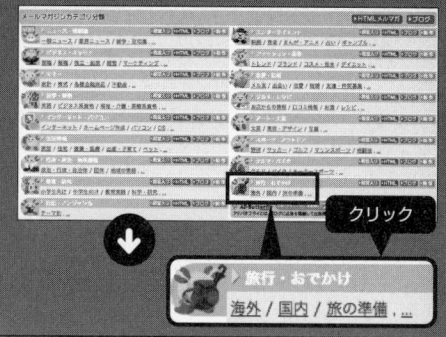

3 カテゴリとタイトルの決定

表からホテルというカテゴリのメールマガジン発行数が 6 と少なく、メインサイトの温泉旅館の紹介というテーマとも一致しているために選択するカテゴリとしては最適であることがわかりました。

メールマガジンタイトルは単純に「お薦めの全国温泉ホテル」でもよいでしょう。この場合キャッチーなメールマガジンのタイトルをつけるほうが目立ちます。検索されるときのキーワードを予想しながらタイトルをつけましょう。

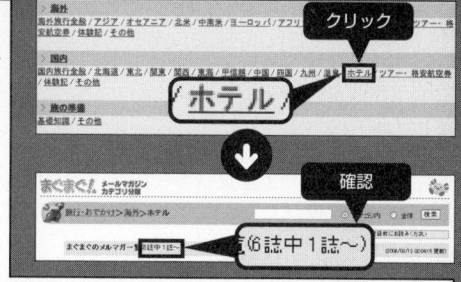

カテゴリ名（旅行・おでかけ＞国内）	PageRank	メルマガの発行数
その他	4	20
体験記	4	21
ツアー・格安航空券	4	3
ホテル	4	6
温泉	4	20

▲まぐまぐ旅行・おでかけカテゴリ（2008 年 3 月現在）

タイトルとカテゴリによる効果

メールマガジンを発行することで、**発行者サイト**は被リンクとしてPageRank4を獲得できます。あとは、メールマガジンを定期的に発行しながら、そのバックナンバーをメインサイトに掲載し、ページ数を増やせばロングテール効果によるアクセスも期待できます。

 **メールマガジンの新規発行では無料メールマガジン配信スタンドのカテゴリもチェックしよう！**

新しくメールマガジンを発行する場合、SEO対策や露出度アップの工夫をして、少しでも有利な形で運用しましょう。

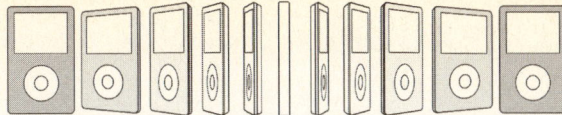

Part **4**

Chapter **15**

mixiとlivedoorの無料サービスを使った集客テクニック

本章では、mixiやlivedoorの無料サービスを使った集客テクニックを解説します。

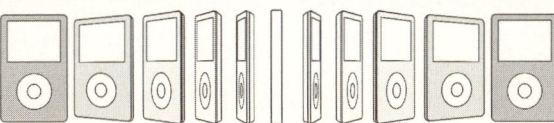

mixi活用テクニック

mixiは招待制のSNS（ソーシャル・ネットワーキング・サービス）のひとつです。商業目的の勧誘や法人名でのID登録、コミュニティに宣伝目的の書き込みやリンクの誘導は禁止となっています。

mixiのメリット

しかし、mixiの優れている点は、メールアドレスを介さずにメッセージを送ったり、マイミク（mixi内の友達のようなもの）だけに書いた日記を公開したり、閲覧者を制限できることが挙げられます。これによりブログのようにコメント欄が誹謗中傷で収拾がつかなくなったり、メールソフトの中が迷惑メール（スパムメール）だらけで、必要なメールを探し出したりするのに一苦労ということもなくなるわけです。

mixiのコミュニティで積極的に情報発信をする！

商用利用が禁止されているmixiですが、利用価値はとても高いです。mixiの最大の利点は、重複しなければ誰でも**コミュニティ**（mixiユーザーのみ参加できる**サークルのようなもの**）を運営することができることです。

たとえば、筆者が「SEO勉強会：質問を管理者が無料でアドバイスします」というコミュニティを作ることも可能です。SEOの勉強をしたい方であれば、喜んでコミュニティに入る傾向にあります。

無料でノウハウを提供するなんてもったいない

と言われるかもしれませんが、多くの企業が営業手法のひとつとして、**無料セミナーを開催して見込み客を集める**ことを行っています。

つまり、mixiのコミュニティ機能を使って、あなたの見込み客を集めるのです。コミュニティの運営で実績が上がれば、あなたの信頼度も上がり、見込み客が顧客になる可能性が増えます。

コミュニティでの信頼関係ができれば、商品やサービスの案内を間接的に紹介することもできるでしょう。

mixiのコミュニティの利用例

無料サービスを提供する場合、次のような形でmixiのコミュニティを利用できると思います。

コミュニティ上で無料レポート配付 → 無料レポートにサービスの案内を掲載

mixiのプロフィール利用例

mixiのプロフィールを利用して、次のような形で自社のサービスをアピールすることができると思います。

mixiのプロフィールに誘導 → プロフィールにサービスの案内を掲載

筆者のmixi利用術

筆者自身もインターネット集客のコンサルティングをビジネスとして行う前は、SNS（livedoorフレパ）のコミュニティの機能を利用して**アフィリエイトの無料相談**をしていました。その結果、そのときに知り合った多くの人と今でも交流が続いていて、ビジネスパートナーや筆者の顧客になっていただいた方もいます。

最初は困っている人を助けてあげるような感覚でコミュニティの運営をするとうまくいく場合が多いようです。

ただし、全く何も調べずに質問するような人に回答しても質問者のためにもなりませんから、そのような場合は解決方法の糸口を指南してあげましょう。

注意！
mixiの商用利用は禁止！

mixiの商用利用は禁止されていますので、宣伝目的で会社名やサービス名をコミュニティの名前で使うことは控えましょう。コミュニティからメインサイトに誘導するときもコミュニティにリンクを張るのではなく、mixiのプロフィール紹介欄にメインサイトのURLを記載しておくとよいでしょう。

密接なコミュニケーションに疲れないように！

　mixiは日記、コメント、メッセージ、コミュニティで有益なやり取りができる一方、閉鎖された空間のために、書き込まれたコメントやメッセージに対して必ず返事をしなければならないという義務感が生じてしまうことがあります。

　また、mixiは実生活のように時間の制限や感覚がないので、何かメッセージがあればすぐに返事しなければならないような感覚になることもあります。しかし、これは非常に危険な状態です。

　あなたは誰かから対価をもらってmixiで活動しているのではありません。あくまでも見込み客と信頼関係を作るために活動していることを忘れないでください。

point mixiでは積極的な情報発信を！
困っている人に指南を与えるようなコミュニティを運営しよう！

livedoorの無料サービスの連携手法を学ぶ！

Part 1　Part 2　Part 3　**Part 4**

　livedoorは2003年にブログサービスを開始して以来、積極的にWeb2.0的な双方向性のサービスを提供してきました。いち早く、ニュースサイトのlivedoorニュースにトラックバックが可能にしましたし、livedoorデパートの**販売商品**にも**トラックバック**が送信できるようになりました。

　また、SNSのlivedoorフレパではプロフィールを公開する方式にし、プロフィール自体が自己紹介ページとして機能していた時期もあります。

　現在は、livedoorブログを軸に、以下のサービスがひとつのIDで有機的につながっており、これらのサービスを積極的に使うことで、それぞれのサービスからプロフィールに誘導することが可能となっています。

- livedoorクリップ
（ソーシャルブックマーク）
- livedoorピクス（画像サービス）
- livedoorリスログ
（無料アンケート作成サービス）
- livedoorウィキ
- livedoorフレパ（SNS）
- livedoorプロフィール
（プロフィール公開サービス）

　一部のブログのテンプレートにもこれらのサービスへのリンクが初期設定の段階で上部にタグリンクとして設置されています。

筆者のSEOブログの場合

筆者が運営するSEOブログを例にして解説してみましょう。

- 筆者のSEOブログ
  URL http://cj.livedoor.biz/

> クリップ　ピクス　リスログ　ウィキ　フレパ
>
> **SEOブログ｜SEO対策とRSS関連情報：中嶋茂夫**
> ブログSEO対策を中心にポッドキャスト、ビデオポッドキャストなどのRSS関連情報を中心にネタをお届けします。

▲ livedoorブログのヘッダーメニュー

このブログの**クリップ**をクリックすると筆者のソーシャルブックマークが一目でチェックできるようになっており、筆者がブックマークしたSEO関連の記事を読むことができるようになっています。

アクセスの導線の例

アクセスの導線は次のようにしています。

- livedoorブログ ➡ livedoorクリップ ➡ livedoorフレパ
- livedoorクリップ ➡ livedoorブログ ➡ livedoorプロフィール
- livedoorクリップ ➡ livedoorブログ ➡ livedoorリスログ
- livedoorフレパ ➡ livedoorブログ ➡ livedoorピクス
- livedoorピクス ➡ livedoorブログ ➡ livedoorクリップ

それぞれのページは検索エンジンにも認識されていますので、たとえばlivedoorピクスの画像が検索結果で上位表示されることで、livedoorピクスからlivedoorブログに誘導することもできます。

livedoorブログは連携先のメインブログにする

2003年12月にオープンした無料ブログサービスの老舗のひとつです。livedoorは早くからブログを中心にして、livedoorポータル内のサービス間で連携できるような開発戦略をとっていました。これは今でも引き継がれており、ひとつのlivedoor IDで複数のサービスを連携して、取得できることが最大の特徴と言えます。

それぞれのサービスも公開を基本にしており、検索エンジンからも各サービスのページが認識されます。

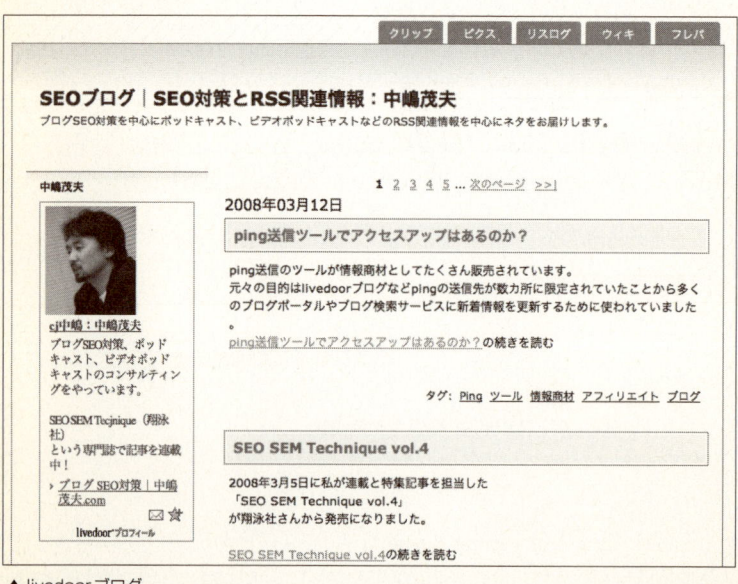

▲ livedoorブログ
URL http://blog.livedoor.com/

Chapter 15
mixiとlivedoorの無料サービスを使った集客テクニック

livedoor プロフィールはRSS配信を最大限に活用する！

　livedoorプロフィールは基本プロフィールの設定のほかに、ブログの更新状況、そのほかのRSS配信サイトの更新状況（5つまで）、ブログに使用したタグ、モブログなどが一覧できるようになっています。

　このRSS一覧機能を使ってYouTubeのチャンネル、YouTubeのタグ、ポッドキャスト、ビデオポッドキャストなど、あなたが運営するほかの音声や動画のメディアの更新情報を自動的にアップすることが可能になります。

　できれば、プロフィール欄で紹介するRSS配信コンテンツは、同じテーマで異なる種類の媒体を使うとより効果が出るでしょう。メールマガジンなどからlivedoorプロフィールに誘導し、運営サイトの更新一覧を見てもらうことができます。また、フレンド機能を使ってメールアドレスを使わずにメッセージを送ることも可能です。

▲ llivedoor プロフィール
URL http://portal.profile.livedoor.com/

livedoorクリップは有益情報を発信する気持ちで！

livedoorクリップはソーシャルブックマークです。設定することで、同一のlivedoor IDのlivedoorブログ、livedoorフレパのプロフィールにリンクを張ることができます。

livedoorクリップの有効的な活用方法としては、あなた自身が有益なブックマークの情報発信者になることです。

ブックマークしたページごとに細かくタグ設定して、ジャンル分けをすると、あなたのブックマークページを共有したい人がでてきます。あなたのブックマークを参考にする人はあなたのファンでもあるわけですから、ほかに運営しているサイトの誘導もしやすいわけです。

今後は、有益なソーシャルブックマークを公開するアルファソーシャルブックマーカーが人気になると予想されます。その理由は、検索エンジンで調べるよりも信頼のおけるブックマーカーのブックマークのほうが目的の情報に到達するのが早い場合が多々あるからです。

ブログの更新と同様に、ブックマークの更新をすることがアクセス誘導のためのひとつの戦略になるわけです。

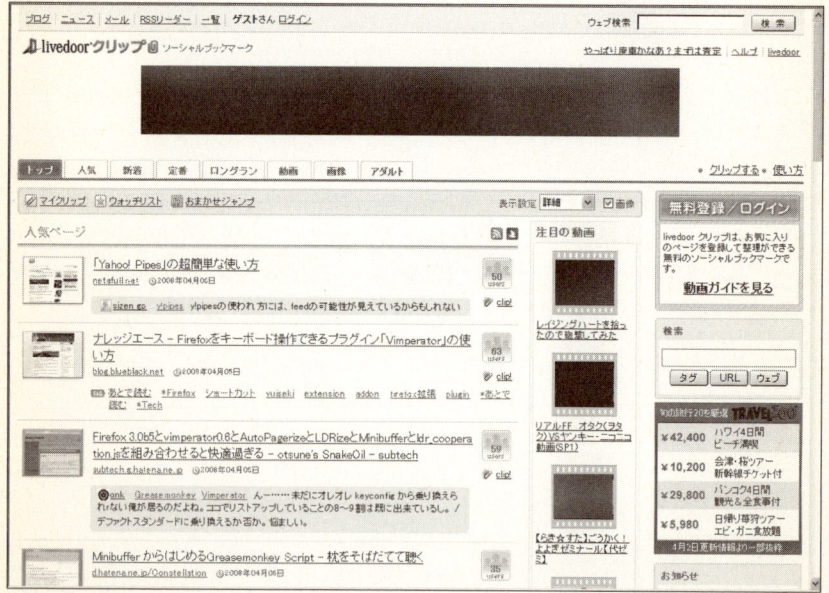

▲ livedoorクリップ
URL http://clip.livedoor.com/

livedoorリスログでアンケートをラクラク作成！

livedoorリスログはアンケートが簡単に作れるサービスです。作成したアンケートは、ブログやテンプレートに貼り付けることができます。

たとえば、あなたの運営しているブログやサイトの訪問者が興味を引きそうなアンケートを作成することで、アクセスアップを図ることができます。

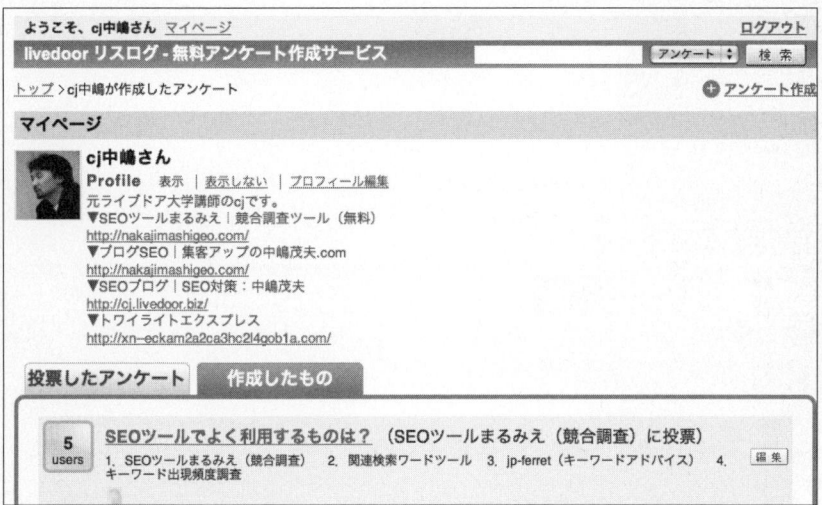

▲ livedoorリスログ
URL http://lislog.livedoor.com/

livedoorフレパでlivedoorプロフィールと連携

livedoorフレパはlivedoorが運営するSNSです。livedoorプロフィールとの連携がよいので単純にプロフィールページとしての使うことをお薦めします。2008年3月時点では、livedoorリスログ、livedoorピクスのプロフィールと連携しています。

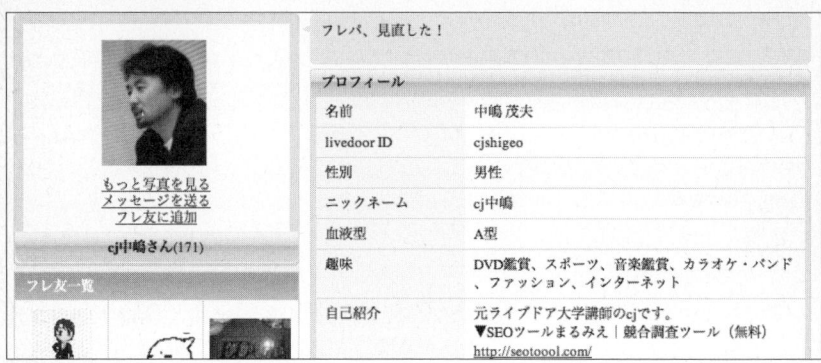

▲livedoorフレパ
URL http://www.frepa.livedoor.com/

livedoorピクスで画像をストック！

写真と動画を50MBまで保存するサービスです。livedoorブログとの連携が図られており、記事投稿の際にあらかじめ保存しておいたlivedoorピクスの写真を簡単にブログ記事に貼り付けることができます。

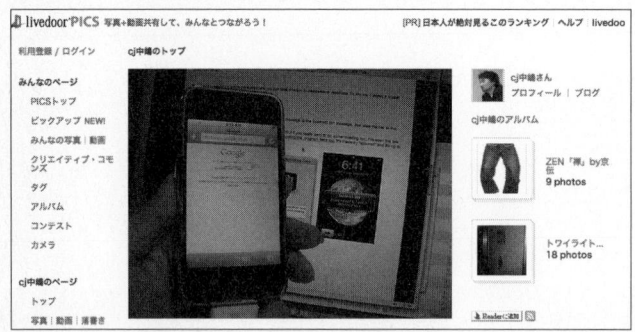

▲livedoorピクス
URL http://pics.livedoor.com/

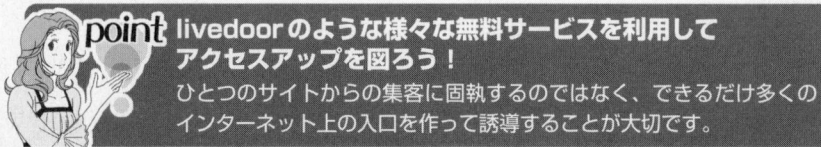

point **livedoorのような様々な無料サービスを利用してアクセスアップを図ろう！**
ひとつのサイトからの集客に固執するのではなく、できるだけ多くのインターネット上の入口を作って誘導することが大切です。

Appendix 無料ブログサービス徹底紹介

海外と同様に日本でも無料ブログサービスが乱立しています。逆の見方をすれば、各ブログサービスの特徴を知ることでブログ活用の幅が広がっているとも言えます。
下の10項目を元に各ブログサービスの特徴をまとめました。ぜひ参考にしてください。

表の見出し要素

❶ ブログサービスの形態　❷ ブログ名　❸ ブログサービスのトップページURL　❹ ブログのURL形式（blogIDXXXXX がユーザーID、XXXXX はそのほかに選択するか自動的に割り当てられる英数字）　❺ トップページの新着記事件数と新着記事の表示時間　❻ 新着ブログ件数と新着ブログの表示時間／日数　❼ 新着動画投稿件数と表示時間　❽ 新着画像投稿と画像の表示時間／日数　❾ 携帯電話からの新着投稿　❿ タグのリンクの有無

❶	❷	❸	❹	❺	❻	❼	❽	❾	❿	備考
独立系ブログ	seesaaブログ	http://blog.seesaa.jp/	http://blogIDXXXXX.seesaa.net/					4件、10分間	○	
	269g（ブログジー）	http://269g.jp/	http://blogIDXXXXX.269g.net/	15件、1分間						
	JUGEM（ジュゲム）	http://jugem.jp/	http://blogIDXXXXX.jugem.jp/	11件、0分間				4件、1分間		
	アメーバブログ	http://ameblo.jp/	http://ameblo.jp/blogIDXXXXX/	10件、0分間						
	ヤプログ	http://yaplog.jp/	http://yaplog.jp/blogIDXXXXX/	5件、0分間	3件、0日間					
	ブログシティ	http://blogcity.jp/	http://blogcity.jp/blogIDXXXXX/	11件、180分間	3件、1日間			8件、40日間		
	NetLaputa Blog	http://blog.netlaputa.ne.jp/	http://blogIDXXXXX.paslog.jp/	13件、30分間		6件、20日間				
	みぶろぐ	http://meblog.jp/	http://blogIDXXXXX.meblog.biz/	5件、5分間	5件、0日間					
販売ASP系ブログ	楽天ブログ	http://plaza.rakuten.co.jp/	http://plaza.rakuten.co.jp/blogIDXXXXX	5件、0分間					○	
	インフォトップブログ	http://blotop.jp/	http://blotop.jp/blogIDXXXXX/	21件、20分間						
	サブライムブログ	http://sublimeblog.jp/	http://blogIDXXXXX.sublimeblog.net/	5件、0分間					○	
	北海道ブログチャンネル北国tv	http://ch.kitaguni.tv/	http://blogIDXXXXX.kitaguni.tv/	40件、120分間	15件、2日間		20件、180分間		○	
	teacup.ブログ	http://autopage.teacup.com/	http://XXX.ap.teacup.com/blogIDXXXXX	40件、4分間						
	フルーツブログ	http://www.fruitblog.net/	http://blogIDXXXXX.fruitblog.net/	20件、30分間						
	DTIブログ	http://dtiblog.com/	http://blogIDXXXXX.X.dtiblog.com	5件、0分間			15件、300分間			
	SiteBridgeビジネスブログ	http://blog.sitebridge.jp/	http://blogIDXXXXX.sitebridge.jp/	10件、1,200分間	5件、40日間					
レンタルサーバ系ブログ	さくらブログ	http://www.sakura.ne.jp/	http://blogIDXXXXX.sblo.jp/							
	FC2ブログ	http://blog.fc2.com/	http://blogIDXXXXX.blogXX.fc2.com/	20件、1分間			4件、0分間		○	
	ロリポップブログ	http://lolipop.jp/								※1
ポータル系ブログ	livedoorブログ	http://blog.livedoor.com/	http://blog.livedoor.jp/blogIDXXXXX/						○	※2
	Yahoo!ブログ	http://blog.yahoo.co.jp/	http://blogs.yahoo.co.jp/blogIDXXXXX	20件、0分間						
	ココログ	http://www.cocolog-nifty.com/	http://blogIDXXXXX.cocolog-nifty.com/blog/	20件、0分間						
	忍者ブログ	http://blog.ninja.co.jp/	http://blogIDXXXXX.blog.shinobi.jp/	10件、1分間						
	オリコンブログ	http://blog.oricon.co.jp/	http://blog.oricon.co.jp/blogIDXXXXX	10件、3分間						
	エキサイトブログ	http://exblog.jp/	http://blogIDXXXXX.exblog.jp/							
	gooブログ	http://blog.goo.ne.jp/	http://blog.goo.ne.jp/blogIDXXXXX/	15件、0分間						

※1　独自ドメインでの運用　※2 共通テーマリンク有り

(つづき)

❶	❷	❸	❹	❺	❻	❼	❽	❾	❿	備考
地域密着型ブログ	仙台ブログポータル Netrend	http://btop.netrend.jp/	http://blog.netrend.jp/index.php/blogIDXXXXX/	10件、2日間						
	山形「んだ!ブログ」	http://n-da.jp/	http://blogIDXXXXX.n-da.jp/	30件、0.5日間	10件、0.5日間		30件、0.5日間		○	
	郡山「365郡山ブログ」	http://365blog.jp/	http://blogIDXXXXX.365blog.jp/	30件、0.5日間	7件、7日間		30件、0.5日間		○	
	仙台宮城「だてブログ」	http://blog.da-te.jp/	http://blogIDXXXXX.da-te.jp/	20件、0.5日間	10件、4日間		20件、0.5日間		○	
	群馬「うまログ」	http://www.gunmablog.jp/	http://blogIDXXXXX.gunmablog.jp/	20件、20日間	20件、2ヶ月間		20件、2ヶ月間		○	
	埼玉「彩の国さいたまブログ」	http://www.saitamania.net/	http://blogIDXXXXX.saitamania.net/	20件、1日間	20件、7日間		20件、15日間			
	千葉幕張「マクスタ」	http://www.makusta.jp/	http://blogIDXXXXX.makusta.jp/	20件、0.5日間	20件、7日間		25件、7日間		○	
	千葉幕張「たまりば」	http://tamaliver.jp/	http://blogIDXXXXX.tamaliver.jp/	25件、0.5日間	10件、7日間		20件、1日間		○	
	横浜「はまいち」	http://blog.hama1.jp/	http://blogIDXXXXX.hama1.jp/	20件、0.5日間	10件、4日間		20件、1日間		○	
	新潟「LogPort」	http://www.niiblo.jp/	http://blogIDXXXXX.niiblo.jp/	20件、5日間	20件、20日間		20件、14日間			
	長野「ナガブロ」	http://www.naganoblog.jp/	http://blogIDXXXXX.naganoblog.jp/	20件、0日間	10件、7日間		20件、0日間			
	岐阜「ギフログ」	http://www.gifulog.com/	http://blogIDXXXXX.gifulog.com/	25件、0.5日間	5件、3日間		20件、1日間			
	飛騨高山「ひだっちブログ」	http://www.hida-ch.com/	http://blogIDXXXXX.hida-ch.com/	30件、3日間	20件、30日間		20件、0.5日間			
	eしずおかブログ	http://www.eshizuoka.jp/	http://blogIDXXXXX.eshizuoka.jp/	20件、0.5日間	10件、2日間		20件、0.5日間			
	伊豆・箱根・富士「イーラ・パーク」	http://www.i-ra.jp/	http://blogIDXXXXX.i-ra.jp/	25件、0.5日間	5件、1日間		20件、1日間			
	浜松「はまぞう」	http://www.hamazo.tv/	http://blogIDXXXXX.hamazo.tv/	30件、0日間	20件、3日間		30件、0日間			
	名古屋「デラナゴヤ」	http://www.della-nagoya.jp/	http://blogIDXXXXX.della-nagoya.jp/	15件、0.5日間	10件、7日間		15件、1日間			
	豊田「ブーログ」	http://boo-log.com/	http://blogIDXXXXX.boo-log.com/	20件、0.5日間			18件、0.5日間			
	三重「ミエワン」	http://mie1.net/	http://blogIDXXXXX.mie1.net/	20件、0.5日間	10件、5日間		28件、0.5日間			
	滋賀咲くBLOG	http://shiga-saku.net/	http://blogIDXXXXX.shiga-saku.net/	20件、0.5日間	10件、10日間		20件、0.5日間			
	京つう	http://kyo2.jp/	http://blogIDXXXXX.kyo2.jp/	25件、0.5日間	15件、10日間		20件、0.5日間			
	オオサカジン	http://blog.osakazine.net/	http://blogIDXXXXX.osakazine.net/	20件、0.5日間	10件、14日間		20件、0.5日間			
	神戸「Ko-co」	http://ko-co.jp/	http://blogIDXXXXX.ko-co.jp/	20件、1日間	10件、3日間		30件、3日間			
	兵庫播磨てんこもり	http://blog.tenkomori.tv/	http://blogIDXXXXX.tenkomori.tv/	25件、0.5日間			24件、0.5日間			
	和歌山「いこらブログ」	http://ikora.tv/	http://blogIDXXXXX.ikora.tv/	20件、0.5日間	10件、3日間		20件、1日間			
	広島「ブログ王国」	http://blogkingdom.jp/	http://blogIDXXXXX.blogkingdom.jp/	20件、0.5日間	10件、7日間		20件、1日間			
	山口「それっちゃ」	http://blog.soreccha.jp/	http://blogIDXXXXX.soreccha.jp/	30件、0.5日間	20件、30日間		20件、1日間			
	あしたさぬきブログ	http://ashita-sanuki.jp/	http://blogIDXXXXX.ashitasanuki.jp/	20件、0.5日間	15件、14日間		20件、0.5日間			
	い〜よブログ	http://i-yoblog.com/	http://blogIDXXXXX.i-yoblog.com/	30件、0.5日間	10件、7日間		20件、0.5日間			
	よかよかブログ	http://yoka-yoka.jp/	http://blogIDXXXXX.yoka-yoka.jp/	25件、0.5日間	20件、10日間		20件、0.5日間			
	さがファンブログ	http://blog.sagafan.jp/	http://blogIDXXXXX.sagafan.jp/	25件、1日間	10件、2日間		20件、1日間			
	大分「ジャングル公園」	http://junglekouen.com/	http://blogIDXXXXX.junglekouen.com/	20件、1日間	15件、7日間		20件、1日間			
	熊本ブログおてもやん	http://otemo-yan.net/	http://blogIDXXXXX.otemo-yan.net/	18件、0.5日間	6件、3日間		12件、0.5日間			
	宮崎「みやchan」	http://blog.miyachan.cc/	http://blogIDXXXXX.miyachan.cc/	25件、0.5日間	15件、7日間		25件、1日間			
	鹿児島Blogチェスト	http://chesuto.jp/	http://blogIDXXXXX.chesuto.jp/	20件、0.5日間	7件、5日間		18件、0.5日間			
	沖縄「てぃーだブログ」	http://ti-da.net/	http://blogIDXXXXX.ti-da.net/	25件、0日間	8件、1日間		24件、0.5日間			
	徳島「beトクシマ」	http://betoku.jp/	http://blogIDXXXXX.betoku.jp/	20件、0.5日間						
	神戸ブログ	http://kobe.areablog.jp/	http://kobe.areablog.jp/blogIDXXXXX/	10件、3日間	5件、5日間					
その他のブログ	プレスナイン	http://press9.net/	http://blogIDXXXXX.press9.net/	10件、1日間	5件、3日間				○	
	アットワード	http://atword.jp/	http://www2.atword.jp/blogIDXXXXX/	70件、7日間						
	マイプレス	http://www.mypress.jp/	http://www.mypress.jp/v2_writers/blogIDXXXXX/	20件、0.5日間					○	
	BlogMaster	http://blog.zmapple.com/	http://blogIDXXXXX.blogIDXXXXX.blog.zmapple.com/	10件、1時間						
	のブログ	http://www.noblog.net/	http://blogIDXXXXX.noblog.net/blog/	10件、1時間						
	ケロログ	http://voiceblog.jp/	http://voiceblog.jp/blogIDXXXXX/	5件、0.5日間						
	ほんつなブログ	http://www.hontsuna.com/	http://blogIDXXXXX.hontsuna.net/							
ブログ運営会社	CLOG	http://www.clog.jp/								
	Kuku	http://www.kuku.co.jp/								

あとがき

　本書を読んでみて、いかがでしたでしょうか？
　無料ブログやYouYube、ポッドキャスト／ビデオポッドキャストがこんなに奥の深いものだとは思ってなかったのではないでしょうか？
　しかし、この文量でも筆者が言いたいことのほんの一部しかお伝えできていません。細かいテクニックについては極力読者のみなさんに考えを委ねることにし、本文中では**アクセスアップと成約率アップに到達するための考え方**をできるだけ示しました。
　キーワードの選定、無料ブログのカスタマイズ／設定、記事の書き方、YouTubeからメインサイトへの誘導、日記ブログの書き方、ポッドキャスト／ビデオポッドキャストの配信方法など多岐に渡っています。
　これらのサービスを筆者は独学で使いこなし、ビジネスに応用しています。そして、その経験を本書で公開することにより、

小が大を超えるビジネス

が今後たくさん出てくることを期待しています。
　そして、みなさんからの吉報をお待ちしています。
　また、紙面の都合上、ブログのカスタマイズに関しての解説が部分的になりましたが、無料ブログは、**日記**としても、**メインサイト**としても使うことができる素晴らしいツールです。しかし、htmlやCSSの知識が無い人にとって、ブログのカスタマイズは敷居が高いということも筆者は十分に理解しているつもりです。そこで、本書を最後まで読んでくださったお礼に次の専用特別サイトをご用意しました。ぜひアクセスしてみてください。

- **無料ブログサービス用テンプレート**※
  URL http://seoblog.nakajimashigeo.com/temp/
- **無料動画セミナー**
  URL http://cjtube.biz/book/

※（株）翔泳社の下記のサイトからもダウンロード可能です。
URL http://blog.shoeisha.com/technique/bible/

　最後に本書執筆にあたり妻と3人の子供たち、そして多くのアドバイスをいただいた朋友、沖田豊己氏、田中俊行氏に深く感謝申し上げます。

2008年3月吉日
株式会社中嶋商店　中嶋茂夫

監修のことば

　近年、多くの大企業がSEO対策を徹底して施した巨大サイトを作り、かつ膨大なネット広告予算を駆使して、これまで個人や中小企業が築いてきたインターネットにその大きな存在感を持つようになりました。そして多くのSEO対策事業者が「資本が少ない個人や中小零細企業は今後インターネットでは商売はできなくなる」と言わんばかりに、高額なウェブサービスを次々と提供しはじめました。

　その結果、非常に多くの個人や中小企業が「結局ネットもリアルの世界と同じで資本主義社会なんだ」と諦めの気持ちを持つようになってきました。

　しかし、**本当にそうなのでしょうか？** 本当に、「より多くの資本を持たなければ検索エンジン上位表示も、インターネットでの売上アップもできない」のでしょうか？ 私はそうは思いません。**創意工夫の精神とコツコツした努力ができるならば、企業の規模は関係なく必ずアクセスアップはできますし、売上／成約率アップもできる**ということを日々のクライアントに対するコンサルティング活動を通じて、見たり聞いたりしています。

　クライアントの方が、どのようにアクセスアップ、売上／成約率アップを達成しているかというと、Yahoo!検索やGoogleなどの検索エンジン上位表示だけでなく、いくつもの無料ブログを活用したり、動画サイトやポットキャスト／ビデオポッドキャストのような新しいメディアを駆使したりして、着実に効果を挙げているのです。

　しかし、そうしたノウハウをどうすれば、すばやく自分の物にし、なおかつ適切に活用できるのでしょうか？ もしあなたが忙しい立場で0からコツコツそうしたノウハウを習得する余裕がないのでしたら、**試行錯誤を繰り返し、独力でノウハウを構築した先人**から教えてもらうのが一番です。

　それを実現するために、私は無料ブログが登場したころから、集客術と売上／成約率アップにおいてダントツの実績と多くのファンを抱える中嶋茂夫氏に本書の執筆を依頼しました。本書では無料ブログや動画サイト、ポットキャスト／ビデオポッドキャストなど、ほとんどコストゼロで集客を可能にするツールのひとつひとつを初心者にもわかりやすく丁寧に解説して頂きました。

　あとは、**あなた次第**です。あなたが自分の力で、コストゼロの精神で自らの道を切り開き自らの目標を達成することを祈っています。

　インターネットは、一部の金持ち企業の私物ではありません。好奇心を持ち、新しいものを愛する人々、そして自分のコンテンツをより多くの人たちとシェアしたいと思う純粋な人々のものです。あなたの信じる商品やサービスをより多くの人たちに一刻も早くこうした無料のメディアを使って知らせてあげてください。その結果、より多くの報酬を晴れやかな気持ちで勝ちとってください。

株式会社セミナーチャンネル　代表
全日本SEO協会　代表
鈴木　将司

Index

英数字

<title> タグ最適化 ·················153
CSS ·······················186,189
FC2 ブログ ········152,154,155,157,164,177
Google PageRank ···················050
html 最適化 ······················148
iPod ··························285
iTunes ·····················017,278
iTunes Store ····················286
JUGEM ブログ ·····152,153,154,155,157,166,179
livedoor ブログ ····152,154,155,157,162,173,333
Media Manager for WALKMAN ············287
mixi ··························330
RSS ··························070
Seesaa ブログ ····················015
SEO マップ ·····················057
SMM ·························242
Yahoo!カテゴリ ····················053
YouTube ·····016,248,251,256,259,262,269,310

あ

アフィリエイトサイト ··················085
インデックス化 ····················066
インフォトップブログ ·····152,154,155,157,168,181
お客様の声 ······················083
音楽 ··························295
音声 ······················295,301

か

外部 SEO ······················205
外部リンク対策 ··················060,134
カテゴリー一覧 ····················145
カテゴリタイトルの最適化 ··············118
感想 ··························083
関連検索ワード ··················041,122
キーワード出現率 ··················132
記事一覧 ···············170,173,177,179,181
供給 ··························046
競合 ··························031
近接キーワード ····················064
クチコミ ·······················083
月間検索回数 ····················028
検索ワード ·····················106
語彙数 ·························130
個別記事タイトルの最適化 ··············124
コメントの最適化 ··················141
固有名詞 ·······················044

さ

サービス名 ······················038
最新記事一覧 ····················144
サイドメニューの最適化 ···············139
さくらのブログ ···········152,154,155,157
サブページのインデックスの最適化 ········142
実績 ··························083

需要 ··························028
上位表示 ·······················116
商品名 ·······················044
新サービス ·····················089
新商品 ·······················089
信頼性 ·······················083
ステップキーワード術 ·················064
成約率アップ ··················022,025
専門サイト ·····················019
相互リンク ·····················209
ソーシャルブックマーク ············219,239
ソーシャルメディアマーケティング ·········232

た

タイトル ·······················012
地域名 ·······················044
ドメイン ·······················048
ドメイン対策 ·····················061
トラックバック対策 ··················063
トラックバックの最適化 ···············141
トラフィック誘導 ··············102,236

な

内部 SEO ······················104
内部リンク対策 ····················058
ネットショップ ····················092

は

パンくずリスト ···········158,162,164,166,168
販売商品名 ·····················038
ビッグキーワード ··················026
ビデオポッドキャスト ········067,094,310,314
被リンク ············205,207,209,212,223,225
被リンク数 ·····················051
被リンク数の最適化 ·················140
被リンクの質 ·····················052
ブログ記事 ·····················100
ブログタイトル最適化 ················113
ブログテンプレート ·················101
ポッドキャスト ··········067,094,290,302

ま

マッチング ·····················033
見出しタグの最適化 ·················137
無料サービス ·····················012
無料ブログの構造 ··················110
無料ブログの定義 ··················076
メールマガジン ···················324

や

ユーザーの検索行動 ·············090,091

ら

リピーター ·····················083

Index 343

[著者略歴]

中嶋 茂夫（なかじま・しげお）

株式会社中嶋商店　代表取締役。1967年大阪生まれ。京都工芸繊維大学繊維学部高分子学科、ニューヨークFashion Institute of Technology 卒業。1995年からインターネットに目覚め、1996年よりWebサイト制作に携わる。ブログ集客を得意とし、自身が2003年に開設したlivedoor関連のブログが最盛期1日2万ページビューを超えるほどの人気となる。RSS関連の技術を駆使したマーケティング、ブログSEO、ポッドキャスト、ドロップシッピングなど毎年数十本のセミナーをこなす。東証一部上場企業から個人までインターネット関連のコンサルティングで成約率アップの実績を出す。現在、インターネット集客、SEOを中心に成約率アップのためのコンサルティングを行っている。Tipsをまとめた無料動画セミナーも配信中。
著書に『ポッドキャストでガンガン稼ぐ！』（中経出版刊、2007/10）、寄稿に『SEO SEM Technique』（翔泳社刊）がある。

URL http://nakajimashigeo.com/
URL http://cjtube.biz/

[監修略歴]

鈴木 将司（すずき・まさし）

株式会社セミナーチャンネル代表取締役、メディアネットジャパン代表。東京生まれ。オハイオ州立アクロン大学経営学部、クイーンズランド州立大学教育学部卒業後、オーストラリア、アメリカにて教員の傍ら、ホームページ制作会社を1996年に設立したホームページ制作業界のパイオニアの一人。
著書に『ヤフー！・グーグルSEO対策テクニック』（翔泳社刊、2005/12）、『コストゼロで集客！究極のSEM対策テクニック』（翔泳社刊、2006/3）、『ホームページの成約率倍増！売上・利益アップテクニック』（翔泳社刊、2006/5）、寄稿に『SEO SEM Technique』（翔泳社刊）がある。

book design * digical design / layout * digical / illustration * Tomoko Akatsuka

無料ブログSEOバイブル

2008年5月15日　初版第1刷発行
2008年6月15日　初版第2刷発行

著　者	中嶋茂夫（なかじま・しげお）
監　修	鈴木将司（すずき・まさし）
発行人	佐々木 幹夫
発行所	株式会社 翔泳社（http://www.shoeisha.co.jp）
印刷・製本	日経印刷 株式会社

©2008　SHIGEO NAKAJIMA, MASASHI SUZUKI

※本書は著作権上の保護を受けています。本書の一部または全部について（ソフトウェアおよびプログラムを含む）、株式会社 翔泳社から文書による許諾を得ずに、いかなる方法においても無断で複写、複製することは禁じられています。
※本書へのお問い合わせについては、002ページに記載の内容をお読みください。
※落丁・乱丁はお取り替えいたします。03-5362-3705までご連絡ください。

ISBN978-4-7981-1444-6　　　　　　　　　　　　　　　Printed in Japan